全国高等院校**海洋专业**规划教材

上海市教委交叉学科研究生拔尖创新人才培养平台项目"远洋渔业遥感与GIS技术"系列教材

HAIYANG YUYE YAOGAN

海洋渔业遥感

雷 林 主编

海洋出版社

2016年·北京

图书在版编目（CIP）数据

海洋渔业遥感/雷林主编 . —北京：海洋出版社，2016. 6
ISBN 978 - 7 - 5027 - 9326 - 5

Ⅰ . ①海…　　Ⅱ . ①雷…　　Ⅲ . ①遥感技术 - 应用 - 海洋渔业 - 研究　　Ⅳ . ①S975

中国版本图书馆 CIP 数据核字（2015）第 297826 号

责任编辑：赵　武
责任印制：赵麟苏

海洋出版社　　出版发行

http：//www. oceanpress. com. cn

北京市海淀区大慧寺路 8 号　邮编：100081
北京朝阳印刷厂有限责任公司印刷　　新华书店发行所经销
2016 年 6 月第 1 版　2016 年 6 月北京第 1 次印刷
开本：787 mm×1092 mm　1/16　印张：16
字数：390 千字　定价：45. 00 元
发行部：62132549　邮购部：68038093　总编室：62114335
海洋版图书印、装错误可随时退换

上海市教委交叉学科研究生拔尖创新人才培养平台项目
"远洋渔业遥感与 GIS 技术"系列教材
编写领导小组

组　　长：陈新军　上海海洋大学教授
副组长：高郭平　上海海洋大学教授
　　　　唐建业　上海海洋大学副教授
成　　员：官文江　上海海洋大学副教授
　　　　高　峰　上海海洋大学讲师
　　　　雷　林　上海海洋大学讲师
　　　　杨晓明　上海海洋大学副教授
　　　　沈　蔚　上海海洋大学副教授
　　　　汪金涛　上海海洋大学博士生

《海洋渔业遥感》

主　　编：雷　林
参　　编：陈新军　汪金涛
　　　　官文江　高　峰
主　　审：陈新军

前　言

随着卫星遥感技术的出现和快速发展，在短短的几十年内，已被广泛应用到海洋、陆地等各个学科中，尤其是在海洋学科中发挥着重要的作用，卫星遥感已经成为维护海洋权益、保护海洋环境、开发海洋资源必不可少的手段。卫星遥感在海洋捕捞业中发挥着重要的作用，为海洋捕捞业从传统作业向高效节能的生态作业转变提供了技术支持。同样，卫星遥感获取的长时间序列海洋环境信息也被应用在渔业资源评估中，增强人类认知和开发海洋渔业资源的能力。

本书在参考陈新军老师主编的《渔业资源与渔场学》、刘玉光老师主编的《卫星海洋学》、刘良明老师主编的《卫星海洋遥感导论》以及国内外众多关于遥感、渔业资源等相关书籍和文献的基础上编写而成，主要是针对渔业遥感的应用，综合介绍了遥感和渔业等方面的内容。第1章主要介绍遥感的定义和分类，遥感的发展阶段以及卫星海洋渔业的发展概况；第2章介绍与海洋遥感相关的基础物理知识，主要有电磁波和电磁波谱、遥感的基本概念和定律等；第3章介绍海洋遥感卫星；第4章主要介绍海洋卫星传感器，包括光学传感器和微波传感器；第5章主要介绍海洋渔业环境参数反演算法，包括海表温度、水色要素、海面高度、海面风场、海表盐度等；第6章主要介绍海洋遥感数据的获取及其处理方法；第7章详细介绍了海洋遥感在渔情预报中的应用，包括渔情预报的基本概念、基本流程、技术和方法，分不同作业渔种进行渔情预报的案例；第8章主要介绍了海洋遥感在渔业资源评估中的应用，包括定量分析海洋环境要素与CPUE的关系、利用遥感水温数据分析东海外海鲐鱼资源变动等。

本书1至6章由雷林、官文江、高峰编写，第7章由陈新军、汪金涛编写，第8章由官文江编写，全书由雷林和陈新军统稿。本书的编写得到了上海市教委交叉学科研究生拔尖创新人才培养平台项目"远洋渔业遥感与GIS

技术"项目的资助，同时，也得到国家发展改革委产业化专项（编号 2159999）、上海市科技创新行动计划（编号 12231203900）等项目以及国家远洋渔业工程技术研究中心、农业部科研杰出人才及其创新团队——大洋性鱿鱼资源可持续开发的资助，在此表示感谢。也感谢上海海洋大学邹晓荣老师、李纲老师对本书编写提供的帮助。

　　由于编者水平有限，时间仓促，因此错误与不妥之处在所难免，敬请读者批评指正。同时由于参考文献较多，不能全部一一列出，在此表示抱歉，敬请见谅！

雷林

目　　录

第1章 绪论

1.1 概述

在过去的 40 年中，科学技术的快速发展提高了卫星观测及监测全球海洋和大气的能力。同样，计算机技术和软件的发展使得快速地获取和处理海量卫星数据成为可能，例如，获取和处理全球海浪、全球大尺度海流的变化、海面风场以及区域和全球海洋生物的变化等方面的数据。卫星获取的这些有用的数据同化到数值模式中，能够进一步改善海洋、气象预报的精度。

海洋是一个复杂的动态系统，它大约覆盖了地球面积的 70%，包含了地球上大部分水资源，也是重要的生态系统。海洋在生物学上扮演着重要的角色，它包含了地球上 25% 的植物物种，这些物种主要集中在海岸带有限的区域内。具有高生物生产力的地区包括：纽芬兰大浅滩、白令海和阿拉斯加海湾、北海和秘鲁海岸，世界上 80% ~ 90% 的渔获量在这些区域或相似的区域。海洋在气候中也扮演着重要的角色。海洋的热输送和巨大的热容量，使海洋可以起到调节全球气候的作用。

科学技术的发展和社会的需求加速了卫星工程的发展。社会需求体现在海洋对于国家安全、海洋军事、气候变化以及对于渔业开发与管理的重要性。在 20 世纪 70 年代，美国发射了第一颗海洋遥感卫星。从那时起，卫星能够观测的海洋要素有海面温度（Sea Surface Temperature，SST）、海浪的波高和波向分布、风速和风向以及浮游植物、泥沙等水中悬浮和溶解物的含量。在此之前，上述海洋要素只能通过调查船来获取，与卫星遥感相比，这不仅成本高，而且效率也低。卫星遥感可以准确、实时、大面积地获取海洋环境要素，并且可以长时间序列地观测海洋，将获取的数据提供给各个部门。人们很早就认识到海洋渔场分布与外界海洋环境有着密切的关系，并利用有限的海洋水文调查资料对渔场海洋学进行了探索和研究，但这些数据远不能满足渔场研究和渔情分析的需要，直到 20 世纪 70 年代，海洋遥感所获取的信息逐渐地被用在渔场研究中。

1.2　遥感的定义和分类

　　遥感（Remote Sensing，RS）就是不直接接触物体，从远处利用探测仪器接收来自地物的电磁波信息，并对该信息进行分析处理从而识别地物的综合性探测技术，即"遥远的感知"。由于基本目标不同，我们将遥感卫星分为气象卫星、海洋卫星和陆地卫星。实际上，每一个卫星都能够探测海洋和陆地，它们的遥感资料都可能被海洋学研究利用。

　　现代遥感技术主要指电磁波遥感。至于重力、磁力、地震波和声波等探测技术，一般不列入现代遥感技术之中。现代遥感技术的基本作业过程是：在距地面几千米、几百千米甚至上千千米的高度上，以飞机、卫星等为观测平台，使用光学、电子学和电子光学等探测仪器，接收目标物反射、散射和发射来的电磁辐射能量，以图像胶片或数字化磁载体形式进行记录，然后把这些数据传送到地面接收站，最后将接收到的数据加工处理成用户所需要的遥感资料产品。遥感技术可应用于测绘制图、自然资源的调查和海洋环境的监测。

　　遥感技术所使用的电磁波段主要为紫外、可见光、红外和微波等波段。紫外波段（ultraviolet）的波长为 $0.2 \sim 0.4\ \mu m$，位于可见光波段的紫光以外。由于波长小于 0.3 μm 的电磁波被大气中的臭氧所吸收，可以通过大气传输的只有波长 $0.3 \sim 0.4\ \mu m$ 的紫外光。紫外摄影能监测气体污染和海面油膜污染。但由于该波段受大气中的散射影响十分严重，在实际应用中很少采用。可见光波段（visible light）的波长为 $0.4 \sim 0.7$ μm，是电磁波谱中人的眼睛唯一能看见的波段，可见光可进一步分为红、橙、黄、绿、青、蓝、紫七种颜色的光，可见光波段是进行自然资源与环境调查的主要波段，地面反射的可见光信息可采用胶片和光电探测器收集和记录。红外波段（infrared）的波长为 $0.7 \sim 1\ 000\ \mu m$，位于可见光波段的红光以外。按波长可细分为近红外（$0.7 \sim 1.3$ μm）、中红外（$1.3 \sim 3\ \mu m$）、热红外（$3 \sim 15\ \mu m$）和远红外（$15 \sim 1\ 000\ \mu m$）。近红外光和中红外光来自地球反射的太阳辐射，所以该波段也被称为"反射红外"。其中波长为 $0.7 \sim 0.9\ \mu m$ 的近红外辐射信息可以用摄影（胶片）方式获取，故该波段也被称为"摄影红外"，摄影红外传感器对探测植被和水体有特殊效果。热红外传感器可以探测物体的热辐射，然而，不能采用摄影方式探测地面的热红外辐射信息，需要采用光学机械扫描方式获取。热红外辐射计目前主要应用 $3 \sim 5\ \mu m$ 和 $10 \sim 13\ \mu m$ 两个波段。热红外辐射计可以夜间成像，除用于军事侦察外，还可以用于调查海表面温度、浅层地下水、城市热岛、水污染、森林探火和区分岩石类型等，有广泛的应用价值。而波长大于 $15\ \mu m$ 的远红外辐射，绝大部分被大气层吸收。微波（microwave）的波长为

0.1 ~ 100 cm，微波又可细分为毫米波、厘米波和分米波等。微波的特点是能穿透云雾，可以全天候工作。

遥感按照电磁波的光谱可分为可见光与红外反射遥感、热红外遥感和微波遥感；按照目标的能量来源可分为主动式遥感和被动式遥感；按照传感器使用的平台可分为航天或卫星遥感、航空遥感、地面遥感；按照空间尺度可分为全球遥感、区域遥感和城市遥感；按照应用领域可分为资源遥感与环境遥感；按照研究对象可分为气象遥感、海洋遥感和陆地遥感；按照应用目的可分为陆地水资源遥感、土地资源遥感、植被资源遥感、海洋环境遥感、海洋资源遥感、地质调查遥感、城市规划和管理遥感、测绘制图遥感、考古调查遥感、综合环境监测遥感和规划管理遥感等。

遥感技术包括传感器技术、信息传输技术、信息的处理、信息的提取和应用技术、目标信息特征的分析技术等。遥感技术系统包括空间信息采集系统（包括遥感平台和传感器）、地面接收和预处理系统（包括大气辐射校正和几何校正）、地面实况调查系统（如收集环境和气象数据）和信息分析应用系统。遥感信息的记录形式可分为图像方式和非图像方式。图像处理涉及各种可以对相片或数字影像进行处理的操作，这些操作包括图像压缩、图像存储、图像增强、处理、量化、空间滤波以及图像模式识别等。

1.3 遥感的发展阶段

遥感一词来自 1960 年美国海军研究办公室的艾弗林·普鲁伊特（Evelyn Pruitt），但遥感的历史相对要更老一些。遥感的发展主要有以下几个阶段。

1.3.1 地面遥感阶段

实际上，人用眼、耳、鼻等感觉器官来感知物体的形、声、味等信息是最早的遥感。1608 年，汉斯·李波尔塞制造了世界上第一架望远镜，1609 年伽利略制作了放大倍数 33 倍的科学望远镜，为观测远距离目标开辟了先河。1839 年摄影术和照相机（达盖尔、尼普斯）的发明，则使目标物体信息得以保存。1849 年，法国人艾米·劳塞达特制定了摄影测量计划，成为有目的有记录的地面遥感发展阶段的标志。

1.3.2 空中摄影遥感阶段

1858 年，G·F·陶纳乔用系留气球拍摄了法国巴黎的"鸟瞰"相片，获得首幅航空图像。在接下的五十年中，在照相机的设计和胶卷乳剂等方面取得了重要进展。遥感平台也多种多样，如：风筝、火箭，甚至采用鸽子。1909 年，W·莱特（Wilbur

Wright）在意大利的森托塞尔（Cento celli）进行了空中摄影。早期大部分影像是倾斜摄影，而不是垂直摄影。许多城市的影像和风景图像都采用这种方式制作。而科学家认识到航空影像作为制图工具的潜力，从而使得航空测量学得以发展。

直到第一次世界大战，航空摄影技术才得以实现和系统地、大范围地应用。照相机特别为航空侦察设计以及每天能处理成千上万图像的处理设备也得到发展。从图像获取情报信息的图像解译技术同样得到发展。通过观察一段时间的人员或物资的部署，战略家可能判断出军队的调动。到第一次世界大战结束，航空飞机、照相机以及处理设备都得到相当的提高，有相当多的人在航空图像获取和利用方面拥有经验。在20世纪20年代、30年代摄影测绘设备得到提高，垂直航空摄影成为编辑地形图的标准信息源。在欧洲、北美，航空摄影仅仅在地质学家、森林管理者和计划者等有限的范围内应用，在非洲和南美洲航空摄影仅仅被制图工作者、地理学家应用于小范围的地理研究中。彩色胶片在这时期开发出来，尽管直到第二次世界大战才看到较小的应用。此外在几个科学研究领域也开始起步，这构成现代遥感技术的基础。

第二次世界大战促进了遥感技术的快速发展，为军事情报部门获取侦察图像是主要应用，图像解译技术已经很成熟。后来的海岸带研究的一个有用价值是把航空影像用于计划中的两栖作战。当导航图没有或不准确的时候，航空胶片、尤其是彩色胶片，通过测量水的透光能力能获得可靠的海底测量和海底底质信息，在这次战争中，红外胶片也第一次用于侦察伪装目标。在20世纪40年代，大的雷达监测网络也发展起来了，这是早期的战机预警系统。随着雷达技术的发展，航空雷达技术得到发展。在这一类雷达中，能提供飞机下面陆地影像的平面位置指示器雷达是其一种，它是主动的工作方式，无需太阳光，可以透过云。主要用于在夜间或高度透过云投放炸弹的平面位置指示器雷达。

在20世纪50年代，热红外系统得到发展，其能提供目标或陆地的热影像。同雷达相似，热红外系统不依赖于光，但不像雷达，它不能穿透云。与此同时，航空测试雷达得到发展，从而提高了由平面位置指示器雷达所获得的相对比较粗糙的影像。这两套系统都是为军用目的设计，多年都不为民用。

1.3.3　航天遥感阶段

1957年，苏联发射的SPUTNIK－1标志着太空时代的开始。1959年，美国的EX-PLORER－6卫星传回第一幅从太空看地球的照片。1960年世界第一颗气象卫星TIROS－1发射。它是现在在用的更为先进气象卫星的前身。人类的太空飞行使人认识到从太空对地球的监测和资源制图的潜力。用手持照相机在太空拍摄的第一幅的地球照片描绘了令人震惊详细的大面积的水陆特征。随后，美国和前苏联发射了更为先进的照相机和扫描设备用于获取资源评估的影像。

　　尽管人造卫星成功地演示了从太空所拍摄的影像的价值，但是，它们不耐久和提供不了统一的地球覆盖。这些缺陷为资源卫星所克服，如美国的 LANDSAT 卫星系列。1972 年 ERTS－1 发射（后改名为 Landsat－1），装有 MSS 传感器，分辨率 79 米，标志着遥感进入新阶段，1982 年 Landsat－4 发射，装有 TM 传感器，分辨率提高到 30 米，1999 年 4 月 15 日 Landsat－7 发射，装有 ETM＋传感器，增加了全色波段，分辨率提高到 15 米。比气象卫星较低轨道的 LANDSAT 卫星以及以后相似的系统尽管覆盖周期较长，但提供着更高空间分辨率的影像。尽管传感器主要目的是应用于陆地，但是它们也成功地应用于几个海岸带和海洋的研究中。1986 年法国发射 SPOT－1，装有 PAN 和 XS 遥感器，分辨率提高到 10 米。1999 年美国发射 IKNOS，空间分辨率提高到 1 米，2001 年 10 月 18 日美国发射了 QuickBird，空间分辨率提高到 0.61 米。

1.3.4 海洋遥感的发展

　　1978 年 6 月，美国第一颗海洋卫星 Seasat－A 发射成功。除了红外辐射计外，星上还载有扫描式多通道微波辐射计、散射计、高度计和合成孔径雷达等，可以全天候地监测海洋。虽然由于技术故障，这颗卫星只运转了 108 天，但是所获得的大量数据，大大加强了人们对使用卫星遥感技术监测海洋的信心。

　　1978 年 10 月，雨云卫星 Nimbus－7 发射成功，这颗卫星载有专门用于海洋水色观测的海岸带水色扫描仪（CZCS），并由此获取了大量高分辨率的世界大洋范围水色分布的图像；此外，该星还载有微波辐射计，可对海表面温度进行遥感观测。进入 80 年代，海洋遥感的各种海洋学应用技术初步成熟起来。例如，1985 年美国海军发射的地球物理卫星 Geosat 提供了大量的高度计资料。1991 年欧空局欧洲遥感卫星 ERS－1 的发射对卫星海洋学的形成和发展具有划时代意义，这是继 Seasat－A 之后的又一颗海洋专用卫星。ERS－1 除了具有 Seasat－A 所载有的各种传感器外，又增加了 ATSR 传感器，它可以大大提高对海表面温度的遥感精度。继 CZCS 之后，1987 年和 1989 年我国分别发射 FY－1A 和 FY－1B 卫星，其中都配置了两个海洋水色通道的高分辨率扫描辐射计 VHRSR，虽然卫星工作的时间不长，但首次获得了我国海区叶绿素和悬浮泥沙分布图。1996 年日本发射了搭载了海洋水色水温扫描仪（OCTS）的 ADEOS－1 号，可惜只运行了十个月。1997 年 8 月美国发射的海星卫星 SeaStar 装载了第二代海洋水色传感器 SeaWiFS；与 CZCS 相比，SeaWiFS 增加了光谱波段，降低了波段宽度，提高了对电磁辐射测量的灵敏度。在 1999 年美国发射的地球观测系统卫星 EOS－AM（Terra）和 2002 年发射的地球观测系统卫星 EOS－PM（Aqua）载有 MODIS。中等分辨率成像光谱仪 MODIS 是多波段辐射计，从可见光至热红外共有 36 个波段；其中有 9 个波段用于水色遥感，其余波段用于大气遥感。MODIS 比 SeaWiFS 更为先进，被誉为第三代海洋水色（兼气象要素）传感器。在 2002 年 5 月发射的我国第一颗用于海洋水色探测的试验型业务卫星 HY－1A 装载了十波段中国海洋水色和温度扫描仪 COCTS，COCTS 在频率和波段宽度的设计上类似于 SeaWiFS。此外，携带微波传感器的海洋卫星还有：1992年美法的 TOPEX/POSEIDON 卫星，1995 年加拿大的 RadarSat 卫星等。这些数据广泛用于海洋动力环境的研究中。

经过这些年的发展，形成遥感平台的多样化，从不同高度，不同角度，不同周期对地球进行立体观察体系，航宇（旅行者 1 号、2 号）、航天（载人空间站、各种轨道的卫星、航天飞机）、航空（飞机、气球、火箭等）、地面等平台多种多样，这些不同平台的传感器在不同高度上，以不同的角度，用不同的周期对地进行立体的观测。同时，传感器的空间和光谱分辨率越来越高，探测的波段越来越多，多种探测技术的集成日趋成熟。MSS 的分辨率为 79 米，TM 的分辨率为 30 米，ETM＋的分辨率为 15 米，IKONOS 的分辨率为 1 米，QuickBird 的分辨率为 0.61 米，分辨率越来越高，使航天遥感与航空遥感的界线越来越模糊。成像光谱仪的探测波段有成百上千，遥感数据图谱合一更有利于地物信息的提取。探测的波段越来越多，从可见光到微波，有主动的也有被动的，能进行全天候的观测。GPS 与传感器结合有利于定位精度的提高，激光测距与遥感成像的结合使三维成像成为可能。同样的，遥感信息的处理朝着全数字化、可视化、智能化、网络化方向发展。在摄影成像、胶片纪录的年代，光学处理和光电子学影像处理起主导作用，随着数字成像技术和计算机图像处理技术的迅速发展，数字图像处理技术日益起着主导的作用，出现了许多功能强大的图像处理软件如：PCI、ERDAS、ENVI 等。同时在信息提取、模式的识别上不断引入相邻学科的信息处理方法，丰富了遥感图像处理内容，如分形理论、小波变换、人工神经网络等方法，并逐步融入人的知识，使信息处理更趋智能化；为适应高分辨率遥感图像和雷达图像处理的要求，除了在光谱分类方面改善图像处理方法之外，结构信息的处理和多源遥感数据及遥感与非遥感数据的融合也得到重视和发展。目前遥感数据的处理主要是依据地物光谱特征，并没有统分利用影像的空间结构信息，遥感信息并没有得以充分的利用，遥感信息的处理将是制约遥感发展的关键因素之一。在前面发展的基础上，遥感应用的领域不断拓展，遥感信息应用朝着实用化、商业化方向发展。最早遥感主要是为军事部门服务的，但经过近 30 多年的发展，遥感技术已广泛渗透到国民经济的各个领域。遥感数据在海洋渔业上也得到了广泛的应用。

1.4 卫星海洋渔业的发展

海洋渔业遥感是遥感技术在海洋渔业中的应用。在海洋渔业中，可以采用低空飞机直接对海洋渔场进行观察、预报。因为有些鱼群的存在，会形成一定的水色、影像特征，一些类型的浮游植物在鱼群的扰动下会发光，某些漂浮物下可能会有鱼群等，因此，通过人眼的观察或采用摄像仪器从低空飞机上可以直接获得鱼群的分布信息。另一方面，由于海洋环境中许多因素同鱼类行动关系密切，如水温、海流、光、盐度、溶解氧、饵料生物、地形、底质以及气象因素等。而海面反射、散射或自发辐射的各个波段的电磁波携带着海表面温度、海平面高度、海表面粗糙度以及海水所含各种物质浓度等信息。由于传感器能够测量各个不同波段的海面反射、散射或自发辐射的电磁波能量，通过对携带信息的电磁波能量的分析，人们可以直接或间接反演某些海洋物理量，如海水温度、叶绿素溶度、海面高度等。通过对这些海洋要素的分析及这些海洋要素与鱼类行为、渔业资源的关系的理解，从而可以利用这些反演的海洋环境要素来评估海洋渔业资源、预测海洋渔场的变动，以达到对海洋资源进行合理的开发利用、管理与保护。

卫星遥感技术能够实现对海表生物（叶绿素、荧光、初级生产力）和非生物信息（流、涡、水温、风、波浪、海面高度、透明度等）连续的大范围、快速、同步地采集，通过这些信息可以对海洋生态资源量和生态环境进行评估，采用高分辨率的卫星数据可以对各海区的作业船只进行监测以了解实际的捕捞渔获量。这些将有利于渔业资源的合理开发与管理。遥感技术能快速、大面积、动态获取海洋环境数据，遥感技术已成为研究海洋的重要技术手段，其在渔情分析、渔业管理、渔业资源评估和渔业作业安全等方面的应用也得到了快速的发展。由于传感器探测能力的提高，遥感数据在海洋渔业的应用从最初的单要素最主要是水温数据为特征的应用，到多种海洋遥感环境要素的综合应用。由于 GIS 技术具有强大的空间数据可视化和空间分析能力，GPS 具有空间定位能力，从而使得遥感数据和海洋渔业调查数据在 GIS 平台上得到综合（如图 1.1 所示），3S 的集成将为海洋渔业研究提供强大的技术平台，促使了渔业数字信息化的发展。同时 GIS 技术同专家系统、人工智能技术结合将促使海洋渔业的分析研究朝智能化方向发展。

随着 20 世纪 60 年代美国泰罗斯（TIROS）系列实验气象卫星成功发射，这就为卫星遥感数据在渔业上的应用提供了可能，尽管卫星的观测并不能直接发现鱼群。70 年代前半期，少数学者（Kemmerer et al, 1978）开始应用卫星遥感技术进行渔业研究，70 年代后期到 80 年代，卫星遥感技术在海洋渔业领域的应用得到较快的发展（A. Miguel，2000；R. M. Laurs，2001），早期的卫星遥感海洋渔业应用研究以卫星遥感反演 SST 信息及应用为主要特征。

从世界范围来看，卫星遥感在海洋渔业中的应用主要以美、日等发达渔业国家为主。1971 年美国（Laurs，1984）第一次根据遥感卫星数据及其他海洋和气象信息，制

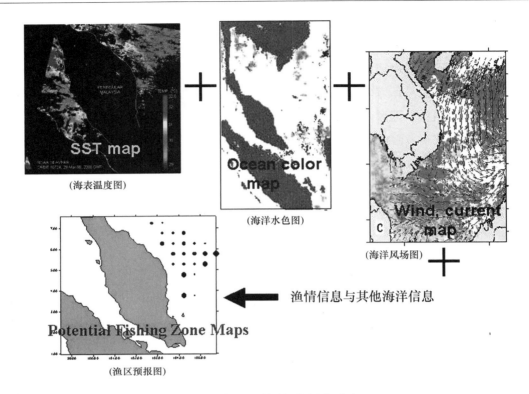

（海表温度图）　（海洋水色图）　（海洋风场图）

渔情信息与其他海洋信息

（渔区预报图）

图 1.1　利用卫星资料预测渔场分布

作出了包括海洋温度锋面在内的渔情信息产品，并通过无线传真发送到美国在太平洋生产的金枪鱼渔船，标志着美国应用卫星遥感技术开展渔场信息分析应用的开始。1980 年后，NOAA 通过其所属的分支机构，包括：国家海洋渔业服务中心（NMFS），国家天气服务中心（NWS），国家环境卫星和数据信息服务中心（NESDIS）等其他部门，开始进行 SST 锋面分析，并向美国渔民提供每周的助渔信息图。美国 NASA 及其他组织也采用 NOAA 系列、NIMBUS－7、SEASAT、DMSP、GOES 等卫星及现场观测数据为美国西海岸渔船制作了渔场环境图。这些应用研究表明渔民采用由卫星遥感数据制作出的渔场环境与渔情分析图后缩小了找鱼范围，节省了寻鱼时间和燃料费用。

20 世纪 80 年代中期，美国西南及东南渔业研究中心（WSFSC、ESFSC）将遥感技术应用于加利福尼亚沿岸金枪鱼和墨西哥湾的鲭鱼和稚幼鱼资源分布及渔场调查研究，取得成功，并且利用 Nimbus－7 的 CZCS 水色扫描仪所获得的信息，定期计算了墨西哥湾的叶绿素和初级生产力的空间分布，并结合 NOAA 的 AVHRR 信息计算的海表温度及其梯度资料，发现了鲭鱼和稚幼鱼资源渔场分布与上述信息的相关关系，获得了定量回归模型，此后又将这一成果结合专家系统广泛用于美国墨西哥湾的渔业生产。

目前美国提供卫星遥感渔业信息服务的部门除了上述的国家部门外，还有许多企业也提供商业化的信息服务，如 Roffer's 公司、SST 在线、海湾气象服务公司、海洋影像公司、Smart Angler – C2C 系统公司、轨道影像公司、科学渔业系统公司等商业企业。科学渔业系统公司还专门开发了渔情概率分析软件。服务的主要渔业种类有箭鱼、金枪鱼、鲭鱼、鳕鱼类等十多种经济鱼类和娱乐渔业，轨道影像公司开发了专门的海洋渔场环境分析软件 Orbimap。

　　日本海洋渔业遥感研究与应用起步早，在 1977 年，日本科学技术厅和水产厅开展了海洋渔业遥感实验，逐步建成包括卫星、专用调查船、捕鱼船、渔业情报服务中心和通讯网络的渔业系统。日本农林水产厅自 80 年代以来一直以气象卫星遥感信息为主，为其海洋捕捞部门作定期渔场渔情预报。日本的渔情速报、预报主要是通过渔业信息服务中心（JAFIC）进行的，其为了制作短期和长期的速报、预报图，将尽可能多的数据集聚在一起，包括卫星遥感、捕捞等数据，提供给渔业部门。其与渔业有关的各个部门相互合作很紧密，取得的效果也相当好。

　　世界上除了日本和美国能够提供信息量丰富的渔情信息服务外，还有其他一些沿海国家也开展了渔情预报与渔场环境分析的研究与应用。如 Myers 和 Hick 应用遥感卫星分析了澳大利亚西南海域的金枪鱼与洋流之间的关系（Myers，1990），澳大利亚联邦科学与工业研究组织也曾应用卫星获取的 SST 信息来确定鱼群的可能位置；加拿大的渔业海洋部门与私人公司合作应用卫星遥感技术来评估中上层鱼类丰度的分布；智利的一些大学应用热红外影像来确定金枪鱼的可能位置以节约燃料费用（Barbieri，1991）；20 世纪 90 年代初开始，俄罗斯（包括前苏联）应用自己的业务气象卫星并结合现场观测资料为俄罗斯渔船提供渔情信息产品服务（Simpson，1992）。其他还有法国应用获取的 NOAA/AVHRR 和欧洲地球静止气象卫星（METEOSAT）温度信息来制作等温线图，并通过无线传真发送给渔民，葡萄牙于 20 世纪 80 年代后期也开始应用卫星遥感进行渔场环境分析等。近几年来印度也应用自己的海洋卫星为海洋渔业提供渔况预报、上升流与潮流监测、初级生产力监测和船舶救助等服务。

　　国内把遥感技术应用于海洋渔业的研究始于 20 世纪 80 年代初。东海水产研究所通过气象卫星红外云图提取海表水温数据，并结合同期的现场环境监测和渔场生产信息，经过综合分析，手工制作成黄、东海区渔海况速报图，定期向渔业生产单位和渔业管理部门提供信息服务。东海水产研究所与上海气象科学研究所合作开展了气象卫星海渔况情报业务系统的应用研究。在此期间，国家海洋局第二海洋研究所、上海海洋大学等单位与生产企业合作，也进行卫星遥感海况渔况速报的试发试验工作，但均未转入业务化。近年来，在国家的大力支持下，海洋、渔业等领域先后开展多项海洋渔业遥感信息服务集成系统的应用研究，把卫星海洋遥感、地理信息系统和人工智能专家系统等高新技术相结合进行渔情信息分析与预报，基本达到业务化运行。

第2章　海洋遥感的基础物理知识

2.1　电磁波与电磁波谱

2.1.1　电磁波

　　一个简单的偶极振子的电路，电流在导线中往复震荡，两端出现正负交替的等量异种电荷，不断向外辐射能量，同时在电路中不断的补充能量，以维持偶极振子的稳定振荡。当电磁振荡进入空间，变化的磁场激发了涡旋电场，变化的电场又激发了涡旋磁场，使电磁振荡在空间传播，这就是电磁波（Electromagnetic Wave）。电磁场在空间的直接传播称为电磁辐射。电磁波的传输可以从麦克斯韦（Maxwell）方程式中推导出来。电磁波具有波动性和粒子性两种性质。

　　电磁波是一种伴随电场和磁场的横波，如图2.1所示，在平面波内，电场和磁场的振动方向都是在与波的行进方向成直角的平面内，是相互垂直的。电磁波的波长（Wavelength，λ）和频率（Frequency，f）及速度 c 之间的关系：$f \cdot \lambda = c$。所有电磁波在真空或空气（近似地）中传播都遵守公式 $f \cdot \lambda = c$，这里 f 为频率，λ 为波长，c 的大小为 3.0×10^8 m/s，是电磁波在真空或空气中的传播速度，根据这个公式，可以从频率计算对应的波长。

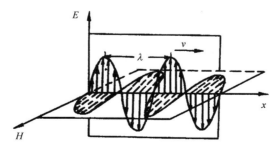

图2.1　电磁波

2.1.2　电磁波谱

电磁波包括伽玛射线（γ – Ray）、X – 射线（X – Ray）、紫外光（ultraviolet）、可见光（visible light）、红外光（infrared）、微波（microwave）和无线电波（radio），可见光包括蓝光、绿光和红光，红外光涵盖了近红外（near infrared）、中红外（medium infrared）、热红外（thermal infrared）和远红外（far infrared）波段。电磁波谱是电磁波按其在真空中传播的波长或频率，进行递增或递减排列。遥感中常用的波段如图 2.2 所示，图中还给出了电磁波波段的名称以及它们对应的波长和频率范围。

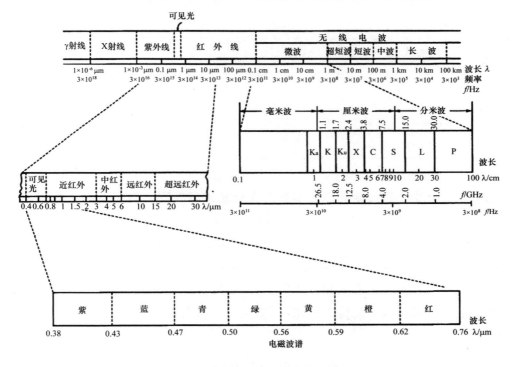

图 2.2　电磁波谱

目前，遥感使用的电磁波的波长是，紫外线的一部分（0.3 ~ 0.4 μm），可见光（0.4 ~ 0.7 μm），红外线的一部分（0.7 ~ 14 μm），以及微波（1 mm ~ 1 m）。表 2.1 给出了电磁波波段（band）的名称、对应的波长（wavelength）和频率（frequency）范围。由该表可知，可见光的波长在 400 nm 到 700 nm（纳米）的范围，红外光的波长在 0.7 μm（微米）到 1 mm（毫米）的范围，热红外光的波长在 3 μm 到 15 μm 的范围。热红外光的波长范围是由近似 300 K 的地球表面温度确定的。根据普朗克辐射定律，单位时间内物体热辐射的能量最大值的波长（或频率）位置由物体温度确定，具有 300 K 温度的地球表面主要辐射波长在 3 μm 到 15 μm 范围的电磁波。

表 2.1　电磁波波段名称和波长

波段名称	波长范围
伽玛射线（γ – Ray）	< 0.03 nm
X – 射线（X – Ray）	0.03 ~ 200 nm
紫外光（Ultraviolet）	200 ~ 400 nm
蓝光（Blue）	400 ~ 500 nm
绿光（Green）	500 ~ 600 nm
红光（Red）	600 ~ 700 nm
近红外（NIR）	0.7 ~ 1.3 μm
中红外（MIR）	1.3 ~ 3.0 μm
热红外（TIR）	3 μm ~ 15 μm
远红外（FIR）	15 μm ~ 1 mm
微波（Microwave）	1 mm ~ 1 m
无线电波（Radio）	≥ 1 m

　　在海洋遥感中，微波雷达以其本身的优势越来越受到人们的重视。表 2.2 显示了微波遥感经常使用的波段名称。C 波段、X 波段和 Ku 波段常常被用于卫星遥感，主要原因是厘米量级波长的微波能够与海面上风生毛细重力波发生布拉格共振，并通过共振带回海面信息。与可见光相比，微波的波长比可见光的波长大几个量级，可以穿透云层，这点是可见光和红外所无法比拟的；与无线电波相比，波长较短的微波在传播中保持直线，故传播的方向性很好。由于较高的频率，微波可用于通讯，传播信息。

表 2.2　常用微波雷达波段的名称、波长及频率

波段名称	波长范围	频率范围
P 波段	30 cm ~ 1 m	0.3 ~ 1 GHz
L 波段	15 ~ 30 cm	1 ~ 2 GHz
S 波段	7.5 ~ 15 cm	2 ~ 4 GHz
C 波段	3.75 ~ 7.5 cm	4 ~ 8 GHz
X 波段	2.50 ~ 3.75 cm	8 ~ 12 GHz
Ku 波段	1.67 ~ 2.50 cm	12 ~ 18 GHz
K 波段	1.13 ~ 1.67 cm	18 ~ 26.5 GHz

（续表）

波段名称	波长范围	频率范围
Ka 波段	0.75 ~ 1.13 cm	26.5 ~ 40 GHz
毫米波波段	1 mm ~ 0.75 cm	40 ~ 300 GHz

2.2　基本概念和基本定律

2.2.1　基本概念

1. 天顶角、方位角和立体角

地球表面上方任意一点的方位可以用两个角度即天顶角 θ（Zenith Angle）和方位角 φ（Azimuth Angle）进行描述，如图 2.3 所示。

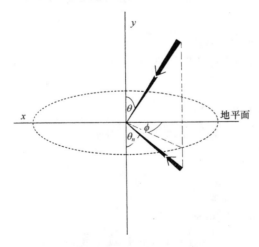

图 2.3　天顶角和方位角

图 2.4 显示了立体角（Solid Angle）的定义。如图所示，A 代表辐射源，dA 代表辐射电磁波的微分面积元。假设电磁波从波源 dA 辐射，到达半径为 R 的球面的一个波束对应着一个立体角微分元。该立体角微分元对应的小面积元是

$$dS = \overline{BE} \cdot \overline{BC} = (\overline{FB}d\phi) \cdot (\overline{OB}d\theta) = (\overline{OB}\sin\theta d\phi) \cdot (\overline{OB}d\theta) = R^2 \sin\theta d\theta d\phi \tag{2.1}$$

立体角的微分 $d\Omega$ 被表达为

$$d\Omega = \frac{dS}{R^2} = \sin\theta d\theta d\phi \tag{2.2}$$

式中立体角 Ω 采用立体弧度 sr = Steradian 作为它的单位。一个球面的立体角是

$$\Omega = \int_\Omega d\Omega = \int_0^{2\pi} d\phi \int_0^\pi \sin\theta d\theta = 4\pi [sr] \tag{2.3}$$

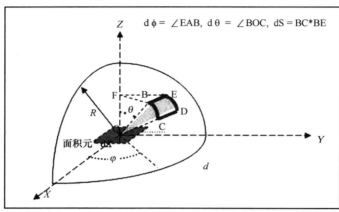

图 2.4 立体角的定义

2. 辐射能 Q（Radiant Energy）

物体对外辐射能量的多少称为辐射能（Radiant Energy），其单位是焦耳 J，用 Q 表示。

3. 辐射通量 Φ（Radiant Flux）

在单位时间内通过某一面积的辐射能量称为辐射通量（Radiant Flux）Φ，单位是瓦特 $W = J \cdot s^{-1}$，即：

$$\Phi = \frac{dQ}{dt} \tag{2.4}$$

4. 辐射强度 I（Radiant Intensity）

点辐射源在特定方向上单位立体角的辐射通量称为辐射强度（radiant intensity）I，单位是 $W \cdot sr^{-1}$，即：

$$I = d\Phi/d\Omega [W \cdot sr^{-1}] \tag{2.5}$$

5. 辐亮度 L（Radiance）

沿辐射方向的、单位面积和单位立体角上的辐射通量称为辐亮度（radiance）L，单位是 $W \cdot m^{-2} \cdot sr^{-1}$，即：

$$L(\theta,\phi) = d^2\Phi/(dAd\Omega\cos\theta) \tag{2.6}$$

6. 亮度 B（Brightness）

亮度 B 也表示沿辐射方向单位面积和单位立体角的辐射通量，它的定义与辐亮度 L 相同。在传统定义上二者也有一些差别（Stewart，1985），亮度表示对入射辐射的量

度，辐亮度表示对出射辐射的量度。在最新文献中人们很少直接使用亮度描述电磁波的辐射，而常常使用辐亮度去描述之，无论是出射辐射还是入射辐射。目前，brightness 主要被用来描述"亮温"（brightness temperature）。

7. 光谱辐亮度（Spectral Radiance）

"光谱的"或者"单色的"辐亮度（spectral radiance）表示辐亮度相对于波长或频率的能量分布，它的定义是

$$L(\lambda,\theta,\phi) = dL(\theta,\phi)/d\lambda\left[W\cdot m^{-2}\cdot sr^{-1}\cdot \mu m^{-1}\right]$$
$$L(f,\theta,\phi) = dL(\theta,\phi)/df\left[W\cdot m^{-2}\cdot sr^{-1}\cdot Hz^{-1}\right] \tag{2.7}$$

光谱辐亮度代表在单位波段内（指单位波长或单位频率）沿辐射方向单位面积和单位立体角的辐射通量。在水色遥感中，人们经常使用的离水辐亮度（water – leaving radiance）就是光谱辐亮度的一个例子。无论在中文还是在英文中，形容词"光谱的"或者"单色的"（spectral）在描述单色辐亮度时都可以省略。以波长 λ 为自变量的辐亮度 $L(\lambda,\theta,\varphi)$ 的单位是 $W\cdot m^{-2}\cdot \mu m^{-1}\cdot sr^{-1}$ 或者 $w\cdot m^{-3}$。因为立体角弧度 sr 在国际单位制中仅仅是辅助单位，所以它可以不出现在辐亮度的单位表达式中。为了与辐照度的单位区分，建议读者在海洋遥感和海洋光学研究中使用 $\mu W\cdot cm^{-2}\cdot nm^{-1}\cdot sr^{-1}$ 或者 $\mu W\cdot cm^{-2}\cdot \mu m^{-1}\cdot sr^{-1}$ 来表达辐亮度的单位。

8. 辐照度 E（Irradiance）

辐照度（irradiance）E 表示通过单位面积的辐射通量，它的定义是

$$E = d\Phi/dA\left[W\cdot m^{-2}\right] \tag{2.8}$$

根据定义，辐照度 E 与辐亮度 L 的关系是

$$E = \int_0^{2\pi}d\phi\int_0^{\pi/2}L(\theta,\phi)\cos\theta\sin\theta d\theta = \int_\Omega L(\theta,\phi)\cos\theta d\Omega$$

9. 光谱辐照度 $E(\lambda)$（Spectral Irradiance）

光谱的或者单色的辐照度（spectral irradiance）表达辐照度相对于频率或波长的能量分布，它的定义是

$$E(\lambda) = dE/d\lambda$$
$$E(f) = dE/df \tag{2.9}$$

式中 $E(\lambda)$ 的单位是 $W\cdot m^{-2}\cdot \mu m^{-1}$，$E(f)$ 的单位是 $W\cdot m^{-2}\cdot Hz^{-1}$；这里 W 代表瓦特，$W = J\cdot s^{-1}$，J 代表焦耳，它是能量单位。在海洋遥感和海洋光学研究中使用的辐照度单位是 $\mu W\cdot cm^{-2}\cdot nm^{-1}$。无论在中文还是在英文中，单色辐照度中的形容词"光谱的"（spectral）可以省略。

在海洋水色研究中，在海水内垂直剖面的上行辐照度（upwelling irradiance 或者 upward irradiance）和下行辐照度（downwelling irradiance 或者 downward irradiance）属

于辐照度的一种，它们被定义为

$$E_u(z,\lambda) = \frac{d^2\Phi_u(z,\lambda)}{dAd\lambda} = \int_0^{2\pi}d\phi\int_0^{-\pi/2}L(z,\lambda,\theta,\phi)\cos\theta\sin\theta d\theta$$

$$E_d(z,\lambda) = \frac{d^2\Phi_d(z,\lambda)}{dAd\lambda} = \int_0^{2\pi}d\phi\int_0^{\pi/2}L(z,\lambda,\theta,\phi)\cos\theta\sin\theta d\theta \qquad (2.10)$$

式中的角标 u 和 d 分别代表向上（up）和向下（down）。可供光合作用的辐射 PAR（Photosynthetically Available Radiation）等于辐照度在可见光波段范围的积分。

根据普朗克量子理论，电磁波的能量是不连续的，而只能是"能量子"即单个光子的能量的倍数。根据波粒二象性，单个光子的能量 ε 与频率 f 成正比，即 $\varepsilon = hf$；式中普朗克常数 $h = 6.63 \times 10^{-34}$ J · s。在生物光学中，特别是在光合作用中，太阳辐射所包含能量还可使用光子的能量 hf 表示。因为光子的能量太小，人们改用阿佛加德罗常数 6.02×10^{23} 与 hf 的乘积表示能量。单位时间通过的这种非标准能量单位的速率也可以用来代替辐亮度单位中包含的功率单位——瓦特（W）。为了回避阿佛加德罗常数 6.02×10^{23} 与 hf 乘积的繁琐表达，生物光学研究人员使用摩尔（mol）作为非标准能量单位，1 摩尔/秒（mol · s^{-1}）代表每秒通过 6.02×10^{23} 个光子的能量。这时，可以使用 mol · s^{-1} · m^{-2} · μm^{-1} 作为 $E(\lambda)$ 的单位，使用 mol · s^{-1} · m^{-2} · Hz^{-1} 作为 $E(f)$ 的单位。对于非常微弱的光，光学研究人员有时不用摩尔（mol），而直接采用光子个数作为能量单位，单位时间通过的这种非标准能量单位的速率也可以用来代替辐亮度单位中包含的功率单位瓦特 W。这时，可以使用（光子个数 · s^{-1} · m^{-2} · μm^{-1}）表达 $E(\lambda)$ 的单位，代表单位时间单位面积单位波长范围内辐射的光子数目。

10. 发射度 M（Emittance or Exitance）

发射度 M 特指辐射源的自发辐射。如果与立体角有关，它可以用辐亮度 $L(\lambda, \theta, \varphi)$ 描述，这时 $M = L(\lambda, \theta, \varphi)$，代表沿辐射方向的单位波段单位面积单位立体角上的辐射源自发辐射通量。如果与立体角无关，发射度 M 可以用辐照度 $E(\lambda)$ 描述，这时 $M = E(\lambda)$，代表通过单位波段单位面积的辐射源自发辐射通量。目前在遥感文献中很少出现发射度这一术语，一般以反射率 $r(\lambda)$、吸收率 $a(\lambda)$ 和透射率 $t(\lambda)$（Reflectance，Absorptance，Transmittance）出现。

根据能量守恒定律，对于入射的"光谱的"辐照度，我们有

$$E_i(\lambda) = E_r(\lambda) + E_a(\lambda) + E_t(\lambda) \qquad (2.11)$$

式中 i 表示入射，r 表示反射，a 表示吸收，t 表示透射。

吸收率（absorptance）$a(\lambda)$ 定义如下

$$a(\lambda) = \frac{E_a}{E_i} \qquad (2.12)$$

使用辐照度之比定义的吸收率也称为半球吸收率（hemispherical absorptance）。

反射率（reflectance）$r(\lambda)$ 定义如下

$$r(\lambda) = \frac{E_r}{E_i} \qquad (2.13)$$

使用辐照度之比定义的反射率也称为半球反射率（hemispherical reflectance）。

透射率（transmittance）$t(\lambda)$ 定义如下

$$t(\lambda) = \frac{E_t}{E_i} \qquad (2.14)$$

使用辐照度之比定义的透射率也称为半球透射率（hemispherical transmittance）。在介质内部，吸收率 $a(\lambda)$、反射率 $r(\lambda)$ 和透射率 $t(\lambda)$ 之间存在一个守恒关系式

$$a(\lambda) + r(\lambda) + t(\lambda) = 1 \qquad (2.15)$$

11. 发射率 $e(\lambda)$（Emissivity）

发射率（emissivity）$e(\lambda)$ 的定义是

$$e(\lambda) = \frac{M(\lambda)}{M_{BLACK}(\lambda)} = \frac{E(\lambda)}{E_{BLACK}(\lambda)} \qquad (2.16)$$

式中 $M(\lambda)$ 是与立体角无关的发射度，$E(\lambda)$ 是辐射源发射的辐照度，$M_{BLACK}(\lambda)$ 是与辐射源具有相同温度的黑体的发射度，$E_{BLACK}(\lambda)$ 是与辐射源具有相同温度的黑体发射的辐照度。黑体的发射率等于 1，所有非黑体的发射率都小于 1，故发射率也被称为一个物体的灰度。灰度用于鉴别一个物体与黑体的靠近程度。

发射率、吸收率、反射率和透射率不但可以使用辐照度之比来定义，而且在更细致的研究中可以使用辐亮度之比来定义。例如，发射率可以被定义为物体发射的辐亮度 $L(\lambda, \theta, \varphi)$ 与具有相同温度的黑体发射的辐亮度 $L_{BLACK}(\lambda, \theta, \varphi)$ 之比

$$e(\lambda, \theta, \phi) = \frac{M(\lambda, \theta, \phi)}{M_{BLACK}(\lambda, \theta, \phi)} = \frac{L(\lambda, \theta, \phi)}{E_{BLACK}(\lambda, \theta, \phi)} \qquad (2.17)$$

式中 $M(\lambda, \theta, \varphi)$ 是与立体角有关的发射度，$L_{BLACK}(\lambda, \theta, \varphi)$ 是与辐射源具有相同温度的黑体发射的辐亮度。公式（2.17）定义的发射率在遥感学科中有广泛的用途。发射率的这一定义是基尔霍夫（Kirchoff）在 19 世纪总结出的，在许多物理教科书中被称为基尔霍夫定律。

根据基尔霍夫定律，在当地热动态平衡条件下，介质吸收的能量全部被发射，发射率等于吸收率。因此，用发射率取代在（2.15）中的吸收率，获得了一个派生关系

$$e(\lambda) + r(\lambda) + t(\lambda) = 1 \qquad (2.18)$$

图 2.5 显示了关于玻璃板、镜子和黑体的三个典型例子。例如，对于透明玻璃板，入射光被全部透射过去，故 $t=1$，$r=0$，$a=0$，$e=0$；对于镜子，入射光被全部反射回去，故 $r=1$，$t=0$，$a=0$，$e=0$；对于黑体，入射光被全部吸收，然后又全部被发射，故，$a=1$，$e=1$，$t=0$，$r=0$。

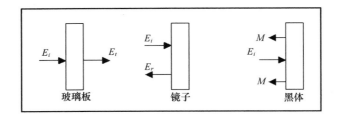

图 2.5 透射率、反射率和吸收率在玻璃板、镜子和黑体的三个典型例子

图 2.5 透射率、反射率和吸收率在玻璃板、镜子和黑体的三个典型例子对于海洋整个垂直水柱，在大多数情况下 $t(\lambda) \approx 0$，因此有

$$a(\lambda) \approx 1 - r(\lambda) \qquad (2.19)$$

式中 $a(\lambda)$ 是吸收率，$r(\lambda)$ 是漫反射率。在遥感理论研究中，这是一个很有用的公式。对于大气的某些吸收波段，大气漫反射率 $r(\lambda) \approx 0$，因此有 $a(\lambda) \approx 1 - t(\lambda)$，这里 $t(\lambda)$ 是大气透射率。

2.2.2 基本定律

1. 普朗克辐射定律和瑞利 – 金斯定律（Planck Radiation Law & Rayleigh – Jeans Law）

物体不断辐射具有能量和光谱分布的电磁波，而这种能量又随物体的发射率和温度而变化。由于这种辐射依赖于温度，因而叫做热辐射。由于热辐射根据构成物体的物质及条件不同而变化，所以确定了以黑体（Black Body）为基准的热辐射的定量法则。所谓黑体，是指入射的全部电磁波被完全吸收，既无反射也无透射，在一定温度下，比其他任何物质的辐射能量都要大的物体，也叫完全辐射体。黑体辐射（Black Body Radiation）是指黑体的热辐射，它是在一切方向上都均等的辐射。1900 年普朗克用量子论知识推导了黑体辐射通量密度和其温度的关系以及按波长分布的辐射定律，及提出了普朗克辐射定律（Planck Radiation Law）：

$$L(\lambda) = \frac{2hc^2}{\lambda^5} \frac{1}{\exp[hc/(k_b T\lambda)] - 1} \qquad (2.20)$$

式中 λ 是电磁波的波长。这里，在真空中的光速 $c = 2.997\,924\,58 \times 10^8\ \mathrm{m \cdot s^{-1}}$，普朗克常数 $h = 6.626\,076 \times 10^{-34}\ \mathrm{J \cdot s}$，玻尔兹曼常数 $k_b = 1.380\,658 \times 10^{-23}\ \mathrm{J \cdot K^{-1}}$，黑体温度（blackbody temperature）T 的单位采用开氏温标（Kelvin degree）。在海洋遥感中，人们经常使用辐亮度的单位 $\mu w \cdot m^{-2} \cdot \mu m^{-1} \cdot sr^{-1}$，它表示单位面积内单位波长单位立体角内辐射源自发辐射的功率。

将 $f\lambda = c$、$df = -(c/\lambda^2)d\lambda$ 以及 $L(\lambda)|d\lambda| = L(f)|df|$ 代入 (2.20)，

可获得普朗克辐射定律的另一表达形式，即

$$L(f) = \frac{2hf^3}{c^2} \frac{1}{\exp[hf/(k_bT)] - 1} \qquad (2.21)$$

式中光速 c 的单位是 m/s，频率 f 的单位是 Hz（赫兹）。在海洋遥感中，人们经常使用的辐亮度单位是 $\mu w \cdot m^{-2} \cdot Hz^{-1} \cdot sr^{-1}$，它表示单位面积内单位频率内单位立体角内辐射源自发辐射的功率。在阐述普朗克辐射定律中，Stewart（1985）使用"亮度"（brightness）代表本书使用的辐亮度（radiance）。

黑体是具有朗伯表面的辐射体。根据（2.20）和（2.21），黑体表面自发辐射的辐亮度与辐照度之间满足关系：$E(\lambda) = L(\lambda)$ 和 $E(f) = L(f)$。所以，如果使用辐照度（irradiance）$E(\lambda)$ 和 $E(f)$ 代替（2.20）和（2.21）左侧的辐亮度（radiance）$L(\lambda)$ 和 $L(f)$，那么方程的右侧应补充。

利用普朗克定律（2.21），将辐照度 $E(f) = L(f)$ 对频率积分，获得斯忒藩 – 玻耳兹曼定律（Stefan – Boltzmann Law），即

$$E = \int_0^\infty E(f)df = \frac{2k_b^4\pi^5}{15c^2h^3}T^4 = \sigma T^4 \qquad (2.22)$$

式中 $\sigma = 5.67 \times 10^{-8}$ W·m^{-2}·K^{-4} 是常数。

一般，地表物体以地表温度 T（大约 300 K）辐射。如果频率 f 低于 600 GHz，那么不等式 $hf/(k_bT) << 1$ 成立。可获得泰勒公式的一阶展开式

$$\exp[hf/(k_bT)] \cong 1 + hf/(k_bT) \qquad (2.23)$$

把公式（2.23）代入（2.21），可获得瑞利 – 金斯定律（Rayleigh – Jeans Law）

$$L(f) \cong (2f^2k_b/c^2)T \qquad (2.24)$$

微波辐射计的频率低于 300 GHz，它满足瑞利 – 金斯定律的适用条件。因此，瑞利 – 金斯定律在微波遥感中有广泛的应用。当微波频率 f 固定以后，物体（例如海面或大气）发射的辐亮度 $L(f)$ 与该物体的温度呈现一个线性关系。这使我们在微波遥感计算中可以回避复杂的普朗克辐射定律，而采用简单的瑞利 – 金斯定律。

图 2.6 显示了 6 000 K 表面温度的太阳和与地球表面温度（约 300 K）相同的黑体自发辐射的辐照度 $E(\lambda)$ 随波长的分布。根据黑体表面自发辐射的辐亮度与辐照度之间的关系式 $E(\lambda) = L(\lambda)$ 和普朗克定律（2.20），可计算太阳和地球自发辐射的辐照度 $E(\lambda)$。普朗克辐射定律确定了黑体表面自发辐射的能量分布曲线，维恩位移定律指出了对应自发辐射最大值的波长位置。在图中，可见光、近红外和热红外波段的位置已被标出。这些位置暗示着：使用可见光和近红外波段的传感器测量的是反射或散射的太阳光；使用热红外波段的传感器测量的是地球表面的自发辐射。为什么我们使用热红外波段而不是可见光波段的辐射计来遥感海表面温度？其原因就在这里。从图中显示的 300 K 温度的地球表面自发辐射的电磁波能量分布曲线里可以看到，地球

自发辐射的能量主要分布在"热红外"波段。这暗示对"热红外"波段的电磁波能量的检测数据能够推算出地球表面究竟有多"热"，究竟比 300 K 高或低多少。

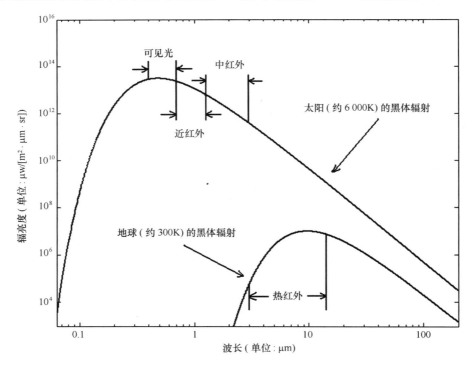

图 2.6　太阳和地球自发辐射的辐照度随波长的分布

在普朗克定律（2.20）中，令 $dL(\lambda)/d\lambda = 0$，可获得对应着辐亮度 $L(\lambda)$ 极大值的波长

$$\lambda_m = b/T \qquad (2.25)$$

这个公式也称为维恩位移定律（Wiens Displacement Law），式中 $b = 2.8978 \times 10^{-3}$ m·K。根据维恩位移定律，表面温度越高的黑体的辐射峰值对应的波长越短。所以，如果观测温度更高的太阳喷射和太阳风暴，科学家需要使用波长更短的 X-射线照相机拍摄太阳表面照片。

2. 基尔霍夫定律（Kirchoff Law）

基尔霍夫定律（Kirchoff Law）的第一种表达是：如果介质处于当地热动态平衡（local thermodynamic equilibrium）条件下，那么它吸收能量的速率和辐射能量的速率相等，即

$$e(\lambda) = a(\lambda) \qquad (2.26)$$

公式（2.26）是最普遍适用的基尔霍夫定律表达式，它既可应用于两介质界面处，

也可应用于某介质内部。式中 e 是介质的发射率（emissivity），a 是吸收率（absorptance）。如果该式不满足，就会导致介质变热或者变冷，这违反了当地热动态平衡条件。基尔霍夫定律的另一种等价表达方式为

$$M(\lambda,T) = a(\lambda)M(\lambda,T) \mid_{BLACK} \tag{2.27}$$

式中 M 是公式（2.16）定义的发射度。发射度 M 是在物理教科书里经常使用的术语，公式（2.27）表达的是，灰体的发射度等于其灰度与具有相同温度的黑体（black-body）的发射度的乘积。对于灰体，其灰度等于吸收率 a（λ），也等于发射率 e（λ）。比较发射率的定义（2.16）、（2.17）和（2.27），可发现：吸收率 a（λ）等于发射率 e（λ）。可见，公式（2.27）间接地表达了公式（2.26）的意义。

将（2.26）代入（2.19），并用菲涅耳反射率（Fresnel reflectance）ρ（λ，θ，φ）代替反射率 r（λ），则（2.19）变成

$$e(\lambda,\theta,\varphi) = 1 - \rho(\lambda,\theta,\varphi) \tag{2.28}$$

然而，公式（2.28）是仅适用于两介质界面处的基尔霍夫定律表达式，它间接地描述了某界面的发射率 e（λ，θ，φ）等于它的吸收率 a（λ，θ，φ）。换言之，它表达的是，在当地热动态平衡条件下，除掉反射的部分以外，所有吸收的能量都被发射出去了。公式（2.28）表现了海面发射率 e（λ，θ，φ）与菲涅耳反射率 ρ（λ，θ，φ）的关系，在海表面温度、海表面盐度和海面风的遥感中，人们经常使用这个公式。

大气中的某些成分对于某些波段的电磁波具有较强的吸收能力，因而形成了大气吸收带。在这些吸收带，大气吸收率、透射率和漫反射率之和等于1，在大多数情况下大气漫反射率约等于0。如果忽略大气的漫反射率，那么大气吸收率和透射率之和等于1。根据公式（2.26），大气发射率等于大气吸收率。所以，大气发射率和透射率之和也等于1，大气发射率 e_A（λ，θ）等于1减去大气透射率 t（λ，θ），即

$$e_A(\lambda,\theta) = 1 - t(\lambda,\theta) \tag{2.29}$$

公式（2.29）是仅适用于介质内部的基尔霍夫定律表达式，它也间接地描述了某介质内部的发射率等于它的吸收率。公式（2.29）表现了大气吸收带的发射率特征，它可应用于大气垂直剖面温度和湿度的遥感。

基尔霍夫定律在海洋遥感中是极其重要的定律，它是海表面物理量遥感机理的基础之一。在本小节里，从（2.26）至（2.29），都属于基尔霍夫定律的表达公式，不同文献可能使用不同的表达。地球表面温度变化的时间尺度远大于遥感仪器的一次测量需要的时间区间，因此，在遥感计算中地球表面的当地热动态平衡条件得到普遍满足。

根据发射率的定义（2.17），任何物体发射的辐亮度可表达为

$$L(\lambda,\theta,\varphi,T) = e(\lambda,\theta,\varphi)L_{BLACK}(\lambda,\theta,\varphi,T) \tag{2.30}$$

式中 L（λ，θ，φ，T）代表温度为 T 的灰体自发辐射的辐亮度，e（λ，θ，φ）代

表其灰度亦即发射率，L_{BLACK}（λ，θ，φ，T）代表与该灰体具有相同温度 T 的黑体自发辐射的辐亮度。可以通过普朗克定律或者瑞利 – 金斯定律计算黑体自发辐射的辐亮度 L_{BLACK}（λ，θ，φ，T），可以通过菲涅耳反射率 ρ（λ，θ，φ）计算一个灰体的发射率 e（λ，θ，φ），可以通过菲涅耳公式计算一个灰体的菲涅耳反射率 ρ（λ，θ，φ）。与基尔霍夫定律相结合，公式（2.30）能够解释许多海洋大气的遥感理论问题，它是目前海洋遥感最常见的公式之一。

2.3 卫星轨道

2.3.1 卫星轨道简介

地球观测卫星的轨道分为两类，卫星在其轨道平面相对于地球质心运动和卫星轨道相对于地球旋转。卫星在轨道的位置随时间的变化称之为卫星星历。由于地球的旋转，轨道在地面投影形成地面轨迹。下面先考虑卫星在它的轨道平面内的运动，然后再说明如何加速地球的旋转以确定卫星地面轨迹。

Rees（2001）、Elachi（1987）以及 Duck 和 King（1983）研究了通用的近圆形轨道。这些是相对于原点在地球质心的直角坐标系，z 轴指向北并且位于地球的旋转轴上，x 轴位于赤道平面并且是在白羊星座的方向。y 轴是在右手坐标系中的方向。相对于这些坐标轴，6 个开普勒轨道参量描述了卫星的位置。由于其中的两个是描述椭圆轨道的，对于圆形轨道来说，6 个参量减少为 4 个。如图 2.7 所示，升交点 Ω 为 x 轴和轨道穿过赤道的点间的角度；半径 H 为离卫星质心的高度；轨道近点角 θ 为卫星在轨道上相对于 Ω 的角度位置；倾角 I 为地轴和轨道法线方向之间夹角。这些变量中 I 和 Ω 描述了轨道平面相对于固定星座的方向和位置，H 和 θ 描述卫星在轨道平面内的位置。I、Ω 和 H 是固定的或大小变化不大的。根据 I 的大小分为三种轨道：如果 I = 90°，轨道是极轨道；如果 I < 90°，轨道与地球旋转方向运动，是顺行轨道；如果 I > 90°，轨道为逆行轨道。

通常遥感不是研究卫星在轨道上的位置，而是卫星的地面轨迹。如果地球不旋转，则地面轨迹是一个大圆，或者在墨卡托投影图上显示为一个简单的正弦波（Elachi，1987），如图 2.8a 所示的轨迹。在图 2.8b 中数字 i，ii，iii 标记了每一个轨道的起始和结束位置，例如，其中标记为 ii 的点为同一时间和同一地理位置。另一个与轨道特性有关的是轨道间隔 L_E，它是赤道上两轨之间的间隔。如果用地球的周长除以 L_E 为整数，则这个轨道是精确重复轨道。这样在一定的时间后，卫星会重复同一轨迹。这个特点对于高度计这样的仪器特别有用，这允许沿着同样的地面轨迹连续测量海面高度。

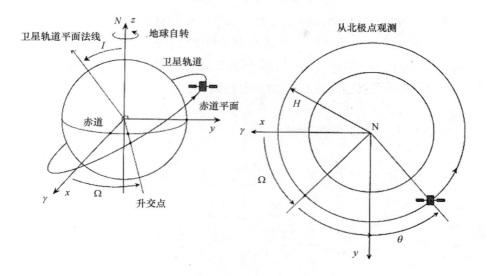

图 2.7   用于描述轨道平面方向的卫星在轨道上的位置的开普勒参数

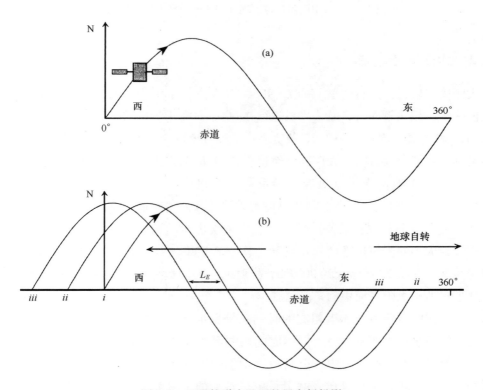

图 2.8   卫星轨道在地面的墨卡托投影
（a）非地球旋转   （b）地球旋转

　　三个主要的地球卫星观测轨道类型为：太阳同步轨道地球、同步轨道和低倾角轨道（图2.9）。除此之外，还有一个轨道类型是高度计轨道，它比太阳同步轨道略高。由于没有一种轨道类型可以覆盖所有的空间和时间，不存在一个完美的卫星轨道或系统。因此，应根据观测目标的特点来选取相应的轨道。

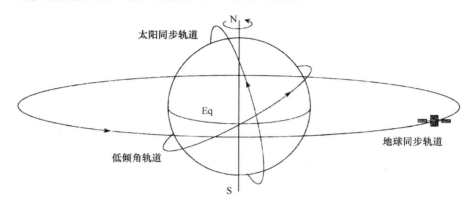

图2.9　太阳同步轨道、地球同步轨道和低倾角轨道

2.3.2　太阳同步轨道

　　太刚同步轨道是逆行轨道，即 $I > 90°$，卫星位于 800 千米的高度上，比地球同步轨道低很多。相比较而言，航天飞机运行在 500 ~ 600 千米的轨道高度上。太阳同步周期大约是 90 分钟，对应于每天 16 条轨道：这种轨道称为太阳同步的原因是每次轨道穿越赤道都是在同一地方时。太阳同步轨道参数 Ω 不是固定的常数，是随时间缓慢变化，Ω 的变化是由于地球赤道区鼓起，导致近极地轨道的平面绕极轴缓慢旋转（Rees，2001）：对于逆行轨道，倾角和轨道高度可以设置为使得轨道在椭圆或地球太阳平面每天旋转约 1°，并且以同样数值与地球环绕太阳轨道运动相反的方向旋转。相对于固定星座来说，太阳同步轨道平面每年旋转一次，轨道平面与太阳和地球的连线保持在一个固定角度；图 2.10 显示大约 90 天的时间内，当地球在轨道上移动了 90° 的角度时，卫星轨道在地球太阳平面中的角度位置。

　　由于太阳同步轨道与赤道相交的时刻总是发生在一天内的同一地方时，因此，这种轨道上的卫星可以在每个白天同一时间观测海表温度和海表面叶绿素浓度。一般来说，由于海洋上的云在一天中一般是持续增加的，因此交点时间可以选择星下云最少的时间。太阳同步卫星是海洋观测卫星中最常见的，一般称为极轨卫星。利用太阳同步卫星与赤道交点时间来描述太阳同步轨道，如在 0730 降交点和 1330 升交点轨道，其中降轨为向南的卫星速度方向，升轨为向北的卫星速度方向，交点时间是地方时。这种轨道也称为"早午"、"中上午"和"早下午"，轨道是倾斜的，卫星不直接经过极

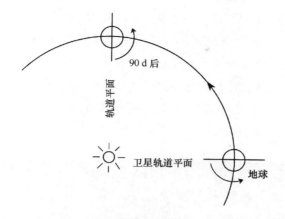

图 2.10　太阳同步轨道在地球太阳轨道平面中的旋转

点。这表明极点可能不在卫星的观测范围内，这种观测的缺失称为"极地洞"。

2.3.3　地球同步轨道

如果卫星轨道是地球同步的或相对于地球静止的，则卫星环绕地球角速度的纬向分量等于地球自转角速度。地球静止轨道是地球同步轨道的一个特例。地球同步轨道的高度大约 36 000 千米，它位于地球赤道平面正上方。在这个轨道中，卫星保持在一个固定的赤道位置，因此它可以连续重复观测某一相同区域。地球同步卫星轨道周期等于 23.92 小时，这是地球相对于固定星座绕轴旋转的周期。相比较而言，一天 24 小时是连续两个中午的时间间隔，它是地球绕轴旋转和地球自转的结合。地球同步卫星用于大气观测、赤道海表温度的观测、数据中继和通讯。地球同步卫星网提供了全球 ±60° 纬度间的覆盖，NOAA 负责的两个地球静止轨道环境业务卫星（GOES），它们位于地球赤道大约 70°W 和 135°W 或者卫星经度范围在美国东海岸到西海岸之间。欧洲负责了两个地球同步观测卫星，一颗在大西洋大约 0°，另外一颗在印度洋 75°E。地球同步卫星的第二类是中继卫星，它由极轨卫星向地面传送数据。日本也有类似的系统。

2.3.4　卫星高度计轨道

高度计专用卫星不能使用太阳同步轨道，因为与半日潮和全日潮叠加在一起的潮汐正好与太阳同步轨道卫星的位相相同或接近，所以太阳同步轨道不能分辨潮汐。由于高度计卫星与潮汐的位相不同，并且卫星轨道位于 1 200 ~ 1 400 千米之间的较高高度，所以卫星会受到较小的阻力。这种轨道上主要的高度计卫星有 TOPEX/POSEIDON 和 JASON - 1。

TOPEX/POSEIDON 卫星高度计，如图 2.11 所示，它是由 NASA 和法国国家空间技术研究中心（CNES）联合开发的。TOPEX 是海洋地形实验的缩写，POSEI - DON 是法文"海洋动力学综合监测与研究观测计划"的缩写和"地球海洋凝冰动态定位轨道导航系统"的英文缩写，从其冗长的名字可以看出国际合作的困难性（Wunsch 和 Stammer，1998），TOPEX 是 1992 年 8 月 10 日发射，到 2006 年 1 月结束，采用精确重复轨道，1992 年 9 月开始正式接收数据。

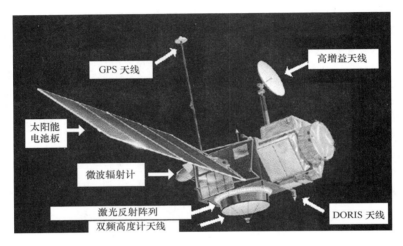

图 2.11　TOPEX/POSEIDON 卫星

TOPEX 轨道的确定考虑了多种因素，第一，对于单颗卫星的计划，要对时空分辨率进行取舍。卫星高度计的时间分辨率由卫星的重复周期决定；空间分辨率是指赤道上相邻轨道之间的间隔。短时间的重复周期其相邻轨道的空间间隔就大；反之，长时间重复周期其相邻轨道的空间间隔就小。第二，TOPEX 采用非太阳同步轨道，具有高的轨道高度。它选择的这种轨道高度优点就是减少了大气的阻力，确定是对能量需求大，必须提供更多的能量开获取高的信噪比。TOPEX 采用非太阳同步轨道是为了避免 24 小时或全日潮混淆现象，潮汐混淆能造成虚假的平均位移（Wunsch 和 Stammer，1998）。第三，根据 TOPEX 设计的轨道，在亚热带地区它的升降轨道交角接近 90°，这样选择的交叉点可以保证准确地反演地转流速的两个分量。第四，TOPEX 精确重复轨道重复在相同的区域采样时间间隔大约为 10 天。

基于以上考虑，TOPEX 选取了轨道高度为 1 336 千米的圆形轨道，每周 112 分钟，轨道倾角为 ±66°。TOPEX 卫星每天绕地球 12.7 圈，地面轨迹速度约为 6km/s。轨道精确重复周期是 9.916 天，一般认为是 10 天。图 2.12 为 TOPEX 高度计 10 天重复周期的地面轨道，它覆盖大部分的无冰海域。根据 TOPEX 高度计的轨道，其相邻轨道在赤道的间隔为 320 千米，在远离两极处升降轨道的交叉角较大。由于 TOPEX 高度计相邻轨道间距较大，因此它只能提供海洋中尺度的信息。

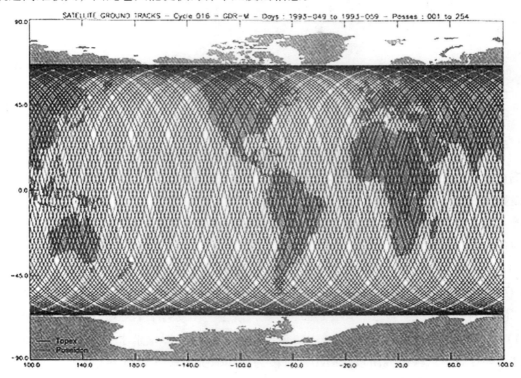

图 2.12　重复周期为 10 天的 TOPEX/POSEIDON 轨道

（空白的区域表示数据缺失）

第3章 海洋遥感卫星

在很长一段时间内，人们对海洋的研究只能依靠测量船、验潮站和浮标等观测数据。虽然这些数据在揭示海洋以及气候变化等方面起到了至关重要的作用，但由于测量数据稀疏、重复周期长、花费较大等缺陷，限制了更进一步的研究。直到20世纪中叶，随着地球轨道卫星的出现，航天和航空遥感技术的发展，航天和航空技术才逐渐应用于海洋探测中。

用卫星探测海洋的发展大致可分为三个阶段：第一阶段为探索试验阶段（1970—1978年）。这一阶段主要是载人飞船搭载试验和利用气象卫星、陆地卫星探测海洋。第二阶段为试验研究阶段（1978—1985年）。该阶段美国发射了1颗海洋卫星（SeaSat‐A）和1颗雨云卫星（NIMBUS‐1）。该雨云卫星上搭载海岸带水色扫描仪（CZCS），这两颗皆属于试验研究阶段。第三个阶段为应用研究阶段（1985年以后）。在这一阶段世界上发射了多颗海洋卫星，如海洋地形卫星（Geosat、Geo‐1、TOPEX/POSEIDON等），海洋动力环境卫星（ERS‐1、ERS‐2、Radarsat），海洋水色卫星（SeaStar等）。除此之外，还在许多卫星上也搭载海洋探测器。

世界海洋遥感卫星大体上分为三大类：海洋水色卫星、海洋地形卫星和海洋动力环境卫星。这三类卫星的性能要求如表3.1所示。

表3.1　主要海洋卫星及其性能

卫星类别	主要用途	传感器	卫星要求
海洋水色卫星	探测海表温度、悬浮泥沙、叶绿素、可溶有机物、海冰、海流、溢油等污染物	水色仪、CCD相机、中分辨率成像光谱仪	太阳同步轨道；将交点地方时间为中午；全球覆盖周期为2~3天；前后倾角可调
海洋地形卫星	探测海面高度、有效波高、海面风速、海洋重力场、冰面拓扑、大地水准面、潮汐洋流、大气水汽含量	雷达高度计、微波辐射计	太阳同步轨道；精密定轨；姿控精度高；全球覆盖周期1~2天

（续表）

卫星类别	主要用途	传感器	卫星要求
海洋动力环境卫星	探测海面风场、海面高度、冰面拓扑、波高、波向和波浪谱、海洋重力场、大地水准面、海流潮汐、内波、海岸带水下地形	微波散射计、雷达高度计、微波辐射计、红外辐射计	太阳同步轨道；精密定轨；姿控精度高；全球覆盖周期 1～2 天

3.1　国外海洋遥感卫星

3.1.1　海洋水色卫星

海洋水色卫星是通过星上搭载的传感器对海洋水色要素进行探测，为海洋生物资源开发利用、海洋污染监测与防治、海岸带资源开发和海洋科学研究等提供科学依据和基础数据。海洋水色卫星的设计需要充分考虑海洋自身的特点以及海洋应用对海洋观测的要求。海洋水色卫星的特点主要体现在三个方面。

卫星轨道。为了获得全球初级生产力的时空分布数据，实现全球定时观测，因此要求采用近极地轨太阳轨道；为了空间分布具有可对比性，要求轨道是圆形的；为了轨道东西两侧太阳照度相同，要求将交点地方时为正午。

卫星平台。由于海上无法设定地面控制点，定位精度完全由轨控和姿控来决定。轨道可以由地面测控来保证，姿控精度应保证定位精度为 1～3 个像元。目前世界上水色卫星均采用三轴稳定方式，指向精度≤0.3°，测定精度≤0.1°。另外为了避免海面直射反射光入瞳，需要探测器沿轨前后倾斜（0°～±20°）扫描，倾角按一年四季太阳高度角变化而进行相应的调整。

探测器。海洋水色探测器的性能由波段设置、信噪比（S/N）、视场、量化级、辐射精度和偏振度等决定。为了满足水色探测器的需求，水色探测器需要有比陆地卫星和气象卫星更高的光谱分辨率；另外海洋的离水辐射率很低，因此要求仪器有很高的信噪比、量化级、辐射精度和偏振度等。目前国际技术水平为 S/N≥600～800，偏振度≤0.01，辐射精度为 2%～5%。为了使卫星覆盖周期与浮游植物大量繁殖时间相匹配，目前国际上水色卫星覆盖周期通常为 2～3 天。

海洋水色卫星的运用开始于 1978 年美国宇航局 NASA 发射的 Nimbus-7 卫星，其上搭载有传感器 CZCS。这颗卫星一直工作到 1986 年，它首先揭示了全球性海洋色素的时空变化以及变化特征。1996 年日本发射了搭载海洋水色水温扫描仪 OCTS 的 ADEOS

－1卫星，但这颗卫星只在天上运行了10个月。1997年8月美国发射了海洋水色卫星 SeaStar卫星，卫星上搭载了水色传感器 SeaWIFS（Sea – viewing Wide Field – of – view Sensor）。SeaStar具有低噪声、高灵敏度、合理波段配置和倾斜扫描等功能。1999年12月美国NASA又发射了 EOS – Terra，卫星上搭载了MODIS，MODIS是当时国际上最先进的海洋水色传感器之一。美国自发射SeaStar卫星开始，积累了20多年的全球水色遥感数据。到目前为止，世界上已经发射的具有海洋水色遥感能力的卫星有十几颗。主要有以下一些水色卫星。

1. NOAA 系列卫星

美国NOAA（National Oceanic and Atmospheric Administration）气象卫星是在轨运行的重要气象卫星之一，NOAA的轨道是接近正圆的太阳同步轨道，轨道高度为870千米和833千米，轨道倾角为98.9°和98.7°，周期为101.4分钟。于当地时间上午7点和下午9点经过赤道上空。NOAA卫星携带的甚高分辨率扫描辐射计（Advanced Very High Resolution Radiometer，AVHRR）有5个波段，星下点的分辨率大约为1.1千米，观测的扫描角为±55.4°，扫描图像的幅宽约为2800千米，AVHRR波段参数及主要用途见表3.2。另外卫星上还搭载了高分辨率红外测深仪（High Resolution IR Sounder，HIRS）、同温层测深仪（Stratospheric Sounding Unit，SSU）、微波测深仪（Microwave Sounding Unit，MSU）、空间环境监测仪（Space Environment Monitor，SEM）、太阳紫外后向散射仪（Solar Backscatter UV Experiment，SBUV）、地球辐射预测仪（Earth Radiation Budget，ERB）、高级微波测深仪（Advanced Microwave Sounder Unit，AMSU）和高级海岸带水色扫描仪（Advanced Coastal Zone Color Scanner，ACZCS）、数据采集系统（Data Collection System，DCS）等。

表3.2　AVHRR 波段参数及用途

通道序号	波长范围（μm）	主要用途
1	0.58 ~ 0.68	白天图像、植被、冰雪、气候等
2	0.725 ~ 1.00	白天图像、植被、水/路边界、农业估产、土地利用调查等
3a	1.58 ~ 1.64	白天图像、土壤湿度、云雪判识、干旱监测、云相区分等
3b	3.55 ~ 3.93	下垫面高温点、夜间云图、森林火灾、火山活动
4	10.30 ~ 11.30	昼夜图像、海表和地表温度、土壤湿度
5	11.50 ~ 12.50	昼夜图像、海表和地表温度、土壤湿度

美国NOAA极轨卫星是太阳同步极轨卫星，从1970年12月第一颗发射以来，近40年连续发射了18颗，最新的NOAA – 19也在2009年上半年发射升空。NOAA卫星共经

历了 5 代，目前使用较多的为第五代 NOAA 卫星，包括 NOAA - 15 ~ NOAA - 18；作为备用的第四代星，包括 NOAA - 9 ~ NOAA - 14。2011 年 8 月，NOAA - 19 卫星因检修失误损毁。NOAA 气象卫星主要关注地球的大气和海洋变化，提供对灾害天气的预警，提供海图和空图。NOAA 系列主要气象卫星及其参数见表 3.3。

表 3.3　NOAA 系列主要气象卫星及其参数

卫星名称	发射时间	运行时间	轨道特点
NOAA - 11 卫星	1988 年 9 月 24 日	1988 年 11 月 8 日	轨道高度为 841 千米，轨道倾角为 98.9°，轨道周期为 101.8 分钟
NOAA - 12 卫星	1991 年 5 月 14 日	1991 年 9 月 17 日	轨道高度为 804 千米，轨道倾角为 98.6°，轨道周期为 101.1 分钟
NOAA - 14 卫星	1994 年 12 月 30 日	1995 年 4 月 10 日	轨道高度为 845 千米，轨道倾角为 99.1°，轨道周期为 101.9 分钟
NOAA - 15 卫星	1998 年 5 月 13 日	1998 年 12 月 15 日	轨道高度为 808 千米，轨道倾角为 98.6°，轨道周期为 101.2 分钟
NOAA - 16 卫星	2000 年 9 月 12 日	2001 年 3 月 20 日	轨道高度为 850 千米，轨道倾角为 98.9°，轨道周期为 102.1 分钟
NOAA - 17 卫星	2002 年 6 月 24 日	2002 年 10 月 15 日	轨道高度为 811 千米，轨道倾角为 98.7°，轨道周期为 101.2 分钟
NOAA - 18 卫星	2005 年 5 月 11 日	2005 年 6 月 26 日	轨道高度为 854 千米，轨道倾角为 99.0°，轨道周期为 102.0 分钟

美国海洋大气管理局（NOAA）和美国宇航局（NASA）各自发展了一种具有数百个或数千个极窄光波带的探测仪器。NOAA 发展的仪器称为高分辨率干涉仪（HIS），计划搭载在静止卫星上；NASA 发展的仪器称为大气红外探测仪（AIRS），计划搭载在极轨平台上。NOAA 的长远计划是把上述两种仪器中的一种使用在 NOAA 系列的极轨卫星上。NOAA 还和欧盟 EUMETSAT 达成协议，共同运行极轨气象卫星系统。从2002—2003 年开始，美国负责下午轨道的卫星，欧盟负责上午轨道的卫星。

2. Nimbus - 7 雨云卫星

Nimbus - 7 是一颗气象科学卫星，于 1978 年 10 月 25 日发射。Nimbus - 7 与太阳轨道同步，高度为 955 千米，它在当地时间中午过境赤道升交点，当地时间晚上过境赤道降交点。轨道倾角为 99.1°，轨道周期约为 104 分钟。Nimbus - 7 重量为 965 千克，高约 3 米，直径 1.52 米，太阳电池帆板完全打开后有 3.96 米宽，如图 3.1 所示。

星上主要搭载了 8 个传感器，用于海洋探测的有 2 个：海岸带水色扫描仪（Coastal Zone Color Scanner，CZCS）和多波段微波辐射计（Scanning Multichannel Microwave Ra-

图 3.1　Nimbus-7 外观图

diometer, SMMR）。主要探测对象有海水叶绿素浓度、悬浮泥沙含量、有色可溶有机物、海水污染、海表温度、海冰等。其他的传感器为平流层和中间层声码器（Stratospheric and Mesospheric Sounder, SAMS）、太阳光后向散射紫外/臭氧总量成像光谱仪（Solar Backscatter Ultraviolet/Total Ozone Mapping, SBUV/TOMS）、温度和湿度红外辐射计（Temperature Humidity Infrared Radiometer, THIR）、地球辐射预算（Earth Radiation Budget, ERB）、平流层边缘红外监测仪（Limb infrared monitor of the Atmosphere, LIMS）、平流层气溶胶监测（Stratospheric Aerosol Measurement, SAM II）。

　　Nimbus-7 的高度控制子系统保证了卫星的滚动、旋转和太阳能电池帆板的稳定性。卫星的通信和数据处理子系统管理着 Nimbus-7 所有平台的信息流量，其中包括 S 波段通信系统和磁带记录系统。S 波段通信系统包括 S 波段命令和遥测技术系统，数据处理系统和命令时钟脉冲。S 波段命令和遥测技术包括两个 S 波段的转发器，一个命令和数据接口单元、四个地球观测天线，一个天空观测天线，两个 S 波段发送器。

3. ADEOS 卫星

　　高级对地观测卫星（Advanced Earth Observation Satellite, ADEOS）是日本宇宙开发事业团（National Space Development Agency, NASDA）发射的极轨卫星。它是日本发射的最大卫星。ADEOS-1 于 1996 年 8 月发射成功。卫星上搭载了有来自 NASA、法国国家空间研究中心（Centre National d'Études Spatiales, CNES）、NOAA 和 NASDA 的传感器，其中两台用于海洋研究的传感器，即海洋水色水温扫描仪 OCTS 和 NASA 的工作于 Ku 波段的主动式微波散射计 NSCAT，前者用于海洋水色遥感，后者用于海面风场测量。另外还有先进的可见和近红外辐射计（Advanced Visible and Near‒Infrared Radiometer，AVNIR）、改进大气光谱仪（Improved Limb Atmospheric Spectrometer，ILAS）、监测温室气体的干涉测量仪（Interferometric Monitor for Greenhouse Gases，IMG）、地表反射极化和方向测量仪（Polarization and Directionality of the Earth's Reflectances，POLER）、太空回射器（Retroreflector in Space，RIS）以及 NASA 提供的臭氧总量成像光谱仪进行陆地、大气和海洋的遥感测量。由于太阳电池阵出现故障，ADEOS‒1 在发射入轨 10 个月后而失去工作能力。2002 年 12 月发射了 ADEOS‒1 的后继卫星 ADEOS‒2，但也由于太阳能电池板的原因，于 2003 年 10 月与地面失去联系。ADEOS‒2 搭载了 5 个主要的传感器，分别为高级微波扫描辐射计（Advanced Microwave Scanning Radiometer，AMSR）、全球成像仪（Global Imager，GLI）、改进大气光谱仪‒Ⅱ（Improved Limb Atmospheric Spectrometer‒Ⅱ，ILAS‒Ⅱ）、地球反射偏振和方向测量仪（Polarization and Directionality of the Earth's Reflectances，POLDER）、海风散射计（SeaWinds）。这些仪器主要是监测地球水循环，研究生物量碳循环以及监测长时间序列的气候变化趋势。ADEOS‒2 卫星的外观如图 3.2 所示，具体的参数见表 3.4。

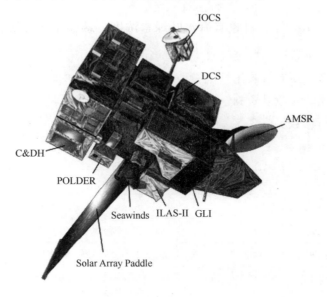

图 3.2　ADEOS‒2 卫星外观图

表 3.4　ADEOS‒2 卫星参数

名称	参数
轨道	太阳同步极地轨道
卫星高度	803 ~ 808 千米

（续表）

名称	参数
过境赤道时间	10:30AM
轨道周期	101 分钟
轨道倾角	98.6°
刈幅宽度	1 600 千米
空间分辨率	8 或 16 米
设计使用年限	3 年

4. SeaStar 海洋水色卫星

SeaStar 卫星于 1997 年 8 月 1 日成功发射，其搭载的 SeaWIFS 传感器是 SeaStar 卫星上唯一用于科学研究的有效载荷。SeaStar 卫星是世界上第 1 颗私营的环境遥感业务卫星，由美国轨道科学公司（Orbital Sciences Corporation，OSC）研制、发射和管理。NASA 和轨道科学公司负责接收和提供科学研究和商业应用资料。如果用户想要接收其资料必须向 NASA 或轨道科学公司申请。如果资料以科学研究为目的的用户（接收站）需经 NASA 批准才可获得免费接收权，同时该用户将承担向 NASA 批准的其他用户提供所接收资料的义务。所有接收用户的接收设备上必须安装由轨道科学公司提供的一个专门装置，才能实时接收其资料。SeaStar 卫星为中高度、近圆形轨道的太阳同步极轨卫星。其轨道运行参数见表 3.5，其外观如图 3.3 所示。

表 3.5　SeaStar 卫星轨道参数

名称	参数
卫星高度	705 千米
偏心角	<0.002
倾角	98.2°
轨道周期	98.9 分钟
天运行轨道数	14.56
轨道重复时间	16 天
降交点地方时	12:00AM

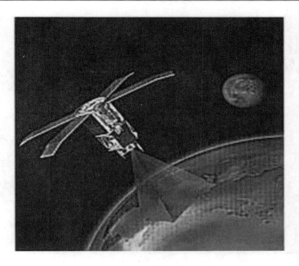

图 3.3 SeaStar 卫星外观图

5. Terra 和 Aqua 卫星

Terra 卫星发射于 1999 年 12 月 18 日，是对地观测系统（Earth Observation System，EOS）计划中的第一颗上午星（EOS – AM1）。它是 NASA 地球行星使命计划 15 颗卫星中的第一颗，设计使用寿命为 5 年。Terra 卫星上共有五种传感器，能同时采集地球大气、陆地、海洋和太阳能量平衡等信息：云与地球辐射能量系统（Clouds and Earth's Radiant Energy System，CERES）、中分辨率成像光谱仪（Moderate Resolution Imaging Spectroradiometer，MODIS）、多角度成像光谱仪（Multi – angle Imaging Spectroradiometer，MISR）、先进星载热辐射与反射辐射计（Advanced Spaceborne Thermal Emission and Reflection Radiometer，ASTER）和对流层污染测量仪（Measurements of Pollution in the Troposphere，MOPITT）。Terra 是美国、日本和加拿大联合进行的项目。美国提供了卫星和三种仪器：CERES、MISR 和 MODIS，日本的国际贸易和工业部门提供了 ASTER 装置，加拿大的多伦多大学（机构）提供了 MOPITT 装置。Terra 卫星在外观上像一辆轿车，飞行时的外形看起来像一只帆船，外观如图 3.4 所示。其主要任务有：① 提供首次全球拍照。开始为期 15 年的对地球表面和大气参数进行监测的全套基本测量；② 通过发现人类活动对气候影响的证据，改进探测人类活动对气候影响的能力；提供全球的数据，并利用先进的计算机建立模型，这有助于预测气候的变化；③ 通过提供观测资料，对灾害天气，如干旱、洪水，提高在时间上和地理位置分布方面的预报能力；④ 利用 Terra 数据，改进季节性的及年度天气预报；⑤ 进一步开发对森林大火、火山、洪水及干旱等灾害的预报，灾害特征的确定，以及减灾技术的研究；⑥ 开始对全球气候或环境变化作长期监测。

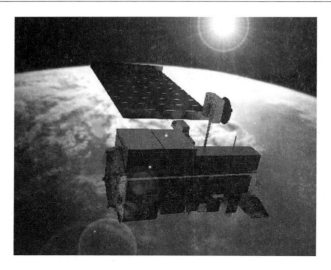

图 3.4　Terra 卫星外观图

　　Aqua 卫星于 2002 年 5 月 4 日发射成功，是美国对地观测系统中的一颗卫星，它也是太阳同步极轨卫星，每日地方时下午过境，因此称作地球观测第一颗下午星（EOS - PM1）。Aqua 卫星共载有 6 个传感器，它们分别是：云与地球辐射能量系统测量仪（Clouds and the Earth's Radiant Energy System，CERES）、中分辨率成象光谱仪（Moderate - resolution Imaging Spectroradiometer，MODIS）、大气红外探测器（Atmospheric Infrared Sounder，AIRS）、先进微波探测器（Advanced Microwave Sounding Unit - A，AMSU - A）、巴西湿度探测器（Humidity Sounder for Brazil，HSB）、地球观测系统先进微波扫描辐射计（Advanced Microwave Scanning Radiometer - EOS，AMSR - E）。Aqua 卫星外观如图 3.5 所示。

图 3.5　Aqua 卫星外观图

Terra 和 Aqua 都是太阳同步极轨卫星，轨道倾角约为 98°，每天绕地球大约 14 圈，运行周期为 100 分钟左右，具体参数见表 3.6。

表 3.6　Terra 和 Aqua 卫星的相关参数

卫星	Terra	Aqua
发射重量	5 864 千克	3 117 千克
发射时间	1998 年 12 月 18 日	2002 年 5 月 4 日
半长轴	7 077.7 千米	7 077.75 千米
离心率	0.001 2	0.001 203
近地点	705 千米	691 千米
远地点	725 千米	708 千米
倾角	98.2°	98.14°
周期	98.8 分钟	98.4 分钟

3.1.2　海洋地形卫星

海洋地形卫星主要通过卫星上搭载的雷达高度计对海洋地形进行探测，即探测海平面高度的空间分布。除此以外，还可探测海冰、有效波高、海面风速和海流等。这些作用在地球物理、海洋中尺度动力过程等学科研究上的科学价值以及海洋灾害预报和海底矿产资源勘探开发方面的经济价值是显而易见的。最早的卫星高度计是搭载在美国国家海洋大气管理局 NOAA 的 GEO-3 卫星和美国宇航局 NASA 的高度计卫星 Sea-Sat-A 上。此后，又陆续发射的搭载高度计的卫星有 Geasat、TOPEX/POSEIDON、ERS-1 和 ERS-2、Jason-1 和 Envisat 等。最具有代表性的是美国的"测地卫星"和"托佩克斯/海神"（TOPEX/POSEIDON）系列卫星。它是目前最精确的海洋地形探测卫星。美国 EOS 计划中的 ALT-1 和 ALT-2 也可以用于精确测量。下面简要介绍几种有代表性的海洋地形卫星。

1. Geosat 卫星

Geosat 卫星是美国海军于 1985 年 3 月 12 日发射的大地测量卫星。该卫星上搭载的唯一传感器是一个 Ku 波段（13.5GHz）雷达高度计。Geosat 卫星主要以军用为主，测量精度达到 5 厘米，数据不对外公开。其用于测量海洋表面的有效波高，用于研究地球重力场、海上海沟检测、海潮、海面地形等。Geosat 卫星轨道高度为 800 千米，轨道倾角为 108°。卫星早期运行重复周期为 23.07 天，后来调整到 17.05 天。其具体参数见表 3.7，卫星外观如图 3.6 所示。该卫星于 1990 年 1 月停止工作，在轨运行 5 年，收集了当时最长的全球海面高度连续观测资料，有十分重要的科学价值。

表 3.7　Geosat 卫星轨道参数

名称	参数
卫星高度	800 千米
工作寿命	5 年
倾角	108.1°
轨道周期	100.6 分钟
轨道重复时间	17.05 天
近地点	757 千米
远地点	817 千米

图 3.6　Geosat 卫星外观图

2. TOPEX/POSEIDON 测高卫星

TOPEX/POSEIDON（USA/France Ocean Topography Experiment Satellite）是由美国 NASA、法国国家空间研究中心以及法国航天局在 1992 年 8 月 10 日联合发射上天的，于 2006 年 1 月停止工作。TOPEX/POSEIDON 卫星上有多个载荷，如：T/P 雷达高度

计、三频 TOPEX 微波辐射计（TMR），激光反射天线（LRA），双频多普勒跟踪系统接收机（DORIS）以及单频固态雷达高度计（SSALT）和全球定位系统（GPS）实验接收机。其中主要的载荷为雷达高度计，其主要目的是绘制海洋表面地形，研究全球海洋动力过程。TOPEX/POSEIDON 卫星的轨道倾角设计为 66°，从而可以覆盖全球 90% 的海洋。重复周期为 10 天，这样每年可以得到 35 组左右重复测高数据，使得海洋科学家能够研究海洋变化，进一步解释海洋作为人类生存的主要载体所起的重要作用。TOPEX/POSEIDON 卫星的外观如图 3.7 所示。

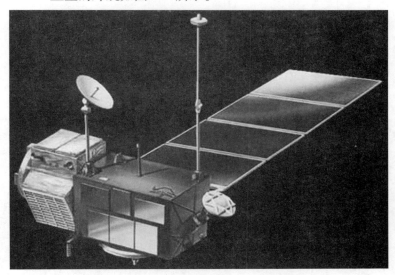

图 3.7　TOPEX/POSEIDON 卫星外观图

　　TOPEX/POSEIDON 卫星是迄今为止测高精度以及轨道定轨精度最高的测高卫星之一，测量精度达到 3.3 厘米。它主要应用于海洋地形的测定，在地球物理、海洋大中尺度动力过程等学科研究、海洋灾害预报（如厄尔尼诺和拉尼娜现象，见图 3.8）和海底油气资源勘探开发等方面具有重要的价值。TOPEX/POSEIDON 卫星具体的轨道参数见表 3.8。

表 3.8　TOPEX /POSEIDON 卫星参数

名称	参数
长半轴	7 714.43 千米
偏心率	0.000 095
倾角	66.4°
近地点角距	90°

（续表）

名称	参数
升交点赤经	116.56°
平近角点	253.13°
轨道高度	1 336 千米
升交点周期	112.43 分钟
重复周期	9.915 天
重复周期内的圈数	127
轨道速度	7.2 千米/秒
地面轨迹速度	5.8 千米/秒

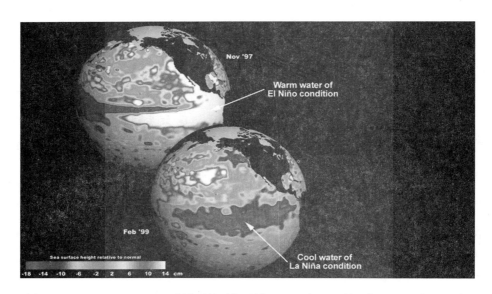

图 3.8　TOPEX/POSEIDON 观测到的厄尔尼诺（1997 年）和拉尼娜（1999 年）现象

（http：//www. seos – project. eu/modules/world – of – images/world – of – images – c01 – p16. html）

3. Jason – 1 卫星

　　Jason – 1 卫星是使用 PROTEUS 平台的第一颗卫星，由法国空间中心 CNES 和美国国家航天和航空局 NASA 下属的喷气推进实验室 JPL 联合研制，Jason – 1 卫星是 TOPEX/POSEIDON 的后继星。卫星于 1997 年 6 月开始在法国研制，2001 年 12 月发射成功。卫星重 500 千克，轨道为圆形轨道，轨道倾角为 66°，轨道高度约为 1 336 千米，可以观测到全球无冰覆盖的海洋，轨道重复周期为 10 天，每 10 天可覆盖 95% 的无冰海洋区域。设计使用寿命为 3 年，实际在轨工作时间超过 11 年，于 2013 年 7 月停止工作。Jason－1 卫星外观如图 3.9 所示。

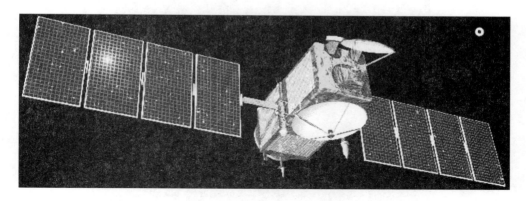

图 3.9　Jason－1 卫星外观图

Jason－1 卫星上搭载 5 个有效载荷，分别为：POSEIDON－2 雷达高度计（POSEI-DON－2 Radar Altimeter），工作在 C 波段和 Ku 波段，频率为 13.6GHz 和 5.3GHz；Jason 微波辐射计（Jason Microwave Radiometer），它工作在 3 种频率用于测量高度计观测路径上的水汽含量，以修正雷达高度计的脉冲延迟；DORIS 定位仪；GPS 接收机；激光反射器等。卫星上主要载荷 POSEIDON－2 雷达高度计是由 POSEIDON－1 发展而来的，但增加了一个 C 波段，所以 POSEIDON－2 也叫双频高度计。与以往发射的高度计相比，POSEIDON－2 更轻巧、造价也更便宜。它完全按照 TOPEX/POSEIDON 的轨道运行，但在时间上大约超前 1 分钟。因此，可以在几乎相同的条件下，用两颗卫星高度计对同一海表区域进行观测，可以有效利用 TOPEX/POSEIDON 数据来校正 Jason－1 卫星数据，进行交叉定标。与 TOPEX/POSEIDON 卫星一样，Jason－1 卫星的雷达高度计测量海面高度的精度可以达到 2.5 厘米。

Jason－1 卫星主要用于继续研究海表地形，为全球海表地形学提供高精度长时间序列的观测数据。测量全球海平面变化（如图 3.10 所示）以及测量海面风速和有效波高，从而改进外海潮汐模型，增加对大洋环流及其季节变化的了解以及改进气候预报模型。

4. OSTM/Jason－2 卫星

OSTM/Jason－2 卫星是 Jason－1 的后继卫星，于 2008 年 6 月 20 日发射上空。OSTM/Jason－2 由四家单位联合研制并发射，分别是：美国国家海洋和大气管理局 NO-AA、美国国家航空和航天局 NASA、法国国家空间研究中心 CNES 和欧洲气象卫星组织 EUMETSAT。法国国家空间研究中心 CNES 提供飞船，美国国家航空航天局 NASA 和法国国家空间研究中心 CNES 联合提供有效载荷仪器。

OSTM/Jason－2 的卫星轨道与 Jason－1 的一致，轨道高度为 1 336 千米，倾角 66°，

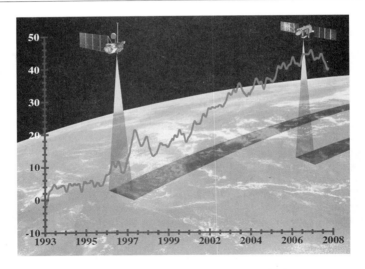

图 3.10 高度计卫星观测海平面变化图

可以观测地球 95% 的无冰覆盖洋面，轨道周期为 10 天。OSTM/Jason - 2 卫星的外观如图 3.11 所示。同样的，在 OSTM/Jason - 2 卫星之后，还会继续发射其他测高卫星，如图 3.12 所示。

图 3.11 OSTM/Jason - 2 卫星外观图

OSTM/Jason - 2 卫星主要的科学目的有：继续 TOPEX/POSEIDON 和 Jason - 1 的观测海洋表面地形的任务，提供更长时间序列的全球海表地形数据；增加海洋环流的观测时间；提高测量全球海平面变化的精度；改进开放海域的潮汐模型。

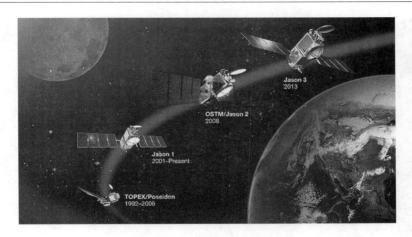

图 3.12　测高卫星发射序列图

随着 OSTM/Jason – 2 卫星的在轨正常运行，海洋测高从处于研究阶段过渡到业务化运行阶段，数据用户从空间研究机构增加到气象预报等业务化部门，将数据应用在短期、季节性、长期的天气和气候预报中。

5. GRACE 卫星

GRACE（Gravity Recovery and Climate Experiment）卫星是美国国家航空航天局 NASA 跟德国航空中心 DLR（Deutsche Forschungsanstalt fur Luft und Raumfahrt）的合作项目，于 2002 年 3 月发射成功。GRACE 卫星是 1997 年 5 月开始实施的 EOS 计划的第二颗星，它在其运行的 5 年时间里测绘地球重力场的变化。GRACE 卫星包含两个完全相同的卫星，这两颗卫星将在轨道上相距 220 千米，并且在距离地面 500 千米的轨道上运行。卫星上配置的精密科学仪器，能够精确测量两颗卫星之间的距离，进而侦测出重力场的变化。GRACE 卫星的大小与小汽车相仿，两颗卫星相隔约 216 千米，以近极圆轨道运行。它们通过向对方发射微波来校准彼此之间的精确距离，测量误差不超过人的一根头发。GRACE 卫星的外观如图 3.13 所示。

GRACE 卫星可用来研究海表和深层水流所造成的变化、陆地水流失和地下水短缺、冰面和河冰与海洋之间的能量交换，同时 GRACE 卫星还可被用来研究地球大小、形状和旋转轴变化等。目前，GRACE 卫星数据应用涉及的领域日益广阔，气候科学家可以通过它们的数据研究冰层融化，水文学家也意识到其能研究地下含水层。GRACE 卫星能看到冰川、雪地、水库、地表水、土壤水和地下水的所有变化。它开创了高精度全球重力场观测与气候变化试验的新纪元，也是监测全球环境变化（陆地冰川消融、海平面与环流变化、陆地水量变化、强地震）的有力手段。

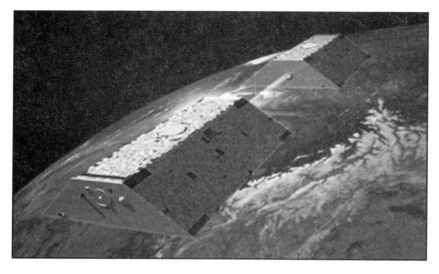

图 3.13　GRACE 卫星的外观图

3.1.3　海洋动力环境卫星

海洋动力环境卫星是对海面风场、海面高度、浪场、流场以及温度场等协动力场环境要素探测的卫星，有效载荷通常是微波散射计、微波辐射计、雷达高度计等，并具有多种模式和多种分辨率。发展海洋动力环境系列卫星的主要目的是：利用微波散射计监控全球海洋表面风场，得到全球海洋上的风矢量场和表面风应力数据，利用雷达高度计提供全球海洋地形数据，得到全球高分辨率的大洋环流、海洋大地水准面、重力场和极地冰盖的变异。此外还可以用于检测海冰的变化和海洋污染等，用于研究海洋生态系统的变化。美国、欧空局、加拿大相继发射了海洋动力环境卫星。下面简单介绍一下相关的海洋动力环境卫星。

1. SeaSat 卫星

SeaSat（Sea Satellite）卫星于 1978 年 6 月 28 日发射上天。SeaSat 是第一颗用于海洋探测的地球轨道卫星，同时也是首次在卫星上搭载合成孔径雷达。于 1978 年 10 月 10 日，因为卫星电力系统短路而停止工作，在轨运行 106 天。SeaSat 卫星所获得的数据直到 2013 年才公布于众。SeaSat 卫星主要测量海面风场、海表温度、波高、内波、大气水、海冰的特点和海洋地形数据，用于研究海岸带陆地水与海水的相互作用、深海和大陆架海波模式、海冰覆盖等。同时 SeaSat 卫星搭载的合成孔径雷达和微波辐射计还可用于陆地探测，获得陆地表面信息，可以提供地表类型、土地类型、植被覆盖等方面的数据。SeaSat 卫星是将遥感技术用于海洋研究的里程碑，具有划时代的意义。SeaSat 卫星上搭载有 5 种类型的用于海洋探测的传感器，分别为：雷达高度计（Radar

Altimeter）、微波散射计（SEASAT – A Scatterometer System，SASS）、扫描多通道微波辐射计（Scanning Multichannel Microwave Radiometer，SMMR）、可见光和红外辐射计（Visible and Infrared radiometer，VIRR）、合成孔径雷达（Synthetic Aperture Radar，SAR）。SeaSat 的外观如图 3.14 所示，轨道参数见表 3.9。

图 3.14　SeaSat 的外观图

表 3.9　Seasat 卫星参数

名称	参数
发射时间	1978 年 6 月 28 日
发射重量	1 800 千克
在轨运行时间	105 天
轨道高度	800 千米
轨道倾角	108°
离心率	0.002 09
轨道周期	100.7 分钟

2. ERS 卫星

ERS（European Remote Sensing Satellite）卫星包括 ERS－1 和 ERS－2 两颗卫星。ERS－1 是欧空局 ESA 发射的首个地球观测卫星，于 1991 年 7 月 17 日进入太阳同步极地轨道。ERS－1 卫星轨道高度为 782～785 千米，轨道周期约为 100 分钟。ERS－1 卫星于 2000 年 3 月 10 日停止工作，在轨运行约为 9 年，远远超过当初的 3 年设计寿命。ERS－1 卫星外观如图 3.15 所示。

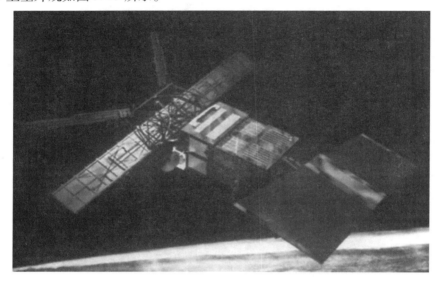

图 3.15　ERS－1 卫星外观图

ERS－1 卫星有多种任务阶段，因此采用不同的运行周期，分别为 3 天、35 天和 176 天。

周期为 3 天的轨道平均高度为 785 千米，赤道上空的轨道高度是 909 千米，卫星绕地球旋转次数为 43 次。周期为 35 天的卫星轨道能使合成孔径侧视雷达对于地球表面任何部位成像，并在一个周期内至少两次对中纬度、高纬度地区成像，这样就能大大满足对地观测的基本需要。周期为 176 天的卫星轨道因为较高的高度主要用于海平面测量、海洋大地水准面测定，但是为了不影响其他功能，这种轨道形式只在卫星运行的最后阶段使用。

ERS－1 卫星搭载了 7 个传感器，分别为：主动微波仪（Active Microwave Instrument，AMI）、合成孔径雷达（Synthetic Aperture Radar，SAR）、测风散射计（Wind Scatterometer）、雷达高度计（Radar Altimeter，RA）、沿轨扫描辐射计（Along Track Scanning Radiometer，ATSR）、精确测速测距仪（Precise Range and Range－rate Equipment，PRARE）、激光反射器（Laser Retro－reflectors，LRR）。ERS－1 卫星搭载的有效

载荷如图 3.16 所示。

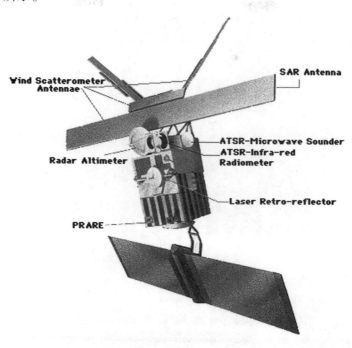

图 3.16　ERS - 1 卫星搭载的有效载荷

ERS - 2 卫星作为 ERS - 1 的后继卫星于 1995 年 4 月 21 日发射升空。ERS - 2 搭载的有效载荷基本上和 ERS - 1 一致，但也增加了一些新的设备或对原来的设备进行升级，如：全球臭氧监测实验仪（Global Ozone Monitoring Experiment，GOME）以及专门用来测量叶绿素和植被的 3 频段沿轨扫描辐射计 - 2（Along Track Scanning Radiometer - 2，ATSR - 2）。ERS - 2 的轨道高度和 ERS - 1 一致，ERS - 2 的过境时间要比 ERS - 1 晚 1 天，ERS - 2 的重复周期为 35 天。ERS - 2 于 2011 年 9 月停止工作。ERS - 2 卫星外观如图 3.17 所示。

3. Envisat 卫星

Envisat 卫星是欧空局的对地观测卫星系列之一，于 2002 年 3 月 1 日发射升空。该卫星是欧洲迄今建造的最大的环境卫星。搭载有 10 种传感器，可生成海洋、海岸、极地冰冠和陆地的高质量高分辨率图像，来研究海洋的变化。作为 ERS - 1/2 合成孔径雷达卫星的延续，Envisat 卫星可用于监视环境，对地球表面和大气层进行连续的观测，供制图、资源勘查、气象及灾害判断之用。其中有 4 个传感器可以用于陆地和海洋研究，分别为：高级合成孔径雷达（Advanced Synthetic Aperture Radar，ASAR）、中等分辨率成像频谱仪（MEdium Resolution Imaging Spectrometer，MERIS）、高级跟踪扫描辐

图 3.17 ERS-2 卫星外观图

射计（Advanced Along Track Scanning Radiometer，AATSR）、先进的雷达高度计（Radar Altimeter 2，RA-2）。Envisat 外观如图 3.18 所示。

图 3.18 Envisat 卫星外观图

　　Envisat 卫星是一颗先进的极轨对地观测卫星，卫星的相关参数见表 3.10。该卫星采用太阳同步轨道，每 100 分钟绕两极环地球飞行一周，每天可观测到地球的大部分区域，Envisat 是欧空局 ERS-1 和 ERS-2 卫星对地观测任务的延续和扩展。Envisat 卫星是海洋动力环境卫星，主要用于海洋动力学现象的观测，例如海平面高度、海洋重力场、海面风场、海面浪场、流场、海洋潮汐、海表温度场以及海冰监测。Envisat 卫星还能探测海洋水色环境和海岸带的变化，如叶绿素浓度、悬浮泥沙含量、有机可溶物及海洋污染等。除了在海洋上的应用，Envisat 卫星还增加了多台测量大气化学成分的仪器，可用来测量大气吸收光谱、大气发射光谱和恒星光谱，还可探测大气臭氧含量、温室效应以及气溶胶浓度分布。Envisat 卫星促进遥感技术的发展，使之朝着新的方向继续前进。

Envisat 卫星于 2002 年发射升空后，向地球传输了 1 000 万亿字节的数据。每天为世界各地约 4 000 个科研项目提供有关地球大气、陆地、海洋和冰川等方面的数据。这颗卫星的设计使用寿命仅 5 年，但由于它运行状况良好，欧航局先后两次延长其服役期。但不幸的是，2012 年 4 月 8 日后，该卫星与地球失去联系，欧空局于 2012 年 5 月 9 日宣布 Envisat 卫星的使命结束。

表 3.10　Envisat 卫星参数

名称	参数
发射时间	2002 年 3 月 1 日
发射重量	8 200 千克
有效载荷重量	2 050 千克
设计寿命	5～10 年
轨道高度	800 千米
轨道倾角	98°
轨道周期	101 分钟
重复周期	35 天

4. RADARSAT 卫星

RADARSAT（雷达卫星）是一对加拿大遥感卫星星座，包括：RADARSAT – 1 和 RADARSAT – 2 卫星。RADARSAT – 1 由加拿大空间局于 1995 年 11 月 4 日发射上天。该卫星采用太阳同步轨道，轨道高度为 796 千米，轨道倾角为 98.6°，周期为 100.7 分钟，每天运行轨道条数为 14 条，轨道重复周期为 24 天，卫星过境赤道的时间约为当地时间上午 6：00 和下午 6：00。卫星重量为 2 713 千克，功率为 2 100 瓦，其外观如图 3.19 所示。

RADARSAT – 1 卫星用合成孔径雷达 SAR 观测地球，工作频率采用位于 C 波段的单一微波频率，大小为 5.3 GHz，波长为 5.6 厘米。SAR 与光学传感器需要接收到反射的太阳光不同，其本身可以向观测目标发射微波，并记录反射信号。因此，RADAR-

图 3.19　RADARSAT – 1 卫星外观图

SAT – 1 卫星能全天时观测地球，不管白天还是黑夜；同样也可以全天候观测地球，不管在任何大气条件下，如云层、雨、雪、灰尘或霾。

　　RADARSAT – 1 卫星搭载的合成孔径雷达 SAR 具有 7 种模式、25 种波束和不同的入射角，因而具有不同分辨率、不同幅宽和不同的特征信息，如图 3.20 所示。

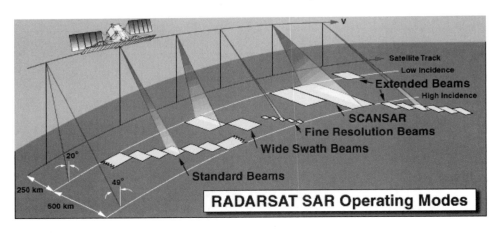

图 3.20　RADARSAT – 1 卫星多模式几何示意图

　　RADARSAT – 1 所采用的 7 工作模式对应的入射角、分辨率以及扫描面积的幅宽具体大小见表 3.11。

表 3.11 RADARSAT − 1 工作模式及其参数

工作模式	波束位置	入射角（度）	分辨率（m × m）	幅宽（km × km）
精细模式	F1N	36.4 − 39.5		50 × 50
	F1	36.8 − 39.9	9.1 × 8.4	
	F1F	37.2 − 40.3		
	F2N	38.9 − 41.8		
	F2	39.3 − 42.1	8.7 × 8.4	
	F2F	39.5 − 42.5		
	F3N	41.1 − 43.7		
	F3	41.5 − 44.0	8.4 × 8.4	
	F3F	41.8 − 44.3		
	F4N	43.2 − 45.5		
	F4	43.5 − 45.8	8.1 × 8.4	
	F4F	43.8 − 46.1		
	F5N	45.0 − 47.3		
	F5	45.3 − 47.5	7.8 × 8.4	
	F5F	45.6 − 47.8		
标准模式	S1	19.4 − 26.8	26.0 × 27.0	110 × 100
	S2	24.1 − 30.9	22.0 × 27.0	
	S3	31.0 − 37.0	27.6 × 27.0	
	S4	33.6 − 39.4	25.7 × 27.0	
	S5	36.4 − 41.9	24.2 × 27.0	
	S6	41.7 − 46.5	22.1 × 27.0	
	S7	44.7 − 49.2	20.1 × 27.0	
宽模式	W1	19.3 − 30.2	35.5 × 27.0	165 × 165
	W2	30.1 − 38.9	26.0 × 27.0	150 × 150
	W3	38.9 − 45.1	22.8 × 27.0	130 × 130
窄幅 ScanSAR	sN1	19.3 − 38.9	50	300 × 300
	sN2	30.1 − 46.5		
宽幅 ScanSAR	sW1	19.3 − 49.2	100	510 × 500
	sW2	19.3 − 46.5		470 × 500
超低入射角模式	L1	10.4 − 22.0	36.3 × 27.0	169 × 170

（续表）

工作模式	波束位置	入射角（度）	分辨率（m×m）	幅宽（km×km）
超高入射角模式	H1	49.0 – 52.4	19.8×27.0	85×75
	H2	50.0 – 53.5	19.4×27.0	
	H3	51.2 – 54.6	19.1×27.0	
	H4	54.4 – 57.1	18.5×27.0	
	H5	55.5 – 58.2	18.2×27.0	
	H6	56.9 – 59.4	18.0×27.0	

RADARSAT-2 卫星是一颗搭载 C 波段传感器的高分辨率商用雷达卫星，由加拿大太空署与 MDA（MacDonald Dettwiler and Associates）公司合作，于 2007 年 12 月 14 日在哈萨克斯坦拜科努尔基地发射升空。卫星设计寿命 7 年而预计使用寿命可达 12 年。RADARSAT-2 卫星是 RADARSAT-1 卫星的后继星，他们具有相同的轨道特点：轨道高度同为 796 千米，轨道倾角为 98.6°，周期为 100.7 分钟，每天运行轨道条数为 14 条，轨道重复周期为 24 天。与 RADARSAT-1 相比，RADARSAT-2 卫星还具有以下特点：可以根据指令在右视和左视之间切换，所有波束都可以右视或左视，缩短重访时间、增加了获取立体图像的能力；除了保留 RADARSAT-1 卫星的所有成像模式，同时增加了 Spotlight、超精细模式、四极化（精细、标准）模式、多视精细模式；增加了极化方式，由单一的极化方式增加到四种极化方式；星上可以存储全球数据。具体对比如表 3.12。

表 3.12　RADARSAT-1 和 RADARSAT-2 参数对比

卫星	RADARSAT-1	RADARSAT-2
发射重量	2 750 千克	2 280 千克
星上存储	磁带存储	固态存储
工作频段	C 波段，5.3 GHz	C 波段，5.405 GHz
空间分辨率	10~100 米	1~100 米
极化方式	HH	HH、HV、VH、VV
入射方位	右视	右视、左视

RADARSAT 系列卫星使用合成孔径雷达对地面和海面进行遥感探测，所获得的资料已用于全球环境和自然资源监测等方面，包括海冰映射和船舶航迹检测、冰山探测、农作物监测、船舶和污染检测、陆地防御监视和目标识别、地质测绘、土地使用、湿

地以及地形测绘等。

5. QuickSCAT 卫星

QuickSCAT 卫星在 1999 年 6 月由美国国家航空航天局 NASA 发射升空。卫星上主要载荷是一台名为 SeaWinds 散射计，用来接替 NSCAT 的工作，其主要任务是全球海洋风矢量观测。QuikSCAT 为极轨卫星，采用太阳同步轨道，轨道高度为 803 千米，轨道倾角为 98.616°，过境时间为早晨 6 点 ±30 分钟。卫星绕地球一周所需时间约 101 分钟，即每天绕地球 14.25 周，轨道重复周期为 4 天。QuickSCAT 卫星的外观如图 3.21 所示。

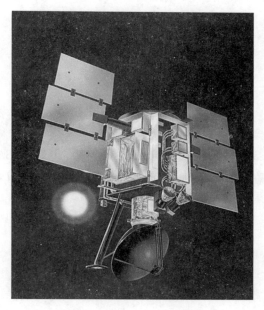

图 3.21　QuickSCAT 卫星的外观

QuickSCAT 卫星于 2009 年 12 月 23 日停止工作，在其工作的十年内，QuickSCAT 卫星提供了大量的观测数据。这些数据有着广泛的应用，在气候研究、气象预报、海洋科学研究、海上安全、远洋渔业、土地和海冰的研究上起到了一定的作用。特别是实时的卫星观测数据对气象预报、气候变化、台风监测预警有着巨大的作用。图 3.22 为 QuickSCAT 于 2005 年 8 月 28 日在墨西哥湾观测到的"卡特里娜"飓风。

6. SMOS 卫星

土壤湿度和海洋盐度（Soil Moisture and Ocean Salinity，SMOS）卫星是欧洲航天局的地球生命力计划的一部分，旨在为地球水循环和气候提供新的视角。除此之外，它还要为改进天气预报模型以及监测雪冰积累提供数据。SMOS 卫星于 2009 年 11 月 2 日发射上空，并于 2009 年 11 月 20 日向地球传回数据。SMOS 卫星外观如图 3.23 所示。

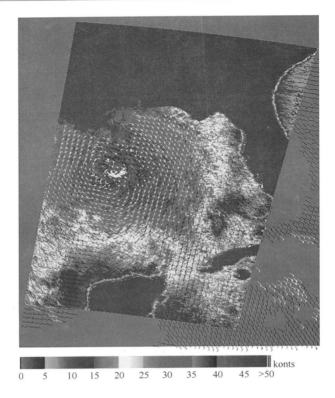

图 3.22　QuickSCAT 观测到的"卡特里娜"飓风

图 3.23　SMOS 卫星外观图

　　SMOS 卫星的主要目标是监测全球范围的土壤湿度和海洋盐度，气象学家掌握了土壤湿度水平，就能更容易地预测洪水、干旱、水量储备以及整个天气状况。盐水会下沉到密度较低的淡水底下，因此研究海洋盐度能提供有关海洋洋流的信息，这些洋流环绕地球流动，交换热量，对气候起根本性影响作用。此外，根据 SMOS 获得的数据，可以帮助改善短期和中期天气预报，也能实际应用在农业和水资源管理等领域。SMOS 卫星能绘制最精确的陆地湿度变化图（图 3.24）和海洋的盐度分布图（图 3.25）。这些数据能够帮助天气预报研究人员、气象学专家和水资源管理人员更好的预测全球水汽循环的变化。

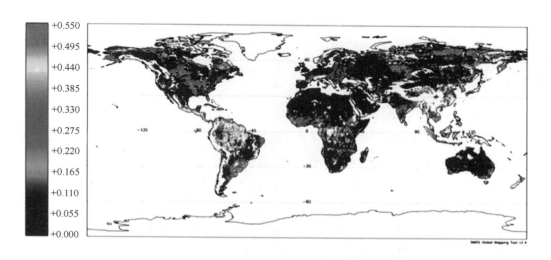

图 3.24 SMOS 卫星所得到的全球土壤湿度分布图

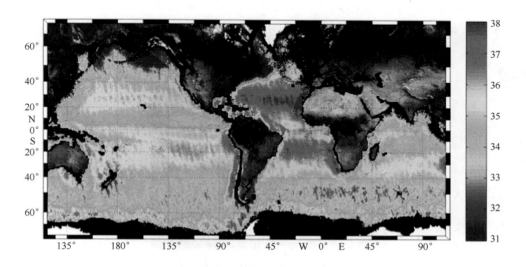

图 3.25 SMOS 卫星所得到的全球海洋盐度分布图

SMOS 卫星唯一的载荷"基于孔径综合技术的微波成像仪"（Microwave Imaging Radiometer with Aperture Synthesis，MIRAS）由欧洲防务集团西班牙公司（EADS Espacio）研制，是全球第一台采用该技术的星载微波遥感器。MIRAS 是由 69 个接收单元构成的微波成像仪。所有接收单元均匀分布在 Y 字形伸展结构上，用以接收地球表面的微波辐射亮温。微波辐射亮温受到地球表面物理温度和表面传导特性影响，而传导特性反映了土壤湿度和海面盐度。

3.2　国内海洋遥感卫星

3.2.1　风云系列卫星

1. "风云一号"卫星

我国 1988 年发射了第一颗气象卫星，即"风云一号"A 星（FY – 1A）太阳同步轨道气象卫星。FY – 1A 是太阳同步极轨气象卫星，其海洋探测性能类似于美国的 NOAA/TIROS 卫星，卫星云图的清晰度可以与美国诺阿卫星云图媲美。由于星上元件发送故障，FY – 1A 只工作了 39 天。随后于 1989 年发射了 FY – 1B 卫星。我国在成功发射了两颗试验卫星 FY – 1A 和 FY – 1B 后，完成了各项既定的试验任务，第三颗"风云一号"C 星（FY – 1C）和第四颗"风云一号"D 星（FY – 1D）开始转入业务应用，并被世界气象组织列入全球气象卫星业务应用行列。FY – 1C 是我国第一颗三轴稳定太阳同步极地轨道业务气象卫星，于 1999 年 5 月 10 日由长征四号乙运载火箭从太原卫星发射中心发射上天。FY – 1D 于 2002 年 5 月 15 日成功发射，其任务是接替在轨正常运行的 FY – 1C，FY – 1D 同样采用三轴稳定太阳同步极地轨道，FY – 1D 外观如图 3.26 所示。

图 3.26　FY – 1D 外观图

卫星所获得的数据主要用于天气预报、气候研究及环境监测。我国各地地面站通过接收 FY－1C 和 FY－1D 的 CHRPT 数据，可以每天两次获取当地的观测资料。资料处理中心通过接收星上存储的数据，可以每天获取一次全球资料。FY－1C 和 FY－1D 的高分辨率实时广播资料 CHRPT 免费向全球开放。表 3.13 显示了 FY－1C 及 FY－1D 主要技术指标。

表 3.13　FY－1C 和 FY－1D 主要技术指标

名称	参数
轨道高度	870 千米
倾角	98.85°
偏心率	< 0.005
轨道周期	102.3 分钟
传感器	多通道可见光和红外扫描辐射计（MVISR）
刈幅	3 100 千米

　　"风云一号"的主要传感器是多通道可见光和红外扫描辐射计 MVISR（Multichannel Visible and Infrared Scan Radiometer），俗名十通道扫描辐射计。MVISR 的视场范围为 1.2 μRad（微弧），星下点分辨率为 1.1 km，刈幅为 3 100 km。MVISR 的通道数由开始的"风云一号" A 星的 5 个增加到后来的"风云一号" C 星的 10 个，包括 4 个可见光通道、2 个近红外通道、1 个中红外通道和 3 个热红外通道，其中通道 7、8、9 用于海洋水色遥感探测。表 3.14 显示了多通道可见光和红外扫描辐射计 MVISR 各通道波长和用途。

表 3.14　FY－1 卫星的多通道可见光和红外扫描辐射计（MVISR）各通道波长和用途

通道号	波长（μm）	主要用途
1	0.58 ~ 0.68	白天云层、冰雪、植被
2	0.84 ~ 0.89	白天云层、植被、水
3	3.55 ~ 3.93	热源、夜间云层
4	10.3 ~ 11.3	海表面温度、白天/夜间云层
5	11.5 ~ 12.5	海表面温度、白天/夜间云层
6	1.58 ~ 1.64	土壤湿度、冰雪识别
7	0.43 ~ 0.48	海洋水色
8	0.48 ~ 0.53	海洋水色
9	0.53 ~ 0.58	海洋水色
10	0.90 ~ 0.965	水汽

FY－1C 和 FY－1D 卫星都采用中国的高分辨图像传输（CHRPT）系统。凡具备接收 NOAA 的高分辨率图像传输 HRPT 资料的系统，只要稍加改造就可接收 CHRPT。多通道可见光和红外扫描辐射计 MVISR 的扫描速度为每秒 6 条扫描线，每个通道数据为 2 048 个字节（BYTE）。再加上同步码等辅助信息，每条扫描线就是 2 218 字节。这里每个字节包含 10 个字位，即 10 bits（比特）。10 个通道全部数据的码速率为 1.330 8 Mbps，是 HRPT/NOAA 的二倍。CHRPT 的调制方式是 PSK 分相码，传输频率为 1 700.5 MHz（L 波段），数据格式与 HRPT/NOAA 相同。

2.“风云二号”卫星

“风云二号”系列静止气象卫星是我国第一代静止气象卫星，目前共发射 6 颗，即“风云二号”A/B/C/D/E/F。其中前两颗为试验星，后四颗为业务星。“风云二号”A 星（FY－2A）和“风云二号”B 星（FY－2B）分别于 1997 年 6 月 10 日和 2000 年 6 月 25 日发射成功。“风云二号”业务型地球静止轨道气象卫星共有四颗，即 FY－2C、FY－2D、FY－2E 和 FY－2F。已分别于 2004 年 10 月 19 日、2006 年 12 月 8 日、2008 年 12 月 23 日、2012 年 1 月 13 日发射成功。

“风云二号”气象卫星的主要载荷是可见光和红外自旋扫描辐射计 VISSR（Visible and Infrared Spin－Scan Radiometer）。FY－2 覆盖的用户台站可接收卫星广播的 S 波段－VISSR 高分辨率数据资料以及 WEFAX 低分辨率模拟数据，2 ~ 4 GHz 的电磁波被称为 S 波段。FY－2 气象卫星具有下列功能：第一、获取可见光、红外光的水汽和云图像、云分析图、云参数、由多幅连续云图显示的云运动导出的高空风矢量和利用红外数据提取的海表面温度等；第二、收集和传送观测到的数据；第三、广播 S 波段－VISSR 数据、WEFAX（Weather FAX，即天气图无线电传真）和 S 波段－FAX（S 波段微波传真）或处理过的云图；第四、监测空间环境。

表 3.15 显示了 FY－2C/D/E 装载的可见光和红外自旋扫描辐射计 VISSR（Visible and Infrared Spin－Scan Radiometer）主要特征。环境温度为 300 K 时的 NEDT 代表等效噪声温差（Noise－Equivalent Delta－T，亦即 Noise－equivalent temperature difference）。与 FY－2A 和 FY－2B 两颗卫星相比，“风云二号”业务型四颗卫星有下列改进：第一、可见光和红外自旋扫描辐射计的通道数目从三个增加到五个，较大地增强了卫星的观测能力。第二、增强星上电源能力，以保证仪器不间断工作。第三、将 FY－2A/B 卫星的 WEFAX 云图模拟广播改为数字广播。

“风云二号”卫星覆盖的用户台站可以接收 S－VISSR 高分辨率数据资料以及 WEFAX 低分辨率模拟图。可以从 VISSR 同时获得可见光、红外及水汽通道图像。在扫描期间，VISSR 的光学镜收集来自地球和云的可见光、红外和水汽通道的能量，聚焦到有主、副镜的聚焦板上；然后通过光学中继系统把能量从透镜的聚焦板上中继到可见、红外和水汽通道探测器。在可见光通道（0.5~0.75 μm）的四个探测器把可见光探测值转换成 4 个通道模拟信号，它们的星下点分辨率是 1.25 km。VISSR 的高灵敏碲镉汞（HgCdTe）红外探测器的星下点分辨率是 5 km；该传感器经辐射冷却可维持恒温 100 K，它将地球辐射转换成红外通道（3.5~4.0 μm、10.3~11.3 μm 和 11.5~12.5 μm）的模拟信号，将地球水汽辐射转换成水汽通道（6.2~7.6 μm）的模拟信号。

表 3.15　FY-2C/D/E/F VISSCR 传感器的主要参数

通道	可见光	红外	水汽
波长	0.5~0.75 μm	3.5~4.0 μm	6.2~7.6 μm
分辨率	1.25 km	5 km	5 km
扫描线	2 500 × 4	2 500	2 500
信噪比	S/N = 6.5（反照率 25%） S/N = 43（反照率 95%）	NEDT = 0.5 K (300 K)	NEDT = 1 K (300 K)
量化精度	8 bits	10 bits	8 bits

同美国的 GOES 卫星和日本的 GMS 卫星的早期阶段一样，"风云二号"气象卫星依赖于卫星自旋运动完成成像：利用卫星自旋运动（从西到东）和扫描镜的步进运动（从北到南 2 500 步）每 30 分钟完成一次全圆盘的扫描；其中 25 分钟用来获取图像，后 5 分钟用于 VISSR 姿态调整和稳定。VISSR 从太空对地观测获取地球图像。获取一张全圆盘地球图像，大约需 30 分钟（每分钟 100 转，从北到南 2 500 条扫描线）。现在，C 星每逢正点取图，D 星每逢半点取图，可以做到每 15 分钟获取一幅云图。图 3.27 显示了 2000 年 7 月 6 日国家卫星气象中心接收的"风云二号"B 星第一幅可见光卫星云图。

FY-2 的地面系统包括指令和数据接收站（CDAS）、数据处理中心（DPC）、卫星业务控制中心（SOCC）、测距站（一个主站，三个副站，其中一个在澳大利亚）、数据收集平台（DCP）、中规模数据应用站（MDUS）、小规模数据应用站（SDUS）以及地面通讯系统等。"风云二号"卫星的一项重要功能是数据广播，包括 S-VISSR、WEFAX 和 S-FAX。在 VISSR 观测期间经"风云二号"卫星将 S-VISSR 数据广播给中规模数据利用站（MDUS），将 WEFAX 和 S-FAX 发布给小规模数据利用站，S-FAX 只供国内用户使用。S-VISSR 是星上仪器 VISSR 获得的、经 CDAS 实时展宽的数字云图数据；经过展宽的数据，其传输速率有所降低，便于用户接收。在 VISSR 观测期间，S-VISSR 经"风云二号"卫星广播给 MDUS。S-VISSR 数据传输频率是 1 687.5 MHz，带宽 2 MHz。WEFAX 经"风云二号"卫星传送给 SDUS，传输格式与其他地球静止气象

图 3.27　"风云二号"B 星探测的可见光卫星云图

卫星的 WEFAX 格式一样。WEFAX 包括灰度等级、标识、注释和地球图像；注释信号插在图像的前面以便自动识别图像信息，地球图像包括了纬度 - 经度网格和卫星轨道和姿态预报的海岸线。"风云二号"系统有 133 个数据收集平台（DCP），包括 100 个国内通道和 33 个国际通道，这使它可以从广泛的平台上收集数据。地区 DCP 是固定的，安装在浮标、孤岛、河流、高山或船上，为气象、海洋、水文及其他目的服务。

　　"风云二号"卫星在全球气象卫星观测网中占有重要的位置，在整个东亚这块，特别是印度洋、青藏高原的卫星观测过去是一个很薄弱的区域。我国"风云二号"卫星定位于东经 105 度，其位置决定了它是整个地球观测系统中不可或缺的一部分，它获得的观测资料对国际的气象界乃至地球科学界都是一个贡献。在世界气象组织的空间计划中，"风云二号"卫星被列为骨干业务卫星，承担为全球天气和气候观测的义务。在 20 世纪我国的气象卫星应用主要依靠国外的卫星资料，现在不仅有自主卫星，还对外进行资料共享和数据服务，用通俗的话说就是从过去使用人家的变成现在人家使用我们的，这体现了非常大的变化，这也奠定了我国在世界气象组织的地位。国际上越来越多的国家和地区使用"风云二号"卫星资料，评价也很积极，比如澳大利亚、日本、美国、欧洲以及东南亚的一些国家，包括我们国家的香港、澳门、台湾地区都在用"风云二号"的卫星资料。

　　3. "风云三号"卫星

　　"风云三号"卫星是为了满足中国天气预报、气候预测和环境监测等方面的迫切需求建设的第二代极轨气象卫星，由 3 颗卫星组成 FY – 3A 卫星、FY – 3B 卫星和 FY – 3C 卫星，分别于 2008 年 5 月 27 日、2010 年 11 月 5 日和 2013 年 9 月 23 日发射成功。

"风云三号"卫星的外观如图 3.28 所示。

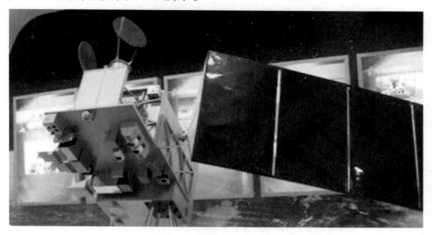

图 3.28　"风云三号"卫星外观图

　　"风云三号"卫星搭载的探测仪器有：10 通道扫描辐射计、20 通道红外分光计、20 通道中分辨率成像光谱仪、臭氧垂直探测仪、臭氧总量探测仪、太阳辐照度监测仪、4 通道微波温度探测辐射计、5 通道微波湿度计、微波成像仪、地球辐射探测仪和空间环境监测器。"风云三号"配置的有效载荷多，卫星总体性能将接近或达到欧洲正在研制的 METOP 和美国即将研制的 NPP 极轨气象卫星水平。表 3.16 为"风云三号"卫星的相关参数。

表 3.16　"风云三号"卫星技术参数

名称	参数
轨道参数	卫星轨道：近极地太阳同步轨道 轨道标称高度：836 千米 轨道倾角：98.75°
入轨精度	半长轴偏差≤5 千米 轨道倾角偏差≤0.12° 标称轨道回归周期为 5.5 天，设计范围为 4 至 10 天 轨道偏心率≤0.0015
卫星姿态	姿态稳定方式：三轴稳定 三轴指向精度≤0.3° 三轴测量精度≤0.05° 三轴姿态稳定度≤4×10^{-3}°/s
数据存储	记录除中分辨率光谱成像仪外的其他探测仪器全球资料； 记录中分辨率成像光谱仪资料 20 分钟。

（续表）

名称	参数
资料传输	波段实时传输信道（AHRPT） 格式标准：CCSDS 推荐的 AOS 标准 原始数据率：约 4.2Mbps（RS 编码后）
观测仪器技术指标	自旋稳定，自旋轴垂直轨道平面误差 <0.5° 自旋速率：98±1 转/分（rpm），运行中可能提高为 100rpm 姿态保持精度≤ ±0.5° 姿态测量精度≤ ±0.07° 姿态稳定度：短期≤ 3.5 μrad/0.6 秒 长期≤ 35 μrad/30 分 自旋稳定，自旋轴垂直轨道平面误差 <0.5°

"风云三号"卫星研制成功使中国在极轨气象卫星领域更进一步缩小与美国、欧洲等发达国家的差距，增强中国参与国际合作和国际竞争的能力，同时能更好地满足我国经济建设和国防建设的需要。"风云三号"卫星是新一代极轨卫星，其主要特点：实现对大气的三维探测；实现全球高分辨率观测；实现了全天候和全天时工作。另外，到 2020 年，我国还将发射 10 颗气象卫星，其中包括"风云二号"和"风云三号"的后续卫星及我国第二代静止气象卫星"风云四号"。

3.2.2 海洋系列卫星

1. "海洋一号"卫星

"海洋一号"卫星（HY-1）由 HY-1A 卫星和 HY-1B 卫星组成，是我国自行研制的用于海洋探测试验型业务卫星。主要用于观测海水光学特征、叶绿素浓度、海表温度、悬浮泥沙含量、可溶有机物和海洋污染物质，并兼顾观测海水、浅海地形、海流特征和海面上大气气溶胶等要素，掌握海洋初级生产力分布、海洋渔业及养殖业资源状况和环境质量，了解重点河口港湾的悬浮泥沙分布规律，为海洋生物资源合理开发利用、沿岸海洋工程、河口港湾治理、海洋环境监测、环境保护和执法管理等提供科学依据和基础数据，为海洋科学研究、全球气候变化提供水色环境数据。

HY-1A 卫星于北京时间 2002 年 5 月 15 日 9 时 50 分在太原卫星发射中心与 FY-1D 卫星由"长征四号乙"火箭一箭双星发射升空，在完成了 7 次变轨后，于 2002 年 5 月 27 日到达 798 千米的预定轨道，并于 2002 年 5 月 29 日按预定时间有效载荷开始进行对地观测。HY-1A 卫星的外观如图 3.29 所示。

图 3.29　HY - 1A 卫星外观图

　　HY - 1A 卫星是一颗小型卫星，星上搭载两台传感器分别是 10 波段的中国海洋水色和温度扫描仪 COCTS（简称水色扫描仪）和 4 波段的电荷耦合装置成像仪（简称 CCD 相机），卫星以及搭载的传感器技术性能指标分别见表 3.17 和表 3.18。COCTS 主要用于探测海洋水色要素，包括：海水光学参数、叶绿素浓度、悬浮泥沙浓度、可溶有机物浓度以及海表温度；CCD 相机主要用于获得海陆交互作用区域的实时图像资料，然后进行海岸带动态变化监测。卫星观测区域分为实时观测区和延时观测区两种：实时观测区域为渤海、黄海、东海、南海和日本海及海岸带区域；延时观测为我国地面站覆盖区域外的其他海域。

表 3.17　HY - 1A 卫星技术参数

名称	参数
轨道类型	太阳准同步近圆形极地轨道
轨道高度	798 千米
轨道倾角	98.8°
降交点地方时	8:53 - 10:10AM
轨道周期	100.8 分钟
卫星重量	368 千克
姿态控制	3 轴稳定
测控	统一 S 频段
数据传输系统	X 频段下行
数传码速率	5.3232Mbps
星上存储量	80MB
设计寿命	2 年

表 3.18 HY−1A 卫星 COCTS 扫描仪和 CCD 相机的技术参数

传感器	COCTS	CCD
扫描角	±40°	±19°
海面分辨率	1.1 千米	2 50 米
刈幅宽度	1600 千米	500 千米
覆盖周期	3 天	7 天
量化等级	10bit	12bit
通道数	10	4
光谱范围	402~805 nm	420~890 nm

HY−1B 卫星中国第一颗海洋卫星 HY−1A 的后续星，于 2007 年 4 月 11 日成功发射。星上搭载有一台 10 波段的海洋水色扫描仪和一台 4 波段的海岸带成像仪 CZI。该卫星在 HY−1A 卫星基础上研制，其观测能力和探测精度进一步增强和提高。主要用于探测叶绿素、悬浮泥沙、可溶有机物及海洋表面温度等要素和进行海岸带动态变化监测，为海洋经济发展和国防建设服务。HY−1B 卫星以及搭载的传感器和 HY−1A 基本相同，这里就不作详细描述。图 3.30 为 HY−1B 卫星搭载的海洋水色扫描仪获得的资料制作的中国海部分海域叶绿素浓度分布专题图。

2. "海洋二号"卫星

"海洋二号"卫星（HY−2）是我国第一颗海洋动力环境卫星，该卫星集主、被动微波遥感器于一体，具有高精度测轨、定轨能力与全天候、全天时、全球探测能力。海洋二号卫星于 2011 年 8 月 16 日 6 时 57 分在太原卫星发射中心采用"长征四号乙"运载火箭发射成功。HY−2 卫星的外观如图 3.31 所示。

HY−2 卫星轨道为太阳同步轨道，倾角 99.34°，降交点地方时为 6:00 am，卫星在寿命前期采用重复周期为 14 天的回归冻结轨道，轨道高度 971 千米，轨道周期 104.46 分钟，每天运行 13~14 圈；在寿命后期采用重复周期为 168 天的回归轨道，卫星高度 973 千米，周期 104.50 分钟，每天同样运行 13~14 圈。HY−2 卫星搭载的主要有效载荷为：雷达高度计、微波散射计、扫描微波辐射计和校正微波辐射计。雷达高度计用于测量海面高度、有效波高及风速等海洋基本要素；微波散射计主要用于全球海面风场观测；扫描微波辐射计主要用于获取全球海面温度、海面风场、大气水汽含量、云中水含量、海冰和降雨量等，校正微波辐射计主要用于为高度计提供大气水汽校正服务。图 3.32 为 HY−2 卫星遥感产品专题图，分别为海面温度、海面高度、有效波高和大气水汽含量。

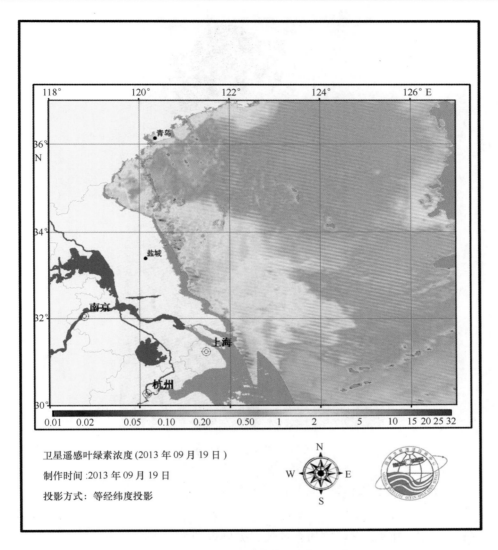

图 3.30　HY-1B 卫星遥感叶绿素浓度专题图

（来自国家卫星海洋应用中心）

　　HY-2 卫星具有的特点和优势主要体现在：① 集主动、被动遥感，高灵敏度接收、大功率发射，多种观测手段为一体，综合观测能力国际领先；② 观测精度达到国际先进水平。海洋二号卫星测高精度达 8.5 厘米，有效波高精度 0.5 米，风速精度 2 米/秒，温度精度 1.0K，是世界在轨运行的重要的海洋微波遥感综合观测卫星。③ 卫星测定轨精度达到国际先进水平。通过星上装载的双频 GPS、激光角反射器等设备，卫星测轨精度由米级提高到厘米级。

图 3.31　HY－2 卫星外观图

　　HY－2 卫星将在海洋环境监测与预报，资源开发，维护海洋权益及科学研究等方面发挥重要作用。"海洋二号"卫星可以连续有效地监测风暴潮和巨浪等极端海洋现象，提高海洋灾害预警的时效性和有效性；提供识别大洋中的锋面和中尺度涡的重要大洋渔场信息，为大洋渔业资源开发提供技术保障；卫星获取的数据能够有效监测全球海平面变化和极地冰盖变化，为研究全球气候变化提供科学依据。HY－2 卫星与已在轨运行的 HY－1 卫星相互配合，分别以微波、光学两种观测手段，将海洋动力环境监测与海洋资源探测相结合，构成空间立体监测系统。

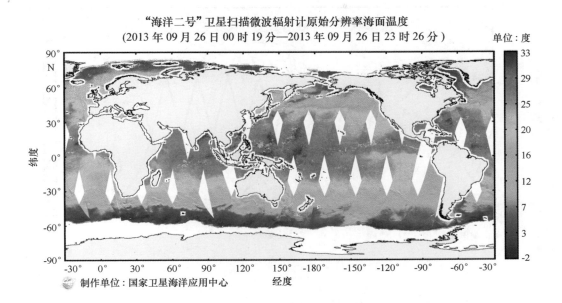

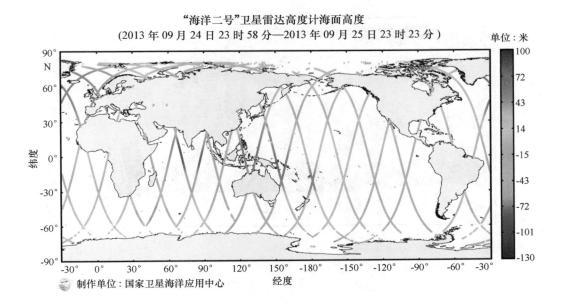

图 3.32　HY－2 卫星遥感产品专题图（来自国家卫星海洋应用中心）

"海洋二号"卫星雷达高度计有效波高
(2013 年 09 月 24 日 23 时 58 分—2013 年 09 月 25 日 23 时 23 分)

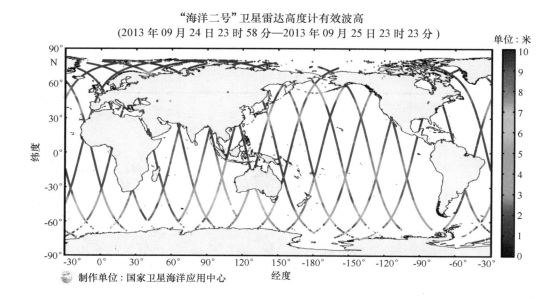

"海洋二号"卫星扫描微波辐射计原始分辨率大气水汽含量
(2013 年 09 月 26 日 00 时 19 分—2013 年 09 月 26 日 23 时 26 分)

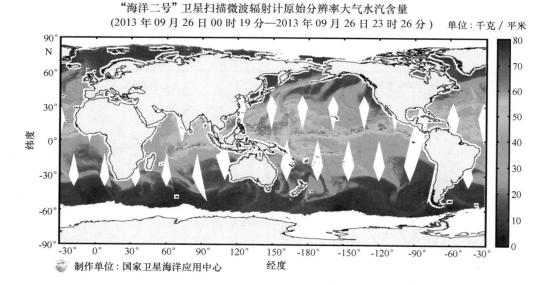

图 3.32　HY - 2 卫星遥感产品专题图 (来自国家卫星海洋应用中心) (续)

3. 中国海洋卫星发展规划

　　海洋卫星发展规划是：按海洋水色环境（海洋一号，HY - 1）卫星、海洋动力环境（海洋二号，HY - 2）卫星、海洋雷达（海洋三号，HY - 3）卫星三个系列发展我国的海洋卫星，使三个系列卫星达到业务化、长寿命、不间断稳定运行；逐步实现以自主海洋卫星为主导的海洋立体观测系统。建成天地协调、布局合理、功能完善、产品丰富、信息共享、服务高效的覆盖我国近海、兼顾全球的国家海洋卫星地面应用系统，实现产品多样化、数据标准化、应用定量化、运行业务化，满足海洋监视监测现代化、科学化、信息化、全球化的要求。为实施海洋开发战略与发展海洋产业提供强有力的技术支撑。提高海洋环境预报和海洋灾害预警的准确性和时效性，有效实施海洋环境与资源监测，为维护海洋权益、防灾减灾、国民经济建设和国防建设提供服务。海洋水色环境（海洋一号，HY－1）卫星系列用于获取我国近海和全球海洋水色水温及海岸带动态变化信息，遥感载荷为海洋水色扫描仪和海岸带成像仪。海洋动力环境（海洋二号，HY－2）卫星系列用于全天时、全天候获取我国近海和全球范围的海面风场、海面高度、有效波高与海面温度等海洋动力环境信息，遥感载荷包括微波散射计、雷达高度计和微波辐射计等。海洋雷达（海洋三号，HY－3）卫星系列用于全天时、全天候监视海岛、海岸带、海上目标，并获取海洋浪场、风暴潮漫滩、内波、海冰和溢油等信息，遥感载荷为多极化多模式合成孔径雷达。

第4章　海洋卫星传感器

　　卫星传感器根据不同的标准和目的有不同的分类，根据所使用的波段不同可以分为光学传感器和微波传感器。工作在可见光到红外波段的传感器统称为光学传感器，工作在微波波段的传感器统称为微波传感器。传感器根据其工作方式可分为主动式传感器和被动式传感器。主动式传感器向目标物发射电磁波，然后吸收目标物反射回来的电磁波，被动式传感器吸收太阳光的反射或目标物辐射的电磁波。本章主要介绍国内外比较著名的光学传感器和微波传感器。

4.1　光学传感器

　　光学传感器是海洋遥感中一种非常重要的传感器，其工作的波段主要为可见光和红外波段，因此光学传感器包括可见光传感器和红外传感器两类。光学传感器所获取的信息中最重要的特征有三个：光谱特性、辐射度量特性和几何特性，这些特性决定了光学传感器的性能。

　　可见光是电磁波谱的一部分，所占的波长范围是 $0.38 \sim 0.76\ \mu m$，利用可见光进行遥感测量的仪器称之为可见光传感器，如海洋遥感中常用的各种类型的照相机、多光谱照相机、多光谱扫描仪以及海岸带水色扫描仪等。可见光传感器的优点是：① 空间分辨率高；② 所获取的信息记录在影像上比较直观，分析解译相对来说比较容易。可见光传感器特别适合用于拍摄云图、观测海冰、海岸带形态、沿岸流流向、浅海探测、海岛和浅滩定位、测量海水透明度以及叶绿素浓度等。可见光传感器的缺点是受天气影响较大，如不能全天时（只能白天工作）和全天候（不能穿透云层）地进行工作。

　　红外线也是电磁波谱的一部分，波长范围是 $0.78 \sim 14\ \mu m$。利用这一波段进行工作的传感器称为红外传感器，其中最重要的是红外扫描仪。多光谱扫描仪和海岸带水色扫描仪也包括红外通道。红外传感器的优点：① 空间分辨率高，大体上接近于可见光传感器的分辨率；② 图像比较直观，解译不太难；③ 热红外传感器具有全天时的工作能力，但不能穿透云层，不能进行全天候工作。热红外传感器所接收和记录的红外能量反映了目标物的表面温度分布。红外传感器在海洋遥感中占有重要地位，利用海面热红外影像可以确定海流、水团的边界，确定上升流的位置，监测海洋石油污染和热污染。

目前用于海洋遥感的光学传感器比较多，如 AVHRR、MODIS、MERIS 和 CCD 扫描仪等，热红外传感器有 HCMM 和 TIMS 等。下面主要介绍几个比较重要和常见的光学传感器。

4.1.1　AVHRR 改进型甚高分辨率辐射计

从 20 世纪 60 年代后期开始，美国国家海洋大气局（NOAA）发射的 NOAA /TI-ROS（诺阿/泰罗斯）系列气象卫星搭载了改进型甚高分辨率辐射计（Advanced Very High Resolution Radiometer，AVHRR）。AVHRR 属于可见光和红外波段辐射计，可以用来提取海表温度和海水透明度等信息。第一部四波段辐射计 AVHRR 最初在 1978 年发射的 NOAA/TIROS 上使用；随后发展的五波段辐射计 AVHRR/2 开始在 1981 年发射的 NOAA－7 上使用。最新发展的六波段 AVHRR/3 开始在 1998 年 5 月发射的 NOAA－15 上使用，表 4.1 列出了六波段 AVHRR/3 的波段特征。AVHRR/3 外观如图 4.1 所示。

表 4.1　AVHRR/3 的波段特征

波段	星下点分辨率	波长（μm）	主要用途
1		0.58～0.68	白天云及地表绘图
2		0.725～1.00	陆水分界线、云、植被
3A	1.09 km	1.58～1.64	探测雪和冰
3B		3.55～3.93	夜间云图、夜间海温
4		10.30～11.30	海、陆、云顶温度
5		11.50～12.50	海、陆、云顶温度

图 4.1　AVHRR/3 外观图

AVHRR 所获取得数据如今已被广泛应用于天气预报以及海洋、渔业、农业、水文、交通和地质等领域的研究，取得了越来越显著的社会经济效益。

4.1.2　MODIS 中分辨率成像光谱仪

中分辨率成像光谱仪（Moderate – Resolution Imaging Spectroradiometer，MODIS）是美国国家航天航空局 NASA 研制的大型空间遥感仪器，于 1999 和 2002 年分别搭载在 Terra 和 Aqua 卫星上。MODIS 是 Terra 卫星的 5 个主要载荷之一，是 Aqua 卫星的 6 个载荷之一。MODIS 是一个带有 490 个探测器、36 个光谱波段的被动成像光谱辐射计，它覆盖了可见光至热红外波段，光谱范围从 400 nm 到 1400 nm，其数据具有很高的信噪比，量化等级为 12bits。它在 36 个相互配准的光谱波段上以中等分辨率（250 ~ 1 000 m），每 1 ~ 2 天观测地球表面一次，获取陆地和海洋等目标的图像。MODIS 可以用来观测陆地和海洋表面的温度以及地面火情，海洋水色、水中可溶物和叶绿素浓度，全球植被的变化，云层特征，气溶胶浓度和特征，海洋洋流，大气温度以及雪的覆盖和表征等。

MODIS 的运行方式与其他的传感器不同。首先，MODIS 利用一个固定的望远镜观测双面旋转扫描镜。扫描镜将地表辐亮度反射到另一个镜面上，然后进入望远镜并将辐亮度传输到光学座架上，具体结构见图 4.2。其次，任一波段的辐亮度聚焦于传感器线阵上，该线阵将轨迹方向扫描划分为若干个像元。在 1 千米的分辨率波段，利用 10 个传感器将 10 千米宽的刈幅划分为大小为 1 千米的像元；在 500 米的分辨率波段，则需要 20 个传感器；在 250 米的分辨率波段，则需要 40 个传感器。使用这些传感器，可以大大减小反射镜旋转的时间并能增加停留时间，产生较高的信噪比。第三，为了减小费用，MODIS 传感器本身没有倾斜（主要是因为 Aqua 卫星上也搭载同样的 MODIS

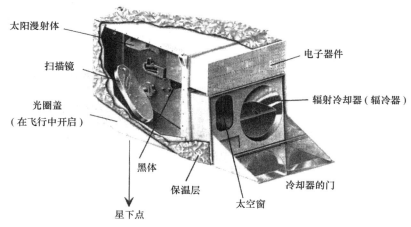

图 4.2　MODIS 传感器结构图

传感器），因此两个非倾斜的仪器比一个倾斜的仪器能够观测到更大的范围。

MODIS 观测地面的刈幅宽度为 2330 千米，垂直轨迹视场为 ±55°。提供全球表面的太阳反射和地表昼夜热辐射的图像数据，图像的分辨率较高，在 250 m 至 1 000 m 之间，波段 1~2 的空间分辨率为 250 m，波段 3~7 的空间分辨率为 500 m，波段 8-36 的空间分辨率为 1 000 m。36 个光谱波段，其位置和带宽的选择保证了对地面或大气成像的最佳条件。此外，在辐射灵敏度、光谱宽度、几何配准的精度、定标的准确度和精密度等技术上都达到较高水平，能满足观测要求。表 4.2 显示了 MODIS 传感器 36 个波段的技术指标，表中 SNR 是信噪比（Signal – to – Noise Ratio），NEΔT（K）是等效噪声温差（Noise – Equivalent Temperature Difference），它代表针对探测目标温度和依据黑体辐射定律换算成的等效噪声温差。

表 4.2 MODIS 的 36 个波段的技术指标与主要用途

主要用途	波段	带宽	辐亮度 $(W \cdot m^{-2} \cdot \mu m^{-1} \cdot sr^{-1})$	SNR/NEΔT
陆地/云层/气溶胶边界	1	620~670 nm	21.8	128（SNR）
	2	841~876 nm	24.7	201（SNR）
陆地/云层/气溶胶性质	3	459~479 nm	35.3	243（SNR）
	4	545~565 nm	29.0	228（SNR）
	5	1 230~1 250 nm	5.4	74（SNR）
	6	1 628~1 652 nm	7.3	275（SNR）
	7	2 105~2 155 nm	1.0	110（SNR）
水色/浮游植物/生物地球化学	8	405~420 nm	44.9	880（SNR）
	9	438~448 nm	41.9	838（SNR）
	10	483~493 nm	32.1	802（SNR）
	11	526~536 nm	27.9	754（SNR）
	12	546~556 nm	21.0	750（SNR）
	13	662~672 nm	9.5	910（SNR）
	14	673~683 nm	8.7	1 087（SNR）
	15	743~753 nm	10.2	586（SNR）
	16	862~877 nm	6.2	516（SNR）
大气层水汽	17	890~920 nm	10.0	167（SNR）
	18	931~941 nm	3.6	57（SNR）
	19	915~965 nm	15.0	250（SNR）

（续表）

主要用途	波段	带宽	辐亮度	SNR/NEΔT
			$W \cdot m^{-2} \cdot \mu m^{-1} \cdot sr^{-1}$	
地球表面/云温度	20	3.660~3.840 μm	0.45（300 K）	0.05 K（NEΔT）
	21	3.929~3.989 μm	2.38（335 K）	2.00 K（NEΔT）
	22	3.929~3.989 μm	0.67（300 K）	0.07 K（NEΔT）
	23	4.020~4.080 μm	0.79（300 K）	0.07 K（NEΔT）
大气温度剖面	24	4.433~4.498 μm	0.17（250 K）	0.25 K（NEΔT）
	25	4.482~4.549 μm	0.59（275 K）	0.25 K（NEΔT）
卷云/水汽/水汽剖面	26	1.360~1.390 μm	6.00	150（SNR）
	27	6.535~6.895 μm	1.16（240 K）	0.25 K（NEΔT）
	28	7.175~7.475 μm	2.18（250 K）	0.25 K（NEΔT）
云性质	29	8.400~8.700 μm	9.58（300 K）	0.05 K（NEΔT）
臭氧	30	9.580~9.880 μm	3.69（250 K）	0.25 K（NEΔT）
地球表面/云温度	31	10.780~11.280 μm	9.55（300 K）	0.05 K（NEΔT）
	32	11.770~12.270 μm	8.94（300 K）	0.05 K（NEΔT）
云顶高度/大气温度剖面	33	13.185~13.485 μm	4.52（260 K）	0.25 K（NEΔT）
	34	13.485~13.785 μm	3.76（250 K）	0.25 K（NEΔT）
	35	13.785~14.085 μm	3.11（240 K）	0.25 K（NEΔT）
	36	14.085~14.385 μm	2.08（220 K）	0.25 K（NEΔT）

　　MODIS 标准数据产品分为 44 种。MOD01、MOD02、MOD03 分别为 MODIS1A 数据产品、MODIS1B 数据产品和 MODIS 数据地理定位文件；MOD04 - MOD08、MOD35 为大气产品，MOD09 - MOD17、MOD33、MOD40、MOD43、MOD44 为陆地产品，MOD18 - MOD32、MOD 36 - MOD39、MOD42 为海洋产品。

　　MODIS 是新一代"图谱合一"的光学传感器，也是 EOS 卫星系列上搭载的最主要的仪器，与以往的传感器相比具有几个显著特点。① 高精度观测：MODIS 传感器是当时世界上最高精度的辐射观测仪器，其辐射分辨率达到 18bits，温度分辨率达到 0.03°。② 多频次和宏观观测：EOS 卫星至少每天可对大部分区域进行一次观测，特别是 EOS 下午星发射成功以后，可进行每天 4 次观测，满足突发性、快速变化环境监测的需要。③ 多光谱、高光谱波段同时探测：在 400~1 450 nm 之间提供了 7 个（1~7 波段）多光谱波段和 29 个（8~36 波段）高光谱波段，这为地物提供了较精细的光谱分析曲线，可以满足分析地物多样性的要求。④ 用途广泛：MODIS 是一个真正的为多学科交叉发展提供帮助的仪器。可以对大气、海洋、以及地表特征进行同步观测，可同时获取地球大气、海洋、陆地、冰川雪盖等多种环境信息，有助于建立有关大气、海洋和陆地的动态模型，以及建立预测全球变化的模型。

4.1.3　MERIS 中等分辨率成像光谱仪

中等分辨率成像光谱仪（Medium Resolution Imaging Spectrometer Instrument，MER-IS）由荷兰和法国共同研制，由 2002 年搭载在欧洲空间局的环境卫星 ENVISAT 上。它能满足海洋、大气和陆地三大领域的观测需求，观测的重点是海岸带区域、陆地的生物和地球物理特征、气候应用以及全球环境。

MERIS 是推扫式被动成像光谱仪，扫描过程由一排探测器元件完成，有 5 架相机排列在一起，通过卫星移动来实现。由于具有 68.5° 的宽视场，地面刈幅宽为 1 150 km，传感器 3 天就能够覆盖整个地球。不仅满足了全球生物过程的需要，还可以对突发性的环境变化进行监测，如地震、火山、洪水与火灾。为了降低噪音对大气校正算法和海水成分浓度计算的精度影响，MERIS 设计了等效噪声辐射率（NEΔL）值使之能适应一、二类水体的情况。15 个波段精细的辐射测量可以提供海洋生产力、海岸带尤其是海洋沉积物的观测，同时也可以计算陆地植被指数。对海岸带与陆地测量的 300 m 分辨率数据需要实时传输到地面接收站，对宽阔海域观测的分辨率为 1 200 m，数据记录在星载存储器上。MERIS 的外观如图 4.3 所示。

图 4.3　MERIS 外观图

MERIS 工作在可见光至近红外（390 ~ 1 040 nm）波段，在这个波段范围内设置了 15 个波段，带宽在 3.75 ~ 20 nm 之间，在可见光波段平均带宽为 10 nm，具体参数设置见表 4.3。MERIS 需要对从大气中散射出来的不到 1% 的入射光的极化效应有响应。MERIS 的波段设置源于海洋与各学科的应用需求以及其本身的使命，它的优势不仅在于波段的设置与较精细的带宽，而且为了适应不同观测尺度而选择不同空间分辨率的性能，从而使得 MERIS 在其运行期间有更高的利用价值。MERIS 在海洋、大气以及陆地上都有广泛的应用，将在全球范围内检测海洋以及海洋对气候的影响，通过观察水色进一步研究海洋的变化情况，此外还可以对大气、云、水蒸气、气溶胶以及陆地表面的参数测量。

表 4.3　MERIS 波段设置及主要应用

波段序号	中心波长（nm）	波段宽度	主要用途
1	412.5	10	黄色物质与碎屑
2	442.5	10	叶绿素吸收最大值
3	490	10	叶绿素等
4	510	10	悬浮泥沙、赤潮
5	560	10	叶绿素吸收最小值
6	620	10	悬浮泥沙
7	665	10	叶绿素吸收与荧光性
8	681.25	7.5	叶绿素荧光峰
9	708.75	10	荧光性、大气校正
10	753.75	7.5	植被、云
11	760.625	3.75	氧气吸收带
12	778.75	15	大气校正
13	865	20	植被、水汽
14	885	10	大气校正
15	900	10	水汽、陆地

MERIS 数据具有广泛的用途。在海洋方面，从 MERIS 数据可以得到海洋叶绿素浓度、悬浮物质浓度、溶解有机物浓度以及观测赤潮等现象；在大气方面，MERIS 可以测量云总量、云顶高度、云的光学厚度、含水量、云的反照率以及有关气溶胶的数据；陆地上得到比较精确的归一化植被指数。

4.1.4　MISR 多角度成像光谱辐射计

多角度成像光谱辐射计（Multi - angle Imaging SpectroRadiometer，MISR）于 1999 年 12 月 18 日搭载在 Terra 卫星上发射升空，并于 2002 年 2 月正常工作。MISR 工作在可见光和近红外 4 个光谱波段，按照平台飞行前后 8 个角度方向获取地面具有角度反射特征的多光谱图像。仪器性能参数见表 4.4。MISR 的数据可以获得有云和无云地区的双向反射率，从而获得不同类型云在空间范围和季节尺度上的变化对地球的太阳辐射收支的影像。获得气溶胶总量变化，从而得到其对气候和环境的影像。地面双向反射率与反照率两者关系的模型，可用于研究陆地气候学，生物圈 - 大气圈的相互作用以及生态系统的变化。

表 4.4　MISR 仪器性能参数

性能指标	参数
观测地球表面的角度	天底：0°；天底前方：36.9°，53.1°，66.4° 天底后方：25.8°，45.6°，60.0°，72.5°
空间分辨率	局地模式：240 m；全球模式：1 920 m
光谱波段	440 nm，550 nm，670 nm，860 nm
光谱带宽	15~35 nm
观测刈幅	204 km
全球覆盖周期	16 天
信噪比	当反照率为 10% 时，局地为 300；全球为 1200
飞行中的辐射准确度	3%
数据率	全球模式：143 KB/S；局地模式：1.27 MB/S
功率	77W
重量	149 kg

　　MISR 仪器携带 9 个独立的数码相机，在四个不同的太阳光谱波段收集数据。一台照相机指向最低点，而其他提供向前和向后的观测，观测角度为 26.1°，45.6°，60.0° 和 70.5°。每个相机的光学系统由六镜片组成，光谱波段在 420~890 nm。仪器内设有定标装置，包括引入太阳光的定标板和对探测器定标的光电二极管组成。

　　获取模式包括：全球模式和局地模式。前者 16 天覆盖全球；后者选定 200~300 km 目标区。MISR 的分辨率为 240 m。在每种模式下，均可按照编辑和非编辑两种方法获得图像数据，产品类型见表 4.5。MISR 获取的数据在气候研究中是非常有用的，其被用来监测大气气溶胶（包括天然形成的和人类活动所造成的）浓度的月份、季节性和长期的变化趋势。MISR 数据还被用来观测植被冠层结构、土地覆盖类型、冰雪等其他生物地球参数。

表 4.5　MISR 数据产品类型

产品类型	产品名称
图像数据产品	经过辐射定标和几何校正的多角度图像
大气数据产品	云双向发射率分布函数、气溶胶光学厚度 气溶胶位相函数非对称参数、气溶胶单散射反照率 气溶胶尺寸分布函数、气溶胶质量负荷、大气顶分谱半球反照率

产品类型	产品名称
陆地数据产品	地面双向反射率分布函数、地面光谱半球反照率、归一化植被指数、大气吸收光合作用活性辐射、光合成容量、最大覆盖传导
海洋数据产品	浮游生物色素浓度

4.1.5　SeaWIFS 海洋宽视场水色扫描仪

SeaWIFS（Sea – viewing Wide – Field – of View Sensor）是美国于 1997 年 8 月发射的海洋卫星 SeaStar 所携带的一个针对海洋水色进行专门探测的传感器，主要用于探测和监测海洋现象，包括海洋初级生产力和浮游植物变化过程、海洋对气候过程的影像（存储热量和气溶胶形成过程）以及监测二氧化碳循环等。SeaWIFS 处于太阳同步轨道，轨道高度 705 千米，将交点过境时间为 12:00。SeaWIFS 为横向轨道扫描仪，刈幅宽度为 2 800 千米，对应的扫描视角范围 ±58.3°。图 4.4 和图 4.5 分别展示了 SeaWIFS 横向轨迹光学扫描仪和电子模块绘图和照片。

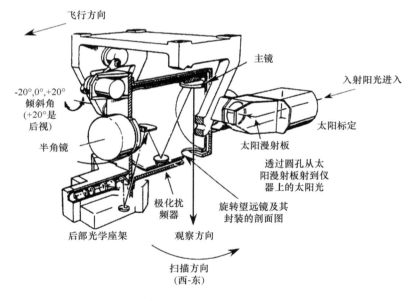

图 4.4　SeaWIFS 传感器的剖面图

SeaWIFS 的 8 个波段的中心波长分别为 412、443、490、510、555、670、768、865 nm。除了 7、8 波段的带宽为 40 nm 外，其他波段的带宽均为 20 nm。这种较高的光谱分辨率为海洋水色要素的识别创造了很好的条件。SeaWIFS 传感器的技术性能见表 4.6。

图 4.5　SeaWIFS 传感器照片

表 4.6　SeaWIFS 传感器的技术性能

波长 [nm]	带宽 [nm]	饱和辐亮度 [mW·cm^{-2}·μm^{-1}·sr^{-1}]	输入辐亮度 [mW·cm^{-2}·μm^{-1}·sr^{-1}]	信噪比	主要用途
412	±10	13.63	9.1	499	可溶有机物
443	±10	13.25	8.41	674	叶绿素吸收
490	±10	10.5	6.56	667	色素吸收
510	±10	9.08	5.64	640	叶绿素吸收
555	±10	7.44	4.57	596	色素、光学特性、沉积物
670	±10	4.2	2.46	442	大气校正
765	±20	3	1.61	455	大气校正
865	±20	2.13	1.09	467	大气校正

4.1.6　COCTS 海洋水色扫描仪

COCTS（Chinese Ocean Color and Temperature Scanner）是搭载在中国海洋水色试验型业务系列卫星 HY-1 上的主要载荷之一。主要观测要素是海水光学特征、叶绿素浓度、悬浮泥沙含量、可溶有机物、污染物及海表面温度等；兼顾观测要素包括海洋冰情、浅海地形、海流特征及海面上空对流层气溶胶。它的可见光与近红外八个通道的主要技术指标和监测内容见表 4.7。

表4.7　COCTS 的八个可见光与近红外通道的技术指标

波长 [nm]	带宽 [nm]	饱和辐亮度 [mW·cm^{-2}·μm^{-1}·sr^{-1}]	输入辐亮度 [mW·cm^{-2}·μm^{-1}·sr^{-1}]	信噪比	测量对象
412	±10	12.1	9.1	349	黄色物质、水体污染
443	±10	11	8.41	472	叶绿素吸收
490	±10	9.4	6.56	467	叶绿素吸收、海水光学、海冰、污染、浅海地形
520	±10	8.2	5.46	448	叶绿素、透明度、污染、泥沙含量
565	±10	6.9	4.57	417	叶绿素、泥沙含量
670	±10	4.9	2.46	309	大气校正、气溶胶、泥沙含量
750	±20	2.9	1.61	319	大气校正、泥沙含量
865	±20	2.3	1.09	327	大气校正、水汽含量

COCTS 再访问时间为 3 天，星下点的分辨率为 1.1 千米，观测刈幅宽度为 1600 千米，每个扫描行包含 1 024 个像元，每个像元的量化精度为 10bit，各通道的像元配准小于 0.3 个像元，波段配准精度为 ±2 nm，绝对辐射精度为 10%，偏振度小于 5%。图 4.6 显示了使用中国 HY-1A 卫星搭载的 COCTS 和美国海星 SeaStar 卫星搭载的 SeaWiFS 遥感资料制作的中国海和临近海域叶绿素-a 浓度分布的数据融合图。图 4.7 显示了使用 HY-1 卫星 COCTS 遥感资料获得的长江口海域的悬浮泥沙分布图。

4.1.7 CCD 相机

四波段电荷耦合装置相机（CCD，俗称 CCD 相机）也是搭载在 HY-1 系列卫星上的主要载荷之一。它主要用于获取海陆交互作用区域的实时图像数据。其产品已经应用在我国海岸带重点区域（黄河口、长江口和珠江口）的资源和植被调查、海岸带变化监测以及海岸带变迁的研究中。CCD 星下点的分辨率为 250 米，每个扫描行包含 2048 个像元，每个像元的量化精度为 102bit，各通道的像元配准小于 0.3 个像元，波段配准精度为 ±2 nm。CCD 相机四个通道的技术指标和用途见表 4.8。

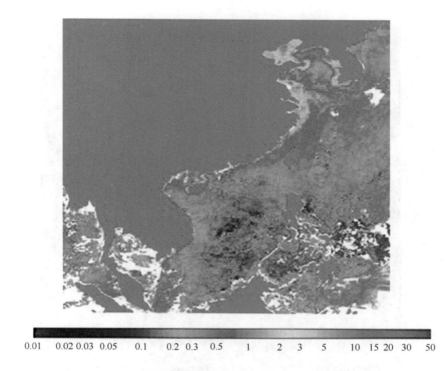

0.01 0.02 0.03 0.05   0.1   0.2 0.3 0.5   1   2   3   5   10 15 20 30 50

图 4.6 HY－1A/COCTS 反演的 2002 年 6 月叶绿素浓度

（国家卫星海洋应用中心提供）

表 4.8 CCD 相机的四个通道的技术指标及用途

波段 [μm]	饱和辐亮度 [mW·cm^{-2}·μm^{-1}·sr^{-1}]	动态范围 （最大目标反射率）	信噪比	主要用途
0.42~0.50	15.6	20%	617	监测污染、植被、水色、水下地形
0.52~0.60	27.6	50%	578	监测悬浮泥沙、污染、植被、滩涂
0.61~0.69	17.1	35%	463	监测悬浮泥沙、土壤、水汽总量
0.76~0.89	15.7	50%	471	监测土壤、大气校正、水汽总量

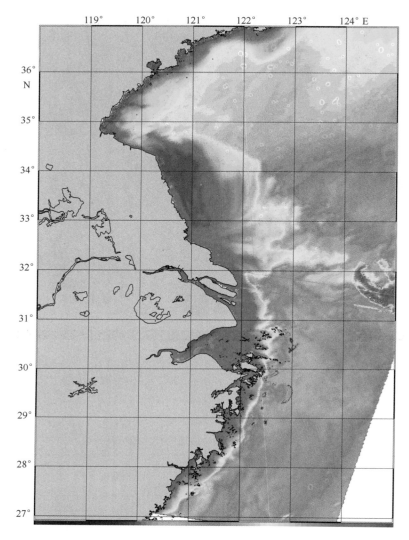

图 4.7　HY-1 卫星遥感资料反演的长江口悬浮泥沙分布
（国家卫星海洋应用中心提供）

4.1.8　ATSR 沿轨扫描辐射计

ATSR（Along Track Scanning Radiometer）沿轨扫描辐射计是搭载在欧空局卫星 ERS 上的热红外波段辐射计。ATSR 观测地球生成的红外图像的空间分辨率为 1 千米，这些数据应用在陆地表面、大气、云、海洋、冰冻圈等领域的科学研究中。第一个 AT-SR 传感器搭载在欧空局的 ERS-1 卫星上，作为地球观测计划的一部分于 1991 年 7 月发射成功。此后，欧空局对 ATSR 传感器进行了改进，改进型的 ATSR-2 搭载在 ERS

–2 卫星上于 1995 年 4 月 21 日成功发射。ATSR–2 传感器增加了可见光通道，主要是为了监测植被变化。在这之后，欧空局又研制了高级沿轨迹扫描辐射计（Advanced Along Track Scanning Radiometer，AATSR），并于 2002 年 3 月 1 日搭载在 Envisat 卫星上发射上天。

ATSR 工作在 4 个光谱波段，分别是 1 个中心波长为 1.6 μm 的可见光波段和 3 个中心波长在 3.7 μm、11 μm、12 μm 的热红外波段。由于卫星测量地球表面温度不可避免地受到大气辐射的影响，ATSR 采用了双视图的设计，这样使得它可以估算和校正这些大气影响。传感器的圆锥扫描方式可以产生双视效果。由于对同一观测目标进行了两次观测，并且两次观测所经过的大气路径不同，因此可以计算和校正大气吸收的影响。

与依赖于发射前定标不同，ATSR 采用在轨定标方式。在 ATSR 上安装两个已知温度的黑体，每次扫描后测量一次它们的辐射，方便进行及时的重定标。这样可以使单通道的等效温度的精度达到 ±0.05 K。欧空局在 ATSR 进行多次的改进以后，改进型 ATSR 测量海表温度的精度已能够达到 ±0.3 K。图 4.8 为 ATSR–1 的外观图。

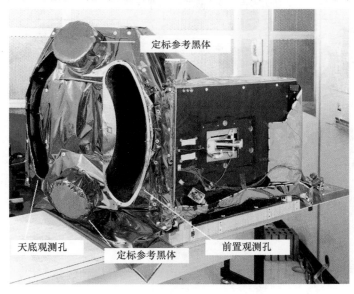

图 4.8　ATSR–1 传感器外观图

4.2　微波传感器

波长在 1～30 cm 之间的电磁波被称为微波，工作在这一波段范围内的传感器称为微波传感器。各种微波辐射计、微波散射计、雷达高度计、微波侧视雷达和合成孔径雷达都属于微波传感器。

微波传感器具有光学传感器没有的优点：① 可以进行全天时、全天候工作；② 可以进行主动式观测。但其也具有一些缺点：① 获取的资料解译较为复杂；② 空间分辨率较低（不包括合成孔径雷达），一般为几十千米；③ 在某些参数反演上，精度相对来说较低。

微波传感器非常适合用来观测海洋。微波对海面粗糙度十分敏感，因此可以用微波传感器来测量海面风速、风向以及波浪等相关参数；微波能穿透海冰，所以可以用微波来测量海冰厚度，同时还可以分析海冰类型；微波对海水的导电性也很敏感，因此可以用微波来测量海水的盐度。正是因为微波传感器具有全天候、非常适合观测海洋的特点，所以在 1991 年以后发射的卫星几乎都搭载微波传感器。

微波传感器根据其工作方式可以分为主动式传感器和被动式传感器，具体分类方式见表4.9。主动式微波传感器和被动式微波传感器可以根据不同的观测对象从而选择相应的工作频率。

表 4.9　微波传感器的分类

传感器种类	工作方式	测量内容
微波辐射计	被动传感器	海面温度、海面风速、海水盐度、海冰、云层含水量、降水强度、大气温度、臭氧、气溶胶等
微波散射计	主动传感器	土壤水分、地表面粗糙度、海冰分布、积雪分布、植被密度、海浪、海面风速、海面风向等
降雨雷达	主动传感器	降水强度等
微波高度计	主动传感器	海面地形、大地水准面海流、中尺度涡旋、潮汐、风速等
成像雷达、合成孔径雷达、真实孔径雷达	主动传感器	地表影像、海浪、内波、海面风速、地形、地质、海冰分布、积雪分布等

4.2.1　微波辐射计

根据普朗克定律，构成地球表面的物质可以通过热辐射对外辐射电磁波。测量这种电磁波中的地球热辐射的绝对量并观测地表或大气的传感器称为辐射计。辐射计是被动遥感传感器，接收地面或大气的辐射，从中提取相应的物理信息，但不发射电磁波。辐射计根据其工作波段可分为可见光和红外波段辐射计以及微波辐射计。它们可以获取海表温度、土壤湿度、海面风速、大气水汽含量、云液态水含量等信息，微波辐射计还可以为其他传感器进行大气校正。

微波辐射计不受天气和昼夜的影响，可以全天时全天候地进行工作。微波辐射计能测量一定深度的植被、土壤以及其他地物。微波辐射计一般由三部分组成，即天线系统、高灵敏接收机和数据处理系统。微波辐射计所接收的微波辐射主要有三个方面：地面（或海面）、大气、宇宙，如图4.9所示。

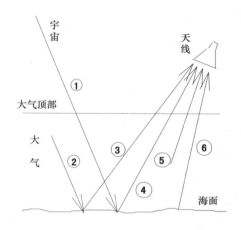

① 来自宇宙背景的辐射

② 大气发射的下行辐射

③ 海面反射的大气下行辐射贡献

④ 海面反射的宇宙背景辐射贡献

⑤ 大气发射的上行辐射贡献

⑥ 海面辐射的亮温贡献

图4.9　微波辐射计天线接收的辐射

　　微波辐射计的应用开始于20世纪60年代美国发射的"水手2号"卫星。此后，美国、苏联、日本、印度以及欧洲一些国家相继发射了一系列对地观测的微波辐射计。其中应用于海洋的比较著名的微波辐射计有：1972年发射的Nimbus–5雨云卫星上搭载的电子扫描微波辐射计（Electronic Scanning Microwave Radiometer，ESMR），1975年发射的Nimbus–6雨云卫星上搭载的ESMR，1978年发射的Nimbus–7雨云卫星上搭载的多波段微波辐射计（Scanning Multichannel Microwave Radiometer，SMMR），1987年6月开始的搭载在美国国防气象卫星计划（Defense Meteorological Satellite Program，DM-SP）系列卫星F–10、F–11、F–12、F–13、F–14、F–15、F–16上的微波辐射成像仪（Special Sensor Microwave/Imager，SSM/I），1997年11月美国和日本共同发射的搭载在热带降雨观测任务卫星（Tropical Rainfall Measuring Mission，TRMM）上的TMI微波成像仪。2002年5月日本发射搭载在Aqua卫星上的高级微波扫描辐射计（Advanced Microwave Scanning Radiometer，AMSR–E）。下面主要介绍一下SSM/I和AMSR–E两个微波辐射计。

1. SSM/I 微波辐射成像仪

　　微波辐射计SSM/I（Special Sensor Microwave/Imager）是搭载在美国国防气象系列卫星DMSP（Defense Meteorological Satellite Program）上的被动微波辐射计。此计划在美国国防部的监督下执行，利用卫星监测大气、海洋和太阳–地球交互作用所产生的状态。

　　SSM/I 首先于 1987 年 6 月搭载卫星 F－8 升空，先后共有 F－10、F－11、F－12、F－13、F－14、F－15、F－16 发射。其中 F－12 由于 SSM/I 仪器故障无法正常运作，F－8、F－10 和 F－11 陆续停止使用，目前还正常运行载有 SSM/I 的是 F－13、F－14、F－15、F－16 四颗卫星。在 F－16 及其后继卫星 F－17、F－18、F－19 和 F－20 上搭载的是 SSM/I 的下一代辐射计 SSMIS（Special Sensor Microwave Imager/Sounder）。SSMIS 保留了 SSM/I 的 7 个通道中的 5 个，去掉了 SSM/I 的 85.5GHzV/H 极化通道，增加了 22.235GHz V/H 和 91.665 GHz V/H 极化通道。

　　DMSP 系列卫星的轨道为太阳同步近极轨准圆轨道，每颗卫星的轨道高度略有不同，如 DMSP F－8 轨道高度为 860±25 km（轨道高度的变化是由轨道的离心率和地球自身的扁球形引起的），DMSP F－10 轨道高度为 805±72 km，但轨道平均高度都位于 833 km 以上。DMSP 系列卫星以倾角 98.8°绕着轨道运行，轨道周期大约为 102 min，见图 4.10。平均每天绕地球运转 14.1 圈，而且一天会通过赤道同一点附近两次，分别称为升交点和降交点，以 F－8 为例，升交点时间为早上 6 点 12 分，其他 DMSP F 系列卫星的升交点时间为早上 5 点到 9 点之间，降交点时间为下午 4 点到 9 点之间。

　　SSM/I 传感器共包含七个独立的全电源的辐射计（图 4.11），每个辐射计同时测量来自地面和大气的微波发射，用来估算大气、海面以及地表的亮度温度，此微波能量来源于大气与地表所散射的辐射，以及大气中水汽、臭氧、液态水和冰所吸收与发射的辐射。SSM/I 共测量 19.35 GHz、22.235 GHz、37.0GHz 和 85.5 GHz 四个频率的微波辐射。其中，19.35 GHz、37.0 GHz 和 85.5 GHz 为水平（H）和垂直（V）双极化，22.235 GHz 只有垂直（V）极化。这样，SSM/I 传感器共有 7 个通道，它们的频率、极化、时间和空间分辨率见表 4.10。SSM/I 使用偏移抛物面反射器接收地面微波信号，反射器的尺寸为 61 cm×66 cm。反射器的旋转周期是 1.9 s，其中，冷空反射器及热参考载荷不旋转。旋转喇叭天线在每次扫描的时候，都对固定冷空反射器和热载荷进行一次观测。通过这种方式，SSM/I 在每次扫描的时候都进行了一次定标。由于 SSM/I 传感器使用了先进的定标系统和全能量辐射计，从而使得它的表现好于以往的所有星载辐射计，其测量微波辐射亮温的精度小于 1K。

　　SSM/I 辐射计为前向观测（DMSP F－8 为后向观测），地面入射角为 53.1°。天线扫描方向为从左到右，扫描角度为 102.4°，每次扫描的刈幅宽度大约为 1 400 km，SSM/I 大约 2～3 天可以覆盖全球一次，一天中（即 24 小时内）SSM/I 扫描地表所能覆盖的范围如图 4.12 所示，其中在南北极各有一个半径为 280 km 的圆形区域，由于轨道倾角的关系无法得到卫星资料，另外在赤道附近的菱形阴影区域则在 72 小时内皆可被扫描到。SSM/I 辐射计从左到右的扫描时间为 1.9 s，卫星的运行速度为 6.58 km/s，在这 1.9 s 内，卫星的运动的距离为 12.5 km，与 85 GHz 天线波束在地表的分辨率相近似。SSM/I 的轨道和扫描几何图见图 4.13。在每次扫描的时候，85 GHz 通道为连续采样，采样时间间隔为 4.2ms，共采样 128 次。而 19 GHz、22 GHz 和 37GHz 为隔行扫描，采样时间间隔为 8.4 ms，每次扫描采样 64 次。在只有 85GHz 被扫描的扫描称为"B 扫描"，而所有通道都被扫描的扫描称为"A 扫描"。

表 4.10　SSM/I 七个通道的时空分辨率

频率 （GHz）	极化方式	积分周期 （ms）	观测像元（km）		像元采样分辨率 （km）
			沿轨迹方向	沿扫描方向	
19.35	垂直	7.95	69	43	25
	水平	7.95	69	43	25
22.235	垂直	7.95	60	40	25
37.0	垂直	7.95	37	28	25
	水平	7.95	37	28	25
85.5	垂直	3.89	15	13	12.5
	水平	3.89	15	13	12.5

图 4.10　DMSP 卫星外观

2. AMSR－E 高级微波扫描辐射计

高级微波扫描辐射计 AMSR－E 是 2002 年 5 月搭载在 Aqua 卫星上的传感器，在 AMSR－E 之前的微波辐射计 AMSR 于 2002 年 12 月搭载日本高级对地观测卫星 ADEOS－2 上发射升空，但其在 2003 年 10 月便停止工作。AMSR－E 的设计在 AMSR 基础上作了稍微的改动。两个微波辐射计的不同之处在于 AMSR 有两个额外的用于大气探测

图 4.11　SSM/I 仪器外观

的 50.3 GHz 和 52.8 GHz 的垂直极化通道。Aqua 卫星是一个高度为 705 千米的太阳同步升轨道；而 ADEOS － 2 卫星是一个高度为 800 千米的太阳同步降轨道。

　　图 4.14 显示 Aqua 卫星上 AMSR － E 微波辐射计的配置，仪器绕天底轴以 1.5 秒的周期连续选择，在这时间内，卫星沿着其表面轨迹前进了 10 千米。AMSR － E 在其卫星轨迹周围 ±61° 的角度扇区测量接收到的辐射量，并产生 1 445 千米的观测刈幅。AMSR － E 是一个有 12 通道，6 个频率，类似于 SSM/I 圆锥扫描的微波辐射计。与 SSM/I 相比，AMSR － E 有更多的通道，有一个直径达到 1.6 米的抛物线形反射器，在频率的选择上也有一定的差别（见表 4.11）。AMSR － E 抛物线形反射器将表面辐射量汇聚到 6 个反馈触角的列阵中，这个列阵中的辐射量又被 12 个独立的接收器增强。18.7 和 23.8 GHz 接收器共用一个反馈触角。为了避免 A 和 B 扫描，两个反馈触角分支用来作 85 GHz 通道，这样 85 GHz 通道在沿轨迹方向处产生两个大小为 5 千米的的视场，而其他频道通道在沿轨迹方向的视场大小为 10 千米。

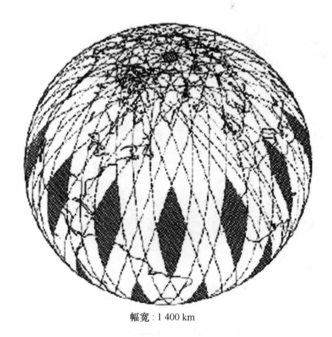

幅宽：1 400 km

图 4.12　SSM/I 在一天中扫描所覆盖的范围，阴影区表示当天没有观测资料

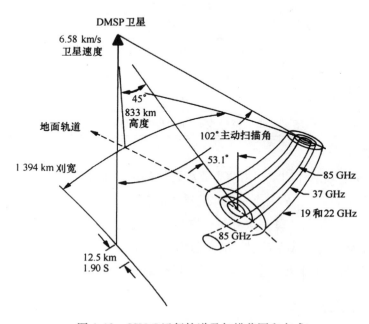

图 4.13　SSM/I 运行轨道及扫描范围和方式

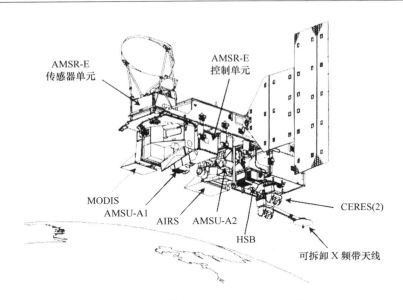

图 4.14　Aqua 卫星上 AMSR - E 微波辐射计的配置

表 4.11　AMSR - E 微波辐射计的特点

频率（GHz）	6.9V，H	10.7V，H	18.7V，H	23.8V，H	36.5V，H	89.0V，H
3 - dB 带宽（度）	2.2	1.4	0.89	0.9	0.4	0.18
带宽 Δf（MHZ）	350	100	200	400	1 000	3 000
NEΔT（K）	0.3	0.6	0.6	0.6	0.6	1.1
积分时间（ms）	2.6	2.6	2.6	2.6	2.6	1.3
主波束效率	0.95	0.95	0.96	0.96	0.95	0.96
3dB EFOV（km×km）	43×75	27×48	16×27	18×31	8×14	4×6

AMSR - E 微波辐射计的定标由两个非旋转的外部源提供，一个热参考载荷用来维持 300K 左右的物理温度，另一个是用来将冷空间亮温反射到仪器的反射镜。反射镜和参考载荷被固定在卫星上，每一次旋转，它们依次经过反馈触角列阵和抛物线形反射器并提供一次定标。抛物线形反射器的视角固定为 47.4°，这导致了它的入射角范围为 55°±0.3°。入射角的微小变动主要是由于轨道轻微的偏心率和地球的扁平形状。

4.2.2　微波散射计

微波散射计是一种主动式微波雷达传感器。微波散射计主要是利用后向散射系数与方位角的关系反演全球的海面风场。另外，散射计也可以用来观测极地的浮冰和陆地冰。风场的重要性在于能够驱动海洋环流，通过调制海/气之间的热通量、水汽通量以及二氧化碳等气体通量来影响地区和全球的气候。特别是海面风场是产生海浪和盆地尺度海流的最大动力来源。风速的分布决定着波高的分布和海洋涌浪的传播方向，并能够预测涌浪对船只、近岸建筑以及海岸带的影响。

　　微波散射计原理和设计与常规雷达基本相同。主要的组成部分包括：微波发射机、天线、微波接收机、检波器和数据积分器。它的功能是测量地物表面（或体积）的散射或反射特性，也就是说，它主要用于测量目标的散射特性随雷达波束入射角变化的规律，也可用来测量不同的极化方式和波长对目标散射特性的影响。散射计本质是专门为了测量目标的雷达后向散射系数而设计的，经过精确定标的雷达微波散射计向海面发射微波脉冲，然后接收并测量海面散射回来的微波功率。由于海洋上的风产生了海浪，从而改变了海面的形状，因此决定了海面不同的雷达散射界面。散射计测量接收到的后向散射系数，可以估算出海面的归一化雷达散射界面。散射计可以从不同的方位观测到同一观测目标的归一化雷达散射界面，因此可以计算出海面的风速和风向。

　　星载微波散射计的使用开始于 1978 年 6 月美国发射的卫星 Seasat，在这颗卫星上搭载一台微波散射计 SASS（Seasat – A Satellite Scatterometer）。此后，美国 NASA 研制了一台名为"NASA 散射计"的微波散射计 NSCAT，并搭载在日本 ADEOS 卫星上。20世纪 90 年代，NASA 开始研制 QuickSCAT 测风卫星，星上搭载了一台名为"海风"的微波散射计 SeaWinds，并于 1996 年 6 月发射升空。欧空局于 1991 年开始发射了 ERS –1 和 ERS – 2 两颗卫星，星上搭载了主动微波装置 AMI 微波散射计。中国于 2011 年 8月发射的 HY – 2 卫星上搭载了 CSCAT 微波散射计。目前已发射的主要星载散射计主要参数如表 4.12 所示。下面介绍几种比较重要的微波散射计。

表 4.12　业务化运行星载散射计一览表

传感器	卫星平台	国家（地区）	起止时间	工作频率	极化方式	天线类型	精度	分辨率	刈幅（km）	覆盖周期
SASS	Seasat	美	1978.7 1978.10	13.9 GHz	VV HH	4 根固定	2 m/s 20°	50 km	500×2	3 天全球
AMI – Wind	ERS – 1	欧	1991.7 2000.3	5.3 GHz	VV	3 根固定	2m/s 20°	50 km	500	5 天全球
AMI – Wind	ERS – 2	欧	1995.4 今	5.3 GHz	VV	3 根固定	2m/s 20°	50 km	500	5 天全球
NSCAT	ADEOS – 1	美日	1996.8 1997.6	13.955 GHz	VV, HH	6 根固定	2 m/s 20°	25 km	1 200	2 天全球

（续表）

传感器	卫星平台	国家（地区）	起止时间	工作频率	极化方式	天线类型	精度	分辨率	刈幅（km）	覆盖周期
SeaWind-1	QuikSCAT	美	1999.6今	13.4 GHz	VV, HH	内外扫描	2 m/s 20°	25 km 12.5 km	1 800	1天全球
SeaWind-2	ADEOS-2	美日	2002.12 2003.10	13.4 GHz	VV, HH	内外扫描	2 m/s 20°	25 km	1 800	1天全球
ASCAT	MetOp-1	欧美	2006.10	5.255 GHz	VV, HH	6根固定	2 m/s 20°	25 km	1 200	2天全球
CSCAT	HY-2	中	2011.8	13.255 GHz	VV, HH	内外扫描	2 m/s 20°	50 km 25 km	1 500	2天全球

1. NSCAT 散射计

NSCAT 散射计是一种 Ku 波段的散射计，于 1996 年 8 月 17 日搭载在 ADEOS 卫星上发射成功。NSCAT 散射计具有 6 根相同的双极化棒状天线，天线的长度约为 3 米，宽度为 6 厘米，厚度约为 10～12 厘米。每根天线都向海面发射扇形波束，波束的入射角在 20～55°之间，波束宽度为 0.4°。NSCAT 散射计的天线结构如图 4.15 所示。左侧天线与飞行方向的夹角分别是 45°、65° 和 135°；右侧天线与飞行方向的夹角分别为 45°、115° 和 135°。由于中间天线以 VV 和 HH 两种极化方式工作，因此每一侧的天线可以进行 4 次不同的观测。在距离向上，刈幅宽度为 600 千米。在星下点，有一宽度为 330 千米的区域。该区域的回波信号主要是通过镜面发射得到的，因此无法反演得到风向信息。在卫星轨道每一侧的刈幅可以分为 24 个多普勒单元，每一个单元的空间分辨率为 25 千米。

为了在方位向获得 25 千米的空间分辨率，每一根天线每隔 3.74 秒采样一次，在这段时间内卫星运行了 25 千米。在 3.74 秒时间内，由于 NSCAT 散射计 8 个不同的波束共用一个发射机/接收机，因此每一个波束每隔 486 毫秒采样一次。为了在这个 486 毫秒时间内散射计对每一个观测单元都测量雷达接收到的回波信号功率和热噪声。在整个观测过程中，468 毫秒还要被进一步分成 29 个观测周期。在 29 个观测周期包括 25 个发射/接收周期和 4 个噪声测量周期。一个发射/接收周期的持续时间为 16 毫秒，包括 5 毫秒发射时间和 11 毫秒接收时间。

2. AMI 散射计

AMI 先进微波装置搭载在 ERS-1 和 ERS-2 卫星上。AMI 散射计属于垂直极化的 C 波段散射计，由高分辨率 SAR 和低分辨率测风散射计组成。SAR 利用一根大尺度的矩形天线，散射计天线利用 3 根高纵横比的矩形天线。AMI 散射计系统具有三种运行

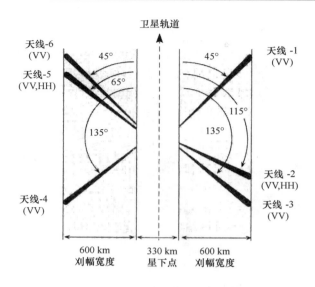

图 4.15　NSCAT 散射计地面刈幅、天线足印图

模式：高分辨率 SAR 成像模式，该模式仅当卫星处于地面站接收范围内以至于其数据可以被直接接收时才工作；低分辨率的 SAR 海浪观测模式以及散射计模式。海浪模式和散射计模式观测的数据可以在轨记录供以后下载。由于散射计和 SAR 共同利用一个电子装置，因此当卫星靠近地面接收站时，不能总得到散射计的测风数据。

　　ERS 卫星所搭载的散射计天线足印如图 4.16 所示。3 根矩形天线在卫星轨道的右侧以方位角 45°、90° 和 135° 向海面发射脉冲波束，其中中间天线的尺寸为 2.3 米 × 0.35 米，而前视和后视天线的尺寸为 3.6 米 × 0.25 米。中间天线的波束宽度为 26° × 1.4°，而前视和后视天线的波束宽度为 26° × 0.9°。对于前视和后视天线，通过调整接收机的中心频率可以解决各自的多普勒频移问题。

　　ERS 散射计的刈幅宽度为 475 千米，距离星下点约为 275 千米。AMI 散射计利用距离分辨技术测量 50 千米面元的后向散射系数。对于中间的天线，脉冲持续时间约为 70 微秒；而前视和后视天线的脉冲持续时间为 130 微秒，由于前视和后视天线具有倾斜的方位角，因此其脉冲长度要比中间天线长。对于每一个脉冲，计算归一化雷达后向散射截面都要经过定标、消除系统和环境的噪声以及大气透过率的修正。每一次天线观测到的归一化雷达后向散射截面被重新采样使其空间分辨单元尺度为 25 千米，这样在垂直轨道方向上总共有 19 个测量单元。然后，单个的归一化雷达后向散射截面又被重新采样得到 50 千米的分辨率以提高其信噪比。ERS 散射计的 3 次观测总共可以得到两个风矢量解，最优解可以通过与数值天气预报模式风场比较得到。另外，散射计的外定标以及仪器设备的检测可以通过有源定标器以及后向散射系数分布均匀的热带雨

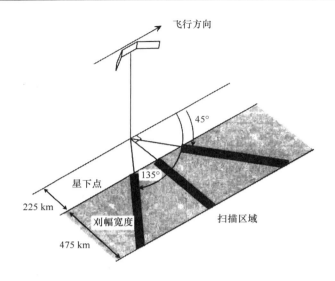

图 4.16　AMI 散射计的地面刈幅

林获得。

　　ERS 系列散射计于 2001 年 1 月停止工作，欧空局搭载 METOP 卫星上的先进散射计 ASCAT 于 2006 年发射以替代 ERS 系列散射计提供全球的风场数据。与 ERS 卫星不同，METOP 卫星没有搭载 SAR 传感器。ASCAT 散射计的天线工作在 C 波段，其天线的设计与 AMI 散射计类似，采用距离分辨技术。但 ASCAT 散射计属于双边观测，星下点同样存在盲区，ASCAT 散射计的刈幅图如图 4.17 所示。

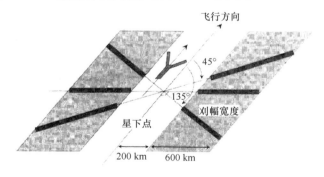

图 4.17　ASCAT 散射计刈幅图

3. SeaWinds 散射计

　　SeaWinds 散射计搭载在 QuickSCAT 卫星上于 1999 年 6 月发射升空。SeaWinds 散射计由一根长约 1 米的旋转抛物天线组成，具有两个反馈元，分别以两个不同的入射角产生两个 13.4 GHz 笔形波束。内波束采用 HH 极化，入射角为 47°；外波束采用 VV 极化，入射角为 55°。天线每分钟转动 18 圈，地面足印的直径约为 25 千米。来自地面足印的回波信号或者作为整体进行分辨或者被分成许多与距离有关的单元。SeaWinds 散射计的刈幅宽度为 1 800 千米，沿着卫星轨迹，风矢量单元将依次被外波束前视，内波束前视，内波束后视，外波束后视观测，获得至少四个不同方位角或入射角的后向散射系数测量结果。具体描述如图 4.18 所示。

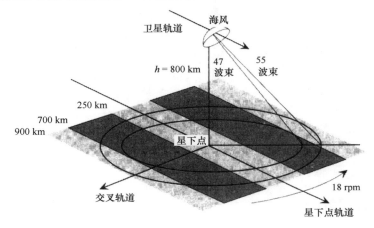

图 4.18   SeaWinds 散射计的天线结构以及地面刈幅

SeaWinds 散射计波束的特性如表 4.13 所示。发射/接收周期在内外波束之间交替，脉冲的收发顺序依次为内波束发射、外波束接收、外波束发射、内波束接收。这样每一根天线都能在下一个脉冲发射之前接收到信号。

表 4.13   SeaWinds 散射计波束相关特性

参数	内波束	外波束
旋转速率	18 rpm	18 rpm
极化方式	HH	VV
天顶角	40°	46°
海面入射角	47°	55°
沿轨道方向间隔	22 km	22 km
扫描方向间隔	15 km	19 km

SeaWinds 散射计每一根天线的足印呈椭圆形，在方位方向上长约 25 千米，距离方向上约为 35 千米。这个足印，也称为卵行足印，采用距离分辨技术提高其分辨率。卵形足印可以分成 12 个不同的距离单元，称之为条带。这样在观测过程中既可以获得整

个卵形足印的后向散射系数，也可以获得其中内部 8 个条带的后向散射系数，也就意味着可以获得不同分辨率的后向散射系数，包括整个波束足印、单个条带以及多个条带的组合，如图 4.19 所示。

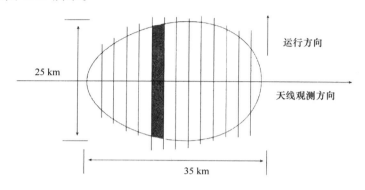

图 4.19　SeaWinds 散射计的天线足印以及条带分布

4.2.3　卫星高度计

卫星高度计是一种主动式微波传感器。雷达高度计通过向海面发射尖脉冲，并接收返回脉冲的信号来进行观测，在返回的脉冲中包含了全球海面高度分布和变化、海浪振幅和风速等信息。雷达高度计具有全天候、观测面积大、观测精度高、时间准同步等特点。

卫星雷达高度计从发展至今已经历了大约 40 年的历程。其中包括 1973 年的高度计实验卫星 Skylab；1975 年发射的卫星高度计 GEOS－3；1978 年发射的 SEASAT 卫星；1985－1990 年的 GEOSAT 卫星；1991－2000 年的 ERS－1 和 ERS－2 卫星。此后，精度更高的卫星高度计是 1992 年发射的双频高度计 TOPEX/POSEIDON，随后是 2001 年发射的 JASON－1、2002 年发射的 ENVISAT 卫星、2008 年"海面地形计划"发射的 JASON－2 卫星高度计，具体见表 4.14。下面主要介绍两个高度计：TOPEX/POSEIDON 和 JASON－1 高度计。

表 4.14　已发射的卫星高度计相关信息

卫星（高度计）	运行时间	资助人	频率（GHz）	高度（km）	平静海面条件的水平分辨率（km）	精度（m）
Skylab	1973/05－74/02	NASA	13.90	435	8	1.0
GEOS－3	1975/04－78/12	NASA	13.90	840	8	0.50
SEASAT（Altimeter）	1978/07－78/10	NASA	13.50	800	8	0.10

（续表）

卫星 （高度计）	运行 时间	资助人	频率 （GHz）	高度 （km）	平静海面条件的水平 分辨率（km）	精度 （m）
GEOSAT（Altimeter）	1985/05 – 89/12	US/NAVY	13.50	800	8	0.10
GFO	1998/02 –	US/NAVY				
ERS – 1（RA）	1991/07 – 96/06	ESA	5.3	785	1.7	0.10
ERS – 2（RA）	1995/04 – 2002	ESA	5.3	785	1.7	0.10
TOPEX/POSEIDON （NRA 和 SSALT）	1992/08 – 2001/12	NASA/ CNES	5.3/C&13.6 和 13.65/Ku	1 300	2.2	0.024
Jason – 1 （POSEIDON – 2）	2001/12 –	NASA /CNES	5.3/C &13.6/Ku	1 300	2.2	0.03

1. TOPEX/POSEIDON 高度计

TOPEX/POSEIDON 卫星高度计（如图 4.20 所示）是由美国 NASA 和法国国家空间技术研究中心 CNES 联合研制的。TOPEX 是海洋地形实验的缩写，POSEIDON 是法文"海洋动力学综合监测与研究观测计划"和"地球海洋凝冰动态定位轨道导航系统"的英文缩写。TOPEX 是 1992 年 8 月 10 日发射，1992 年 9 月正式开始接收数据，到 2006 年 1 月停止工作。

TOPEX 卫星轨道的确定考虑了多种因素。第一，对于单颗卫星的计划，要对时空分辨率进行取舍。卫星高度计的时间分辨率是由卫星的重复周期决定的；空间分辨率是指赤道上相邻轨道之间的间隔。第二，TOPEX 卫星采用非太阳同步轨道，具有较高的轨道高度。这样的轨道可以减少大气对卫星的拖拽，但对能量需求较大，必须提供更多的能量来获得较高的信噪比。第三，根据 TOPEX 轨道的设计，在亚热带地区它的升降轨道交角接近 90°，这样选择的交叉点可以保证准确地反演地转流的两个分量。第四，TOPEX 精确重复轨道在相同区域的时间间隔为 10 天。因此，TOPEX 选取了轨道高度为 1 336 千米的圆形轨道，绕地球一周需要 112 分钟，轨道倾角为 ±66°。轨道精确重复周期为 9.916 天，一般称为 10 天。图 4.21 为 TOPEX/POSEIDON 高度计重复周期的地面轨道。

TOPEX 卫星上搭载了两个独立的雷达高度计，它们共用一个直径为 1.5 米的抛物线天线。一个是 NASA 研制的双频高度计 TOPEX，它的工作频率是 C 波段（5.3GHz）和 Ku 波段（13.6GHz）；另一个高度计是 CNES 实验用的低重量、低能耗的单频高度计 POSEIDON，它的工作频率是 13.65GHz。TOPEX 和 POSEIDON 高度计交替进行观察，在 11 个周期的时间里 TOPEX 工作 10 个周期，POSEIDON 工作 1 个周期。TOPEX 卫星

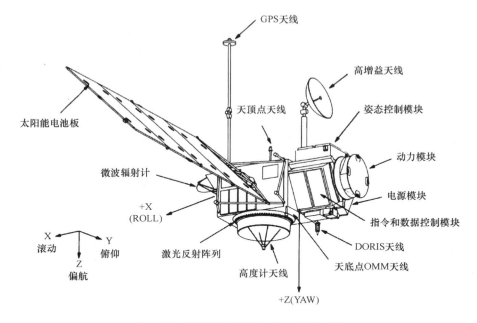

图 4.20　TOPEX/POSEIDON 卫星外观图

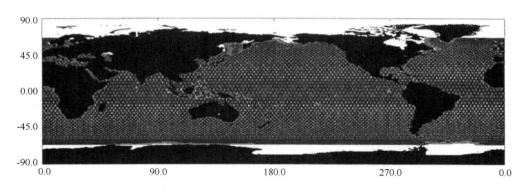

图 4.21　TOPEX/POSEIDON 高度计重复周期的地面轨道

高度计和以往的高度计相比在定轨精度和测高能力有了较大的进步。

2. JASON‐1 高度计

　　JASON‐1 卫星作为 TOPEX 的后继卫星于 2001 年 12 月 7 日由美国和法国联合发射升空，于 2013 年 7 月 1 日停止工作。JASON‐1 卫星与 TOPEX 卫星有类似的设计，但其电子器件采用了小型化技术，重量仅为 500 千克，外观如图 4.22 所示。JASON‐1 卫星与 TOPEX 卫星的不同之处在于 JASON‐1 仅搭载一个 POSEIDON‐2 高度计，PO-SEIDON‐2 高度计是 JASON‐1 卫星的主要载荷之一。这个高度计是在 POSEIDON‐1 高度计的基础上发展的双频固态高度计，分别工作在 Ku 波段（13.575 GHz）和 C 波段

（5.3 GHz）JASON－1 卫星通过两个独立的 GPS 接收机来定位，卫星的定轨精度为 2～3 厘米。POSEIDON－2 作为 POSEIDON－1 高度计的改进型，保留了 POSEIDON－1 高度计的全部优点，主要用于测量海面高度、风速、有效波高以及电离层改正量。表4.15 为 POSEIDON－2 高度计的主要技术参数。

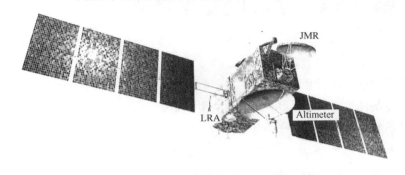

图 4.22　　JASON－1 卫星外观图

表 4.15　POSEIDON－2 高度计的主要技术参数

工作频率（GHz）	13.575 GHz（Ku）、5.3 GHz（C）
脉冲重复频率（Hz）	2 060
脉冲持续时间（μs）	105
带宽（MHz）	320
天线直径（m）	1.5
天线波宽（度）	1.28（Ku）、3.4（C）
功率（W）	7

　　JASON－1 卫星高度计在早期阶段与 TOPEX 有相同的轨道和地面轨迹，与 TOPEX 的观测具有连续性。在 JASON－1 任务开始阶段，它与 TOPEX 保持 6 个月的共同轨道，在这个期间，对仪器作了交叉定标，对仪器进行校正。在定标结束后，TOPEX 变轨到于 JASON－1 相平行的轨道，位于 JASON－1 相邻两天轨道的中间。这样，TOPEX 停止工作之前，两个高度计的同时工作大大提高了海洋观测的分辨率和覆盖范围。

第5章 海洋渔业环境参数反演

海洋环境参数决定了鱼类的洄游、分布和移动。海洋环境是鱼类生存和活动的必要条件，环境条件发生变化，鱼类的活动也就随之变化，以适应变化了的海洋环境。影响鱼类活动的海洋环境因素指不同性质的水体、水体本身的理化因子以及其他环境参数，包括海水温度、盐度、光照、风场等气象条件。因此了解掌握相关的海洋环境参数，可以为渔况分析、渔场开发和渔情预报提供必要的帮助。本章主要介绍海表面温度、海洋水色参数、海面高度、海面风场、海水盐度等海洋环境参数的反演算法。

5.1 海表面温度反演

海表面温度（Sea Surface Temperature，SST）是重要的海洋环境参数之一，几乎所有的海洋过程都直接或间接地与温度有关。例如：海表面温度是划分水团的主要依据之一；是概括海洋锋面、洋流的特征之一；鱼类种群分布、洄游、生长、繁殖等生命过程都是受海水温度的影响和制约。

卫星遥感反演海表面温度的方法有热红外辐射计测量和微波辐射计测量。两种方法各自有其优点和缺点。热红外辐射计测量的优点是反演的空间分辨率高、反演精度高，缺点是受云的影响很大，不能全天候进行测量；微波辐射计测量的优点是能很大程度上穿透云层，进行全天候、全天时的测量，缺点是空间分辨率低，反演精度较低。为了充分发挥这两种方法的优点，已经开始综合使用这两种方法进行海表面温度的测量。下面主要介绍这两种海表面温度的反演方法。

5.1.1 热红外辐射计的海表温度反演

1. 单通道统计算法

单通道大气统计方法就是从大气辐射传输方程出发，考虑大气含水量和传感器视角天顶角的影响，建立遥感亮度温度与海面温度的经验公式，通过同步实测资料回归经验系数。

Smith 等（1970）提出了一个用中红外波段（3.8 μm）计算海温的经验公式：

$$T_s = T_B + [a_0 + a_1(\theta/60)]\ln(100K/(310K - T_B)(210K \leq T_B \leq 300K, \theta \leq 60°)$$

$$(5.1)$$

其中 $a_0 = 1.13$，$a_1 = 0.82$，$a_2 = 2.48$，θ 是传感器视角天顶角，T_B 为亮度温度。

GMS 静止气象卫星反演海温大气订正的统计方法比较成熟，阿步胜宏（1991）提出了一个简单的 GMS 单通道海面水温的大气订正公式：

$$T_s = T_B + \sec\theta \{0.189W + [1 - \frac{1400}{1400 + (310 - T_B)^2}] \times 4\}$$

$$(5.2)$$

其中 θ 是传感器视角天顶角，T_B 为亮度温度，W 是大气总水气含量。

简单处理 NOAA 第五通道的海温反演经验公式：

$$T_s = (T_B - C)\exp(-\tau D)$$

$$(5.3)$$

$$D = \alpha/H$$

$$(5.4)$$

$$\alpha = [(h + H)^2 - (h + H)^2 \sin^2\theta] - [R^2 - (R + H)^2 \sin^2]^{1/2}$$

$$(5.5)$$

其中 C 和 τ 为待定的回归系数，τ 为大气的光学厚度，h 为大气上限高度，R 为地球半径，H 为卫星高度，θ 为传感器视角天顶角，α 为地表像元到传感器的光学路径，Ts 为海面温度，T_B 为亮度温度。

2. AVHRR 的海表面温度反演方法

第一个 AVHRR 海表面温度反演方式是 McClain 等于 1985 年提出的多通道海表面温度算法 MCSST。算法的表达式为：

$$SST = C_1 T_4 + C_2(T_4 - T_5) + C_3$$

$$(5.6)$$

在式 5.6 中，C_1、C_2 和 C_3 是常数；T_4 和 T_5 是第四通道和第五通道观测到的亮温，单位为开尔文（K）。在方程式的左边，SST 表示反演得到的海表面温度包括水体的温度。上式中的系数由卫星观测 T_4 和 T_5 以及观测到的 SST 匹配成观测数据集，利用最小二乘法回归得到。上述方程是双通道 SST 反演的最简单形式。例如对白天的 NOAA – 14 卫星，Walton 等给出的方程变成：

$$SST = 0.95876T_4 + 2.564(T_4 - T_5) - 261.68$$

$$(5.7)$$

这里，T_4 和 T_5 是 K 氏温度，SST 是摄氏温度。式（5.7）中，第一项是 T_4 乘以一个接近于 1 的常数，表明这一项接近于表面温度；第二项是去除水汽的影响；第三项是转换 K 氏温度为摄氏温度。

将变量 θ 引入方程（5.6），白天 MCSST 的反演算法 MCSST 的算法改写为：

$$SST = C_1 T_4 + C_2(T_4 - T_5) + C_3(T_4 - T_5)(\sec\theta - 1) + C_4$$

$$(5.8)$$

在式 5.8 中，加入的 $\sec\theta$ 项给出的是随 θ 增加的路径长度，但是并不包括水汽值 V 的影响。相关系数与特定的卫星仪器有关，通过与匹配的浮标数据进行计算得到。当前的 MCSST 算法也有方程（5.8）的形式，用它作为非线性反演算法 NLSST 的输入项。

与 NLSST 算法不同的是，算法 MCSST 的一大优点是系数一旦确定下来，方程是不变的。

算法 NLSST 对 MCSST 的改进加入了 V 的计算，表达式如下：

$$SST = C_1 T_4 + C_2 T_{sfc}(T_4 - T_5) + C_3(T_4 - T_5)(\sec \theta - 1) + C_4 \tag{5.9}$$

在式 5.9 中，$C_1 \sim C_4$ 是任意常数，T_{sfc} 是从气候查找表或 MCSST 计算获得的独立的表面温度估算值。公式 5.9 的系数由反演的 SST 与匹配数据的比较决定。NOAA－14 的白天 NLSST 算法形式如下所述：

$$SST = 0.933\,6 T_4 + 0.079 T_{sfc}(T_4 - T_5) + 0.77(T_4 - T_5)(\sec \theta - 1) + 253.69$$
$$\tag{5.10}$$

T_4 和 T_5 的单位是 K 氏温度，SST 和 T_{sfc} 的单位是摄氏温度。

通过选择适当的系数，上述 MCSST 和 NLSST 算法也可适用于夜间。另外，利用 3 波段的优势，MCSST 和 NLSST 算法的夜间形式使用了所有 3 个热红外波段，称为 3 窗口（triple window）算法，用 T_3 和 T_5 之间的不同去除水汽的影响。与白天反演算法的变量相似和从 Walton 得到 NOAA－14 的 NLSST 夜间算法是：

$$SST = 0.930\,064 T_4 + 0.031\,889 T_{sfc}(T_3 - T_5) + 1.817\,861(\sec \theta - 1) - 266.186$$
$$\tag{5.11}$$

在式 5.11 和相似的白天算法中，T_4 这一项提供了 SST 的基本估算，其他项用于订正和转换到摄氏度。由于带有 $\sec \theta$ 项的第三项缺少了 $(T_3 - T_5)$ 的作用，夜间方程要比白天的简单。与 4 波段和 5 波段相比，波段 3 的优点是对水汽的敏感性要低，所以在大范围大气条件下，T_3 只比海水表层温度 T_s 减少至多 2K，相对应的 T_4 要相差至少 9K。类似的 MCSST 夜间算法有如下形式：

$$SST = C_1 T_4 + C_2(T_3 - T_5) + C_3(\sec \theta - 1) + C_4 \tag{5.12}$$

上式的系数由匹配数据集确定。

3. MODIS 的海表面温度反演方法

中等分辨率成像光谱仪 MODIS（Moderate Resolution Imaging Spectro－Radiometer）是一个拥有 36 个通道的可见光和红外波段光谱辐射计，波段范围是从 0.645 μm 到 14.235 μm。MODIS 使用了两组热红外波段反演 SST：3 个波段在 4 μm 窗口（20 波段、22 波段和 23 波段）；2 个波段在 11 μm 窗口（31 波段和 32 波段）。迈阿密大学 Brown 和 Minnett 在 1999 年提出的利用 31 波段和 32 波段观测数据反演海表面温度的"迈阿密探路者"（Miami pathfinder SST）算法，表达式如下：

$$SST = C_1 T_{31} + C_2(T_{31} - T_{32}) + C_3(T_{31} - T_{32})(\sec \theta - 1) + C_4 \tag{5.13}$$

该公式模拟了 NOAA 气象卫星 AVHRR 的 MCSST 算法。式中 θ 是卫星天顶角。该算法通过运用通道 32 亮温与通道 31 亮温之间的温差进行大气校正，来剔除大气衰减的影响。表 5.1 是根据高空探测现场观测获得的公式 5.13 中的各个系数的估计值。

表 5.1　"迈阿密探路者"MPSST 算法中的各个系数的估计值

两种大气的判断条件	T32 - T31 ≤ 0.7	T32 - T31 > 0.7
C1	0.957 655 5	0.955 841 9
C2	0.118 219 6	0.087 375 4
C3	1.774 631	1.199 584
C4	1.228 552	1.692 521

Brown 和 Minnett 提出了一个白天和夜间都适用的 NLSST 算法的"探路者"(pathfinder)修正版的类似算法,即:

$$SST = C_1 T_{31} + C_2 T_{sfc}(T_{31} - T_{32}) + C_3(T_{31} - T_{32})(\sec \theta - 1) + C_4 \quad (5.14)$$

在表达式 5.14 中, T_{sfc} 是雷诺兹温度。探路者算法与 AVHRR 算法不同的是探路者算法对干燥大气和湿润大气使用不同的系数。系数如表 5.2 所示。

表 5.2　"探路者"修正版算法中的各个系数的估计值

两种大气的判断条件	T32 - T31 ≤ 0.7	T32 - T31 > 0.7
C1	0.976	0.891
C2	0.126	0.125
C3	1.683	1.109
C4	1.202 6	2.747 8

在 4 μm 波段,MODIS 的 SST4 反演算法还可以写为:

$$SST4 = C_1 + C_2 T_{22} + C_3(T_{22} - T_{23}) + C_4(\sec \theta - 1) \quad (5.15)$$

这个表达式只能用于夜间,且只有一组系数。对于搭载在 TERRA 卫星上的 MODIS, $C_1 \sim C_4$ 分别为 -0.065、1.034、0.723 和 0.972。与(5.14)相比,表达式(5.15)比较简单,只有一组系数且没有 T_{sfc} 项。上述表达式说明了 4 μm 波段相对于 11 μm 波段来说,水汽对它的影响是微小的。

与浮标数据相比,白天 11 μm 反演的 SST 精度是 ±0.5K,夜间精度是 ±0.4K;与 M - AERI 资料相比,白天和夜间的精度都是 ±0.4 K。4 μm 波段反演的精度与浮标资料相比较的精度是 ±0.4 K,与 M - AERI 资料相比的精度是 ±0.3 K。总之,11 μm 算法的优势是能在所有时间段使用,延续了 AVHRR 海表面温度数据的时间序列并提高了精度,缺点是受水汽和火山爆发形成的气溶胶以及对流层气溶胶的影响较大。而 SST4

算法虽简单但对水汽不敏感且精度较高，然而，由于太阳耀斑，它只能用于夜间，且与 11 μm 反演相比，其信号水平较低，也受气溶胶的影响，并且缺乏 AVHRR 海表面温度在时间上的连续性。

4. 热红外波段反演海表面温度的流程

热红外波段反演海表面温度需要输入几个相关的参数，包括卫星扫描观测角、海陆边界识别数据、多年平均的海表面温度数据。卫星扫描观测角数据是考虑到不同的视角观测目标所经过的大气吸收路程不同，因而所受大气的影响不同，因此可以利用目标吸收热红外辐射的差异来消除大气效应的影响。为了保证海表面温度的反演精度，只有那些海区内的探测数据才可以用于反演，因此要用海陆边界识别数据来识别哪些探测点数据是海区的，哪些是陆地的。多年平均海表面温度数据用于云检测和控制最终反演结果的精度。

有了上述的输入数据和传感器的原始数据以后，就可以根据图 5.1 的流程进行海表面温度的反演。首先，对天线接收到的原始数据进行处理，包括数据几何参数计算、卫星和太阳几何参数计算、几何配准、地图投影等；然后，进行大气和海面参数的输入、大气校正、云检测、云信息提取和替补等；最后进行反演，得到海表面温度产品。图 5.2 为 TERRA 卫星搭载的 MODIS 反演获得的全球海表面温度。

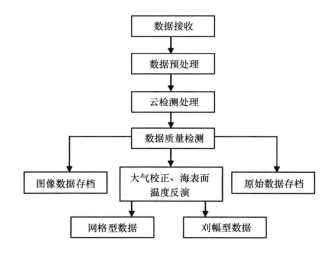

图 5.1   热红外反演海表面温度的流程

5.1.2   微波辐射计的海表温度反演

微波能够穿透云层，与热红外微波辐射计相比，微波辐射计能对海洋进行全天候、全天时地观测。下面介绍微波辐射计反演海表温度的算法。

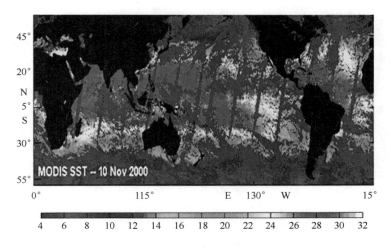

图 5.2　由 TERRA 卫星搭载的 MODIS 观测数据反演获得的全球海表面温度

1. D – 矩阵算法

D – 矩阵算法属于统计的线性回归算法，该算法假定海表面温度与微波辐射计各个通道所探测到的亮温之间存在着简单的线性关系。该算法用于反演海表面温度最先用在多频率扫描微波辐射计 SMMR，后来其他微波辐射计反演海表面温度都采用了这种 D – 矩阵算法，只是因为不同的微波辐射计选择不同的频率和通道，因此得到的反演系数也不同。

美国国防部 DMSP 系列卫星装载有专用传感器微波成像仪 SSM/I（Special Sensor Microwave/Imager）。使用 D – 矩阵方法反演 SST 的 SSM/I 算法是

$$SST = \begin{bmatrix} D_0 D_1 D_2 D_3 D_4 D_5 \end{bmatrix} \begin{bmatrix} 1 \\ T_B(19.4V) \\ T_B(19.4H) \\ T_B(22.2V) \\ T_B(37V) \\ T_B(37H) \end{bmatrix} \tag{5.16}$$

通过 SSM/I 测量与浮标数据匹配模拟，获得对系数的估计如下：$D_0 = -1.2003$ E + 02，D_1（19.4V）= 3.2346 E + 00，D_2（19.4H）= -1.7780 E + 00，D_3（22.2V）= 3.2509 E - 01，D_4（37V）= -2.1854 E + 00，D_5（37H）= 8.5434 E - 01。

日本 ADEOS – II 卫星装载有微波辐射计 AMSR（Advanced Microwave Scanning Radiometer）。美国 EOS – PM（Aqua）卫星装载有日本的微波辐射计 AMSR – E（Advanced Microwave Scanning Radiometer for EOS）。使用 D – 矩阵方法反演 SST 的 AMSR 和 AMSR – E 算法是

$$SST = \begin{bmatrix} D_0 D_1 D_2 D_3 D_4 D_5 D_6 D_7 D_8 D_9 D_{10} \end{bmatrix} \begin{bmatrix} 1 \\ T_B(6.9V) \\ T_B(6.9H) \\ T_B(10.6V) \\ T_B(10.6H) \\ T_B(18.7V) \\ T_B(18.7H) \\ T_B(23.8V) \\ T_B(23.8H) \\ T_B(37V) \\ T_B(37H) \end{bmatrix} \qquad (5.17)$$

式中 TB 是对应频率和极化状态下 AMSR 测量的亮温，D_i 是对应亮温的系数。例如 T_B（23.8V）是 AMSR 的 23.8 GHz 通道在垂直极化状态下测量的亮温，D_7（23.8V）是对应亮温的系数。通过 AMSR 测量与浮标数据匹配模拟，获得对系数的估计如下：$D_0 = -2.178\,E+02$，D_1（6.9V）$= 1.639\,E+00$，D_2（6.9H）$= -7.777\,E-03$，D_3（10.6V）$= 1.657\,E-01$，D_4（10.6H）$= -9.669\,E-02$，D_5（18.7V）$= 1.590\,E-02$，D_6（18.7H）$= -4.331\,E-02$，D_7（23.8V）$= 1.720\,E-01$，D_8（23.8H）$= 9.645\,E-02$，D_9（37.0V）$= -1.734\,E-01$，D_{10}（37.0H）$= -3.419\,E-01$。

日本 JERS-1 卫星装载有热带降雨测量任务（Tropical Rainfall Measuring Mission）微波成像仪 TMI（TRMM Microwave Imager）。TMI 的 D-矩阵方法反演 SST 算法是

$$SST = \begin{bmatrix} D_0 D_1 D_2 D_3 D_4 D_5 D_6 D_7 \end{bmatrix} \begin{bmatrix} 1 \\ T_B(10.7V) \\ T_B(10.7H) \\ T_B(19.4V) \\ T_B(19.4H) \\ T_B(21.3V) \\ T_B(37V) \\ T_B(37H) \end{bmatrix} \qquad (5.18)$$

通过 TMI 测量与 AVHRR 数据匹配模拟，获得对系数的估计如下：$D_0 = -1.67\,E+02$，D_1（10.7V）$= 1.78\,E+00$，D_2（10.7H）$= -1.15\,E+00$，D_3（19.4V）$= 1.72\,E+00$，D_4（19.4H）$= -9.34\,E-01$，D_5（21.3V）$= 3.23\,E-02$，D_6（37V）$= -1.71\,E+00$，D_7（37H）$= 8.79\,E-01$。因为 AVHRR 不能穿透云层，所以这种估计

对应的算法不能有效地校正云层中水汽和雨滴对微波的吸收。然而，通过 TMI 测量与浮标数据匹配模拟，可以有效地校正；这样对公式 5.18 中的系数获得如下估计：$D_0 = -2.05\,E+02$，$D_1\,(10.7V) = 1.868\,E+00$，$D_2\,(10.7H) = -7.84\,E-01$，$D_3\,(19.4V) = 3.21\,E-02$，$D_4\,(19.4H) = -2.19\,E-02$，$D_5\,(21.3V) = 4.93\,E-02$，$D_6\,(37V) = -2.04\,E-01$，$D_7\,(37H) = 8.07\,E-02$。

2. 神经网络算法

星载微波辐射计所接收到的有一部分是来自海表面温度的贡献，然而由于海表面的微波辐射的物理机制比较复杂，同时微波辐射计测量的亮温信号里还包含大气发射和散射的贡献，这就增加了使用理论模型反演的难度。但是，由于神经网络模型在反演海表面温度时不需要深究海面微波发射和传输的微观机制，仅仅需要使用匹配的亮温值和实测的海表温度大小对神经网络进行训练，神经网络具有自学习、非线性和高精度的特点，因而同样可以进行星载微波辐射计资料的海表温度反演。采用多层前馈人工神经网络（BP – back propagation 网络），建立微波辐射计亮温与海表面温度之间的关系。神经网络的拓扑结构如图 5.3 所示，包含两个隐含层和一个输出层，每个隐含层包含 15 个神经元（n1 = 15，n2 = 15）。输入矢量为星载微波辐射计 SSM/I 所接收到的亮温。目标矢量为与输入矢量对应的海表面温度；中间层传递函数取 logsig 函数，输出函数则为线性输出函数。

利用实测的训练样本集和图 5.3 所示的神经网络，采用 L – MBP 算法训练得到的海表面温度反演模型。图 5.4 为七通道神经网络模型反演海温与浮标实测海温的比较图，从图可以看出，七通道神经网络模型反演海温与浮标实测海温比较接近。

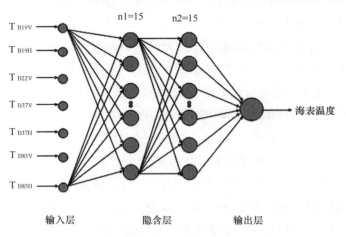

图 5.3　神经网络反演海表面温度的网络结构图

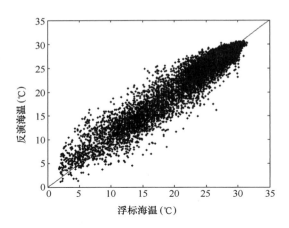

图 5.4　七通道神经网络反演海温与浮标实测海温的比较图

5.2　海洋水色要素反演

5.2.1　两种算法及其反射率基础

对于 400 ~ 500 nm 波长，存在两类业务化的生物 - 光学算法，称为经验算法和半分析算法。经验算法由船和卫星同步观测的离水辐量度 $L_W(\lambda)$ 与船载观测的叶绿素浓度 C_a 进行回归得到。输入到这些算法中的参数为几个波段的离水辐量度 $L_W(\lambda)$ 或遥感反射系数 R_{rs}；输出为叶绿素浓度 C_a。因为这些算法的结果仅为叶绿素浓度，所以它们的使用仅限于一类水体。

相比较而言，半分析算法将理论模型和经验模型联系起来，其中的经验关系随季节、地理位置和海表面温度的变化而变化。经验与半分析算法可以用下面 3 个变量任意一个进行表达：归一化离水辐亮度 $[L_W(\lambda)]_N$、遥感反射率 R_{rs}、大气层外反射率 $[\rho_W(\lambda)]_N$。经验算法使用基于 443/555、490/555 和 510/555 波长所对应的归一化离水辐亮度 $[L_W(\lambda)]_N$ 或遥感反射率 R_{rs} 的比值，其中 CZCS 算法使用第一对和第三对，SeaWIFS 使用所有的 3 个，MODIS 使用前面的 2 个。图 5.5 表明了现场数据中 R_{rs} 比值和叶绿素浓度 C_a 的关系。根据图可以看出随着叶绿素浓度 C_a 的增加，443 - 比值降低得最快，490 - 比值和 510 - 比值降低逐渐减慢。这就意味着对于小的 C_a，443 - 比值最大，随着 C_a 增加，490 - 比值变得最大，然后是 510 - 比值最大。这一特性为 CZCS、SeaWIFS 和 MODIS 经验算法提供了基础。

CZCS 算法以 $[L_W(\lambda)]_N/[L_W(550)]_N$ 表达，其中 λ 为 433 nm 和 520 nm，基于以上原因，这算法被称为转换算法。对于 $C_a < 1.5$ mgm^{-3}，叶绿素浓度利用 443/550 比值进

行反演；对于 $C_a > 1.5\ \text{mgm}^{-3}$，叶绿素浓度利用 520/550 比值进行反演。使用该算法的困难在于它们在波段间的转变点 1.5 mgm^{-3} 处，算法特性存在一个突变。由于这个转变带来的问题，SeaWIFS 和 MODIS 经验算法采用不同的最大波段比值的方法。

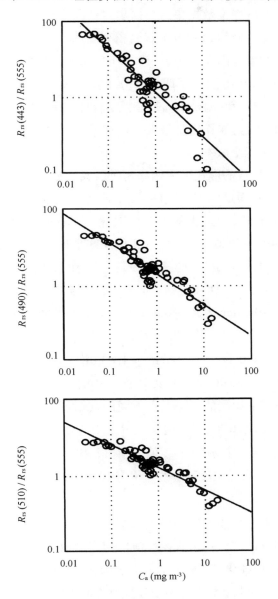

图 5.5　$R_{rs}(\lambda)/R_{rs}(550)$ 与 C_a 的关系

λ 为 433、490 和 510 nm，直线为数据的最低均方根拟合线

5.2.2　SeaWIFS 经验算法

早在 1997 年，NASA 资助的 SeaWIFS 生物 – 光学算法小型工作组（SeaBAM）开始收集全球表面辐亮度和叶绿素数据集。数据集包括同步测量的现场辐亮度和叶绿素测量值和非常规同步观测的叶绿素和卫星观测辐亮度的现场观测值。数据集包括 919 个不同的站点，叶绿素浓度范围在 0. 019 ~ 32. 791 5 mgm^{-3} 之间。

利用这些数据 O'Reilly 等测试了两个半分析算法和 15 个经验的区域与全球算法，这里全球是指热带、亚热带和温带水体都能提供合理结果的单一算法。SeaWIFS 提供的与 SeaBAM 数据最相符的全球算法是最大波段比值海洋叶绿素 – 4（OC4）经验算法，它是 SeaWIFS 算法的第四个版本。

OC4 算法以 R_{rs} – 比值的形式来表达。之所以成为最大波段比值算法的原因在于，它不像 CZCS，没有一个固定的 C_a 值在各比值间进行转换，利用的是 R_{rs} 比值（443/555、490/555 和 510/555）中最大的一个。因此，随着 C_a 增加，OC4 算法首先使用443 – 比值，接着当 490 – 比值大于 443 – 比值反演值时，就采用 490 – 比值，最后是510 – 比值。这种方法的优点是在于虽然 C_a 跨越了一个很大的范围，但信噪比还是保持尽可能的大。对与 SeaWIFS，OC4 包括下面的 4 次多项式，

$$R_{MAX} = \text{Maximum}[R_{rs} – \text{ratio}(443/555,490/555,510/555)]$$

$$R_L = \log(R_{MAX})$$

$$\log_{10}(C_a) = 0. 366 – 3. 067R_L + 1. 930R_L^2 + 0. 649R_L^3 – 1. 532R_L^4 \qquad (5.19)$$

图 5.6 比较了当前的 SeaBAM 数据集和 OC4 算法，这里每一个小图都是 C_a 与 R_{MAX}的散点图。这 4 个小图是相同的，除了在不同的数据点上，变黑的数据点表明每个比值对 C_a 影响的范围。图 5.6（a）表明随着 R_{MAX} 增加，C_a 减少。正如预计的那样，当C_a 值很小时，443 – 比值占主导；当 C_a 值为中值，490 – 比值占主导；当 C_a 值较大时，510 – 比值占主导。由于主导波段重叠的范围有 10% – 30%，因此当 R_{MAX} 减小时，该算法运行能够平稳过渡。

利用与图 5.6 相同的 SeaBAM 数据点，比较了海面实测和利用 OC4 算法进行卫星反演的 C_a 值。图中中间 45°直线是假设反演值与实测值完全一致所得到的线；最邻近的不规则线是数据回归拟合所得到的直线；处于这些线上方和下方两条实线表明 35%的范围一致；处于回归线上方和下方两条虚线值为最优拟合 5 倍和 1/5 的数值。对于图中现场实测数据和反演的叶绿素浓度的对数之间拟合的相关系数达到 0. 892，均方根误差为 0. 222。该图还表明 C_a < 1 mgm^{-3} 的现场实测数据与卫星反演数据相关性最好，C_a的数值越大，它们之间的非一致性就越高。这意味着对于较小的 C_a 能够满足 35% 的不确定性。

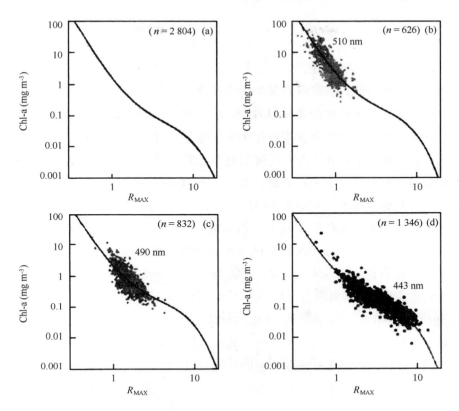

图 5.6　OC4 算法与 SeaBAM 数据对数比较

每幅图的实线为由式（5.19）计算得到的叶绿素浓度；数据点显示了叶绿素浓度与 R_{rs} 比值
的依赖关系

5.2.3　MODIS 经验算法

由于 MODIS 传感器缺少在 OC4 SeaWIFS 算法中使用的 510 nm 波段，MODIS 最大
波段比值经验算法是基于 3 个而不是 4 个波段。该算法被称为 MODIS 的 OC3M 算法，
是 CZCS 和 SeaWIFS 经验算法的延续，公式如下：

$$R_L = \log\{Max[R_{rs} - ratio(443/551, 488/551)]\}$$

$$\log_{10}(C_a) = 0.283 - 2.753R_L + 0.659R_L^2 + 0.649R_L^3 - 1.403R_L^4 \tag{5.20}$$

采用与 OC4 相同的 SeaBAM 数据对 OC3M 建立 R_{rs} 和叶绿素之间的关系。OC3M 算
法的统计数据与 SeaWIFS OC4 大致相同。另外对近岸和海洋中部的数据进行比较发现，
该算法和预期一样，过高地反演了二类水体的叶绿素浓度。OC3M 算法在叶绿素浓度小
于 1 mgm^{-3}时反演值过低；在叶绿素浓度较大时反演值过大。

5.3　海面高度反演

卫星雷达高度计通过确定雷达脉冲从卫星至海表面之间的传输时间来获得卫星至海表面的距离。在雷达脉冲的传输过程中，会受到大气折射、电离层延迟以及海况效应等各种因素的影响。为了获得准确的卫星至海表面距离值，需要对卫星雷达高度计测量值进行相应校正。因此，海面高度的计算包括干湿对流层校正、电离层校正、海况偏差校正等内容。若要进一步得到海面动力高度，还需要进行海洋潮汐、固体潮和极潮校正、大气逆压校正、大地水准面计算。

为了获得可用的海面高度，须得到两个距离，首先必须获得卫星相对参考椭球中心的高度 h_{orbit} ，这可以通过卫星跟踪网络测量得到，再利用轨道动力学方程可以进一步细化卫星的轨迹和高度。其次，通过雷达高度计获得海平面以上的卫星高度 h_{alt} 。海面高度 ssh 是给定瞬间海面到参考椭球的距离，即海面高度是卫星相对参考椭球面的高度 h_{orbit} 和高度计测距值 h_{alt} 之间的差值，表达式如下：

$$ssh = h_{orbit} - h_{alt} \tag{5.21}$$

卫星高度计测量海面高度的原理如图5.7所示。

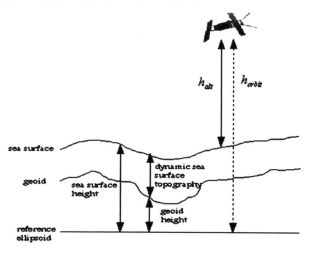

图5.7　卫星高度计测量海面高度原理示意图

理想状况下，卫星高度计的测距值为卫星到瞬时海面的距离，即有：

$$h_{alt} = \frac{t}{2}c \tag{5.22}$$

式（5.22）中，c 为电磁波在真空中传播的速度，t 为雷达脉冲往返于卫星到海面之间所需要的时间，h_{alt} 为卫星高度计测量的卫星质心相对于瞬时海面的高度。

　　实际上，卫星高度计测量海面高度的过程受到许多因素的影响，如大气、海况和海洋潮汐等的影响，要得到精确的测量结果必须要从式（5.22）消除这些影响。若 $h_{inv-bar}$ 为大气气压引起海面的变化，h_T 为潮汐修正项，ε 为测量噪声。则有：

$$ssh = h_{orbit} - (h_{alt} - \Delta h) + h_{inv-bar} - h_T - \varepsilon \qquad (5.23)$$

　　式（5.23）中的 Δh 为微波传输时受到大气电离层、大气干对流层、大气湿对流层以及海浪引起的电磁偏差，分别用 h_{iono}、$h_{Dry-trop}$、$h_{Wet-trop}$ 以及 h_{E-Bias} 表示，那么所造成的测量偏差可表示为：

$$\Delta h = h_{iono} + h_{Dry-trop} + h_{Wet-trop} + h_{E-Bias} \qquad (5.24)$$

　　卫星高度计的运行轨道是精确重复的，假设重复周期用 T 表示，即对同一地点每个时间 T 测量一次，若经过 n 个周期后对该点有 n 个海面高度观测值 ssh，将这些观测值做平均得到一个平均海面高度值 h_{n-ssh}，即：

$$\overline{ssh} = \frac{1}{n} \sum_{1}^{n} ssh \qquad (5.25)$$

　　若用每次所测量的瞬时海面高度减去平均海面高度值，就可以得到每次测量的海面高度平均值，也称作海面高度异常（Sea Surface Height Anomaly），用 $ssha$ 表示，即：

$$ssha = ssh - \overline{ssh} \qquad (5.26)$$

5.4　海面风场反演

　　微波散射计通过测量经海面风场调制的海面后向散射系数间接测量海面风矢量。由于散射计测得的后向散射系数反映了海表面粗糙度的情况，而海面粗糙度直接受到海面风场的影响，这样雷达回波中将包含海表风场的信息，通过分析海面的雷达回波信号，就可反演出海面风场的相关信息。

　　散射计测量海面风矢量的基础是 Bragg 散射机理。海面会对散射计发射出的雷达波束进行后向散射。在大多数雷达波束的入射角范围内，海面的后向散射与海面的风速、风向有着密切的关系。在中等入射角（20°~70°）的条件下，Bragg 散射是主要的散射机理。图 5.8 表示了布拉格谐振现象。在海面波中有以波长为 L 的正弦波分量，雷达波长为 λ。如果从发射源到每个逐次波峰的附加距离为 $\lambda/2$，那么从各逐次波峰反射回来的来回路程的相位差 360°，因而各回波信号为同相位参加。相反，如果是另外的路程差（不是 $\lambda/2$ 的整数倍），则为非同相位相加。据此，可以推导出布拉格谐振的条件为：

$$\frac{2L}{\lambda}\sin\theta = n \qquad (5.27)$$

　　式中 n 为整数 0，1，2，3…。

若散射计雷达波束照射范围内包含的谐振散射体较少时，谐振散射体产生的谐振效应不强。但对于机载和星载散射计，其雷达波束的照射面积为几百或几千平方米，因而即使谐振散射体非常小，谐振效应也是非常强，在回波中占支配地位。

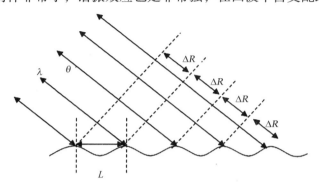

图 5.8　布拉格谐振示意图

（雷达入射波长为 λ，入射角为 θ，散射表面波长为 L）

在微波散射计的工作频率下，满足布拉格谐振条件的海面波为海表毛细波，处于风浪谱的高频部分。海洋表面张力波的谱密度与海洋表面上的风速直接相关。当风速增高，张力波的谱密度变大，对应布拉格谐振散射的强度增加，即海面对雷达波束的后向散射强度增加。

当雷达波束从不同方位向对同一海面单元进行观测时，海面的回波强度不一样。即海面的后向散射随方位角而变化。在入射角适中的条件下，这个变化关系可以用下式来较好的描述：

$$\sigma^0 = A + B\cos\phi + C\cos 2\phi \qquad (5.28)$$

式中 σ^0 为归一化雷达后向散射系数，ϕ 为雷达波束的方位向与迎风方向的方位夹角。其中 $\phi = 0$，表示雷达辐射方向的矢量与风矢量夹角为180°。系数 A、B 与 C 为入射角、风速和极化的函数。当雷达视向对着风方向时，产生最大散射信号；当雷达视向顺着风向时，产生略弱的散射信号；当雷达视向垂直风向时，产生的散射信号最弱。这意味着散射计从不同的方向对同一海面单元网格进行测量时，所得到的后向散射系数不同。利用式（5.28）就可建立针对同一海面风矢量单元网格 WVC（Wind Vector Cell）的多个方程。从理论上来说，对这多个方程组成的方程组进行求解，便可得出风矢量。

布拉格谐振散射机理使海面风矢量和微波散射计测量的海面归一化雷达后向散射系数相互联系起来。通过这种联系，可以从微波散射计测量的海面归一化雷达后向散射系数反演出海面风场。从散射计测得的海面后向散射系数反演风矢量需要解决三个问题：地球物理模型、风矢量反演算法、模糊解去除算法。

地球物理模式函数描述海面风矢量（风速和风向）与雷达后向散射系数之间的关系。风矢量反演算法主要是通过地球物理模型函数以及海面风矢量单元的不同方位角的观测获得海面的风矢量解。由于地球物理模型函数本身的特征以及散射计的各种测量噪声，一般会获得多个风矢量解。风矢量多解消除就是从一系列的多解风矢量中选出与真实风矢量最为接近的风矢量解。

5.4.1　地球物理模型

地球物理模型函数的一般形式为：

$$\sigma^0 = F(u, \chi, \cdots, f, p, \theta) \tag{5.29}$$

其中 σ^0 代表散射计测量的后向散射系数；u 为风速；χ 为风向的相对方位角；f 为散射计的工作频率；p 为极化方式；θ 为天线的入射角。

卫星散射计测量的后向散射系数主要是风速、风向、方位角、极化方式和入射角的函数。在入射角、风向、方位角一定的情况下，模式函数给出的后向散射系数随着风速的增加而增加；对于给定的风速，模式函数所描述的后向散射系数与风向、方位角之间呈简谐函数的特点。风向对后向散射系数的调制使得卫星散射计可以测量风向信息，在固定的风速条件下，后向散射系数在逆风观测时最大，顺风其次，而横风最小。逆风和顺风对后向散射系数的调制以及多个不同天线方位角和入射角的后向散射系据原则上可以唯一确定风矢量信息；此外，风向对后向散射系数的调制在不同极化方式条件下有所不同。所有这些特征构成了不同波段的微波散射计反演风速、风向的基础。

对于每一个风矢量单元，独立的后向散射系数测量次数以及它们的几何观测角度是由雷达系统决定的，这对于准确反演海面风矢量是至关重要的。如果对于每一个风矢量单元只有一个后向散射系数测量结果，那么将有无数多个风矢量解（风速和风向）满足地球物理模式函数方程（图 5.9）；如果每一个风矢量单元有两个不同方位角的后向散射系数测量结果，理论上可以唯一的确定风速和风向，但由于模式函数呈简谐函数的特点，最多可以出现 4 个风矢量解。地球物理模式函数对于风向是非线性关系，而对于风速是准线性关系，因此对于两个独立的观测，风速通常是容易确定的；如果每一个风矢量单元有超过三个相互独立的后向散射系数测量数据，在理想情况下，可以确定一个风矢量解。如果其中一个后向散射系数测量采用另外一种极化方式，那么第二个风矢量解的可能性大大降低。

5.4.2　风矢量反演算法——最大似然法

地球物理模型函数与风速、风向、天线极化相对方位角、入射角成非线性的关系，

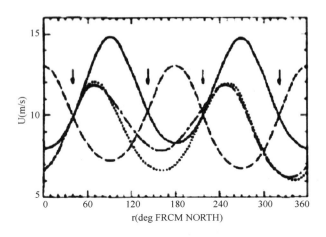

图 5.9　风矢量解与独立后向散射系数测量数量的关系

　　且由于测量归一化雷达后向散射系数存在各种噪声增加了风矢量反演问题的非线性，使从归一化雷达后向散射系数测量反演风矢量不能直接用求逆的方法来求解。业务化运行中均采用最大似然法（MLE）求解风矢量。

　　从统计学的角度来看，风场反演是一个典型的"后验估计"问题，即利用一组有限的观测值，对一给定统计分布的参数值进行估计。对于散射计风场反演这个"后验估计"问题，难点在于观测值中有噪声、统计分布的函数形式还不能精确地确定以及观测值的数量有限。

　　对于"后验估计"问题，没有唯一准确的求解方法。所有的求解方法都需要预先确立一个针对观测值的采样概率密度函数（Probability Density Function，PDF），其中包含有未知数值的参数。然后将一组观测值数据代入指定的概率密度函数中，得到一个解析函数（即"似然函数"）。这个似然函数将先前概率密度函数中的参数作为变量，且似然函数中的局部或全局极值点对应于这些参数的最大可能值，这些参数值与概率密度函数和测量值都相符合。

　　对业务化运行中所采的用最大似然估计（Most Likely Estimate，MLE）方法简要推导如下：首先给出单个归一化雷达后向散射系数测量值的概率密度函数和同一海面风场分辨单元内多个归一化雷达后向散射系数测量值的联合概率密度函数，最后得到风矢量估计的似然函数。

　　每一个海面归一化雷达后向散射系数 σ^0 测量值可以表示为：

$$z_i = \sigma_i^0(\phi_i, p_i, \theta_i) + \varepsilon_i(\phi_i, p_i, \theta_i) \tag{5.30}$$

其中 z_i 表示 σ^0 的散射计测量值；σ_i^0 表示 σ^0 的真实值，比如由一个非常完美的散射计测量到的 σ^0 值；ε_i 代表随机误差；θ_i 为雷达波入射角；φ_i 为雷达波束的方位角；p_i 表示雷达波束的极化模式。

其中 ε_i 代表的随机误差由各种噪声所引起，可认定为零均值的高斯分布变量，方差为 $V_{\varepsilon i}$，即 $\varepsilon_i = \mathrm{N}\,(0,\,V_{\varepsilon i})$。对于数字多普勒扇状波束和笔状波束散射计，方差 $V_{\varepsilon i}$ 可表示为：

$$V_{\varepsilon i} = \alpha \sigma^{0\,2}_i + \beta \sigma^0_i + \gamma \tag{5.31}$$

其中 α、β、γ 是传感器设计参数的函数，并且随 φ_i 和 θ_i 而缓慢变化。$V_{\varepsilon i}$ 的值决定于真实值 σ^0_i，而不是测量值 z_i。然而，由于三个系数随雷达方位角和入射角变化缓慢，因此可以用测量值 φ_i 和 θ_i 来估算 $V_{\varepsilon i}$。

真实后向散射截面 σ^0_i 通过模型函数和海面风矢量相联系：

$$\sigma_0(\phi, p, \theta) = M(w, \chi; p, \theta) \tag{5.32}$$

其中相对风向 $\chi = \Phi - \phi_i$，为雷达波束的方位角 φ_i 与海面风向 Φ 的差值。

σ^0 的模型估测值 σ^0_{Mi} 与真实值之间存在一个差值，称为模型误差，表示为：

$$\sigma^0_{Mi} = M(w, \Phi - \varphi_i, \theta_i, p_i) + \varepsilon_{Mi} \tag{5.33}$$

其中 ε_{Mi} 也是一个均值为 0 的高斯分布随机变量，其方差依赖于真实风矢量和雷达参数。

对于给定的风矢量 (w, Φ) 和测量值 z_i，残差 R_i 定义为：

$$R_i(w, \Phi - \varphi_i, \theta_i, p_i) = z_i - \sigma^0_{Mi} \tag{5.34}$$

由于测量误差 ε_i 和模型误差 ε_{Mi} 相互独立，故 R_i 也是一个均值为 0 的正态分布随机变量，方差为：

$$V_{Ri} = V_{\varepsilon i} + V_{\varepsilon Mi} \tag{5.35}$$

单个测量值 z_i 的残差 R_i 的条件概率密度函数为：

$$p(R_i \mid \sigma_{0i}) = p(R_i \mid (w, \Phi)) = (V_{Ri})^{-1/2} \exp\{-(R_i)^2/2V_{Ri}\} \tag{5.36}$$

假设某个地面单元内有 N 个时间和空间上相匹配的归一化雷达后向散射系数测量值，所有这些测量值对应同一个未知的风矢量 (w, Φ)。由于每个测量值所对应的残差相互独立，所以这些残差的联合条件概率密度函数为：

$$p(R_1, \cdots, R_N \mid (w, \Phi)) = \prod_{i=1}^{N} p(R_i \mid (w, \Phi)) \tag{5.37}$$

上式的最大似然解对应于使上式取局部最大值的风矢量 (w, Φ)。因此上式被称为似然函数。对式（5.37）两边取负的自然对数，得到风矢量反演的目标函数为：

$$J_{MLE}(w, \Phi) = -\sum_{i=1}^{N} \left[\frac{(z_i - M(w, \Phi - \varphi_i, \theta_i, p_i))^2}{\Delta_k} + \ln\Delta_k \right] \tag{5.38}$$

其中

$$\Delta_k = (V_{Ri})^{1/2} = (\alpha_i \sigma^2_{0i} + \beta_i \sigma_{0i} + \gamma_i + V_{\varepsilon Mi})^{1/2} \tag{5.39}$$

因此，风场反演实际上就是要寻找使得式（5.39）取得局部最大值的风矢量。

5.4.3 风向多解去除算法

在风矢量反演的过程中，有多个风矢量（风速和风向）可使目标函数式 5.39 取极小值，其中只有一个是真实解，其余的称伪解或模糊解。所以在利用 MLE 方法求得局部最小值后，还要进行风向的多解去除，得到真实解。导致模糊解产生的原因是由于模型函数具有 $\cos_2\chi$ 的双调和性质，使得对每组测量得到的 σ^0，有可能有 4 个风矢量解满足模型函数（图 5.10）。在假设顺风、逆风的 σ^0 非对称可以忽略的情况下，对一定的风速，σ^0 随风向的变化关系可表示为图 5.10 中的实线。从图中可以看出，在风速确定的情况下，对每个 σ^0 值，最多可能有 4 个风向满足模型函数，分别为 w_1、w_2、w_3、w_4，对应图 5.10 中的实心圆点，它们之间满足关系：

$$w_2 = 180° - w_1, w_3 = 180° + w_1, w_4 = 360° - w_1 \tag{5.40}$$

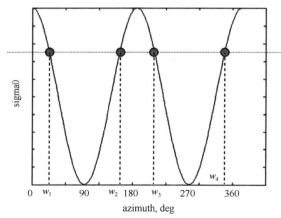

图 5.10　风矢量多解的产生

为说明方便，这里假定 w_1 为真实风向，对图 5.11 中的天线 1 来说，模糊解 w_1、w_2 分别由于后向散射系数的反射对称以及"顺风逆风对称"所引起，而模糊解 w_4 则是两种对称关系共同作用的结果。在只有一个天线的情况下，将不能分辨图 5.10 所对应的模糊风向 w_2、w_3、w_4。实际上，在 SASS 的实际设计中采用了两个角度相差为 90° 的天线，以期望减少模糊解。但事实证明设计没有达到预期的效果。由于两天线角度相差 90°，对天线 2 来说，由反射对称引起的模糊解刚好与天线 1 的模糊解 w_4 重合，以及由反射对称与"迎风逆风对称"（upwind – downwind symmetry）共同作用产生的模糊解则与天线 1 的模糊解 w_2 重合。实际上，只要两个天线的角度相差不为 90° 的整数倍，则从理论上，只要两根天线就可消除，由反射对称和以及由反射对称与"迎风逆风对称"

共同作用产生的模糊解。而相差180°的由于"迎风逆风对称"而引起的模糊解，则不能通过增加天线数目的方式消除。

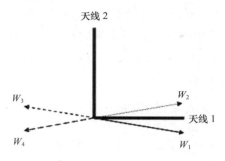

图 5.11　由天线镜像对称与反射对称产生的风矢量多解

实际上模型函数并不是完全对称的，例如 σ^0 的在迎风与逆风方向的测量结果就不完全一致。如果不考虑仪器与模型函数所引起的误差，那么真实解在风场反演之后将总是"最大似然解"（Most Likely Estimate）。即使在考虑仪器与模型函数所引起的误差后，由风场反演所得到的最大似然解为真解的正确率一般情况下都可以超过 50%，这样就可以考虑采用中数滤波的方法来消除模糊解。

散射计主动雷达精确测量海面后向散射，测量过程中由于迎风测量和顺风测量近对称所引起的风向反演误差与通常在图像处理中消除噪声的问题相类似。在一张均匀光滑的图像中，一个随机出现的亮点或暗点是容易自动判别出来的，对这种"脉冲"型的噪声，中数滤波法是消除的有效办法之一，同理在一个均匀的风场中，如果某一个风矢量与周围的风矢量相反或相差较大，中数滤波法也是一种有效的办法。目前业务化运行散射计风向多解去除就多采用圆中滤波算法。

对于有理序列 $[x_0, x_1, \cdots, x_{n-1}]$，当 n 是奇数时，中数 x^* 定义如下：

$$x^* \subseteq [x_0, x_1, \cdots, x_{n-1}] \tag{5.41}$$

且在序列中大于等于 x^* 的数的个数与小于等于 x^* 的数的个数相等。即若序列是单调的，中数刚好为序列中点。

当 n 为偶数时，存在相邻连续的两个数 x_1^*, x_2^*，满足下述中数条件，即序列中小于等于 x_1^* 的数的个数与大于等于 x_2^* 的数的个数相等，此时定义唯一的中数 $x^* = (x_1^* + x_2^*)/2$。

中数滤波通过在序列中开一定大小的窗，用窗覆盖区域中的中数替代窗中心的数，中数滤波对一个点上存在很大误差值情形，其污染窗中的点数不会超过半数，同时中数滤波会用无噪声的邻点元素代替污染点。

上述定义的中数假设数据是从（$-\infty$，$+\infty$）之间的有理数，然而对圆周分布数据例如风向，数据的模为 2π，即以 2π 为周期的数，不能直接用上述的方法来求解中数，早期是把风矢量在笛卡儿坐标系中分解为两个分量独立进行中数滤波，但是这样会引起风速和风向的不相容。把中数滤波技术用于方向数据的滤波，就要求修改上述给出的定义。采用 Mardia 给出的定义，与常规的有理数序列只有一个中数不同，圆分布可以有多个中数，对任一圆分布 $f(x)$，当 $x \in [0, 2\pi]$，圆中数 x_1^*，x_1^* $1+\pi$，x_2^*，x_2^* $+\pi$，…满足中数条件

$$\int_{x_j^*}^{x_{j+\pi}^*} f(x) dx = \frac{1}{2} \int_0^{2\pi} f(x) dx \qquad\qquad j = 1,2,\cdots \qquad (5.42)$$

上述说明在 $[x_j^*, x_j^* + \pi]$ 之间 $f(x)$ 的全体是 $f(x)$ 在 $[0, 2\pi]$ 区间全体的一半。但是可以通过选择最接近于圆平均数 x' 的 x^* 作为唯一的圆中数，即

$$x^* = \overset{j}{min} \mid x' - x_j^* \mid \qquad\qquad j = 1,2,\cdots \qquad (5.43)$$

其中

$$x' = \tan^{-1} \left[\frac{\int_0^{2\pi} f(x) \sin x dx}{\int_0^{2\pi} f(x) \cos x dx} \right] \qquad (5.44)$$

事实上对 n 个离散数据集 $[x_0, x_1, \cdots, x_n]$，及相应权 $[w_0, w_1, \cdots, w_n]$，可近似利用一个圆直方图 $H_k (k = 0, 1\cdots L-1)$ 来求解，其中 L 是把定义域区间所分割的条带数。第 k 个条带上 $f(x)$ 的全体等于所有在 $[\delta(k), \delta(k+1)]$ 之间所有数据的权之和，其中 $\delta = 2\pi/L$。第 k 个条带中点为 $\delta(k+1/2)$。第 x_i 数据被加到圆直方图上通过计算它所落在的条带及乘上权 w_i 作为该条带全体的一部分，在所有数据都加于圆直方图之后，离散数据的圆平均数由下式可求：

$$x' = \tan^{-1} \left[\frac{\sum_{k=0}^{L-1} H_k \sin(\delta(k+1/2))}{\sum_{k=0}^{L-1} H_k \cos(\delta(k+1/2))} \right] \qquad (5.45)$$

然后由下式可求出中数条带 $K_1^*, K_1^* + L/2, K_2^*, K_2^* + L/2, \cdots$

$$\sum_{k=k_j^*}^{k_j^*+L/2-1} H_k = \frac{1}{2} \sum_{k=0}^{L-1} H_k \qquad (5.46)$$

然后每一中数条带的中点角度值作为中数角，即：

$$x_j^* = \delta(k_j^* + 1/2) \qquad (5.47)$$

最后通过选择与圆平均数最接近的中数角见式（5.45）作为唯一的圆中数。

中数滤波用无噪声的邻点数据替代误差点数据，特别适合于一个风矢量点与周围邻点方向相反时的所谓 180° 模糊问题。用于大气风场时，中数滤波不会把大于所开窗口的低频特性滤波如收敛线、气旋等在风向上变化剧烈的特性滤掉。用 ϕ_{ij1}，ϕ_{ij2}，…

表示模糊风向（由最大似然按顺序给出），则风向反演误差与脉冲噪声相类似。真实风向 ϕ_{ij}^t 可作为信号值，用最大似然估计的 ϕ_{ij1}（第一风场解）作为观测值，$\phi_{ij}^t + \pi$ 作为误差值，则脉冲模型可表达如下：

$$\varphi_{ij} - \varphi_{ij}^t = \delta_{ij}\pi + \varepsilon_{ij} \tag{5.48}$$

其中 $\delta_{ij} = [-1, 0, 1]$ 是风向反演误差模型，$\varepsilon_{ij} << \pi$ 表示反演过程中其他随机误差。当 $\delta_{ij} = 0$ 时，φ_{ij} 表示真实风向，当 $\delta_{ij} = \pm 1$，φ_{ij} 相应于与真实风向成180°的伪解。

风向模糊排除方法的目标是从 $\phi_{ijk}, k = 1, 2, 3, \cdots$ 中选择一个风向使得与真风向 ϕ_{ij}^t 最接近，换言之，该方法通过选择下标 k 使 $|\phi_{ijk} - \phi_{ij}^t|$ 最小。真风向在运算过程中未知，但可用圆中数滤波法（CMF）对每一个风矢量面元上进行真风向估计。首先，通过选择真风向等于面元周围最接近的风矢量的圆中数，然后从模糊解中选择出接近于真风向估计的解来。最后，基于这些新选择的解，重新估计真风向值。上述估计真风向的过程连续迭代直到所选风矢量不变或迭代次数超过给定的最大次数。记 ϕ_{ij}^r 表示真风向的估计值（有时称之为参考风向），则第 m 次迭代得到的风矢量 S_{ij}^m 可表示为：

$$\varphi_{ij}^r = CMF(\varphi_{ijk} \supseteq k = S_{ij}^{m-1}, W_{ij}, N) \tag{5.49}$$

$$S_{ij}^m = \min_k |\varphi_{ijk} - \varphi_{ij}^r| \tag{5.50}$$

其中 CMF 表示一个 $N \times N$ 窗上的圆中数滤波算子，W_{ij} 为该面元上的权，当风矢量面元上不包含任何风矢量或面元不在刈幅上，$W_{ij} = 0$。

矢量中值滤波技术的物理基础是风矢量单元的风向不是独立的，而是与周围风矢量单元风向具有一定的相关性，通过周围风矢量单元的风向，计算出一个中值，然后将风矢量单元中风向与中值最接近的解赋为真值，对每个风矢量单元都做同样的操作，完成一次迭代。经过多次迭代，结果稳定之后，即得到多解的模糊性消除风矢量。抽象成数学表达式，即

$$E_{ij}^k = \frac{1}{(L_{ij}^k)^p} \sum_{m=i-h}^{i+h} \sum_{n=j-h}^{j+h} W_{m'n'} |A_{ij}^k - U_{mn}| \tag{5.51}$$

矢量中值滤波的滑动窗口大小为 $N \times N$（N 为奇数），窗口中心的网格点坐标为 (i, j)，其多解风矢量为 A_{ij}^k，例如 A_{ij}^l 表示最可能的风矢量解。U_{mn} 为窗口内网格点 (m, n) 上最大似然估计值所对应的最可能风矢量解，即 $U_{ij} = A_{ij}^l$，$h = N/2 - 1$，$W_{m'n'}$ 为窗口权重函数（$m' = m - i, n' = n - j$），$(L_{ij}^k)^p$ 表示网格点 (i, j) 上第 k 个风矢量解所对应的最大似然估计值，p 为权重系数。对于每一个窗口计算窗口中心 (i, j) 的滤波函数值 E_{ij}^k，用最小的 E_{ij}^k 所对应的风矢量解 U_{ij}^* 代替 U_{ij}，这样重复计算滑动窗口，直到 $U_{ij}^* = U_{ij}$。图5.12为风矢量网格中以蓝色标记的风矢量单元为中心的滑动窗口示意图，滑动窗口的大小为 9×9（图5.13）。关于初始场的选择，可以采用两种方法：① 以最可能的风矢量解作为初始场；② 以欧洲中期天气预报模式风场最为接近的风矢量解作

为初始场。整个圆中滤波的流程如图 5.14。整个风场反演流程如图 5.15 所示。

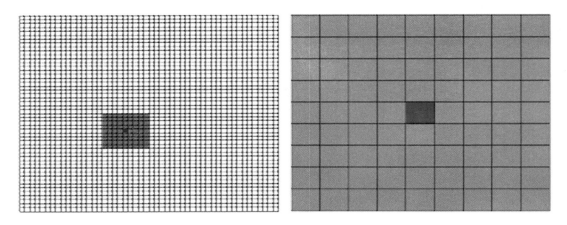

图 5.12　滑动窗口示意图　　　　　　　图 5.13　滑动窗口局部放大图

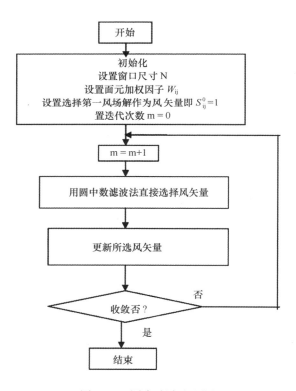

图 5.14　圆中滤波流程图

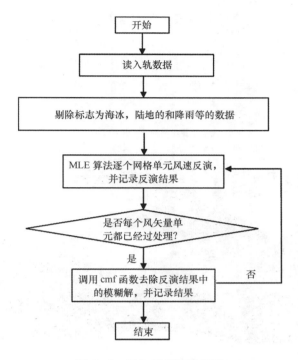

图 5.15　风矢量反演流程图

利用上述算法对中国发射的海洋二号 HY - 2 卫星微波散射计观测的遥感数据进行处理，所得结果如图 5.16 和图 5.17 所示。图 5.16 给出了 HY - 2 卫星微波散射计于

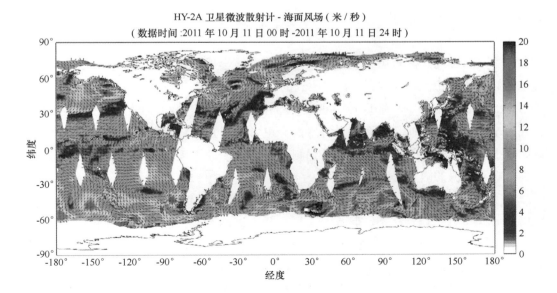

图 5.16　HY - 2 卫星微波散射计 2011 年 10 月 11 日全球风场图

2011 年 10 月 11 日观测到的全球海面风场。该结果表明 HY－2 卫星微波散射计具有全球海面风场的观测能力，1 天能够覆盖全球 90% 的海域，可以捕捉到全球大部分的气旋。图 5.17 给出了 HY－2 卫星微波散射计观测到的 2011 年 11 月月平均风场。该结果表明，HY－2 卫星微波散射计可提供气候态长时间序列的海面风场监测结果，可有效用于海面风场相关的科学研究。

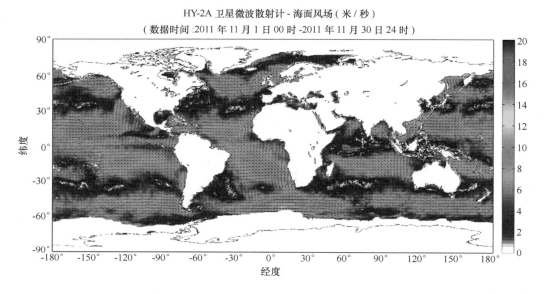

HY-2A 卫星微波散射计 - 海面风场 (米 / 秒)

(数据时间 :2011 年 11 月 1 日 00 时 -2011 年 11 月 30 日 24 时)

图 5.17　HY－2 卫星微波散射计 2011 年 11 月月平均海面风场

5.5　海表盐度反演

海水是一种复杂的电解液，海水的盐度变化，会改变海水的介电常数，从而影响海水的微波辐射特性。微波辐射计接收到的海表亮温（T_B）依赖于极化方式、海表的发射率、海表盐度（Sea Surface Salinity，SSS）、温度和表面粗糙度。海表盐度的增加会使海水导电能力增加，从而使得海水的介电常数增加，最终影响海表的发射率以及微波辐射计所接收到的亮温。卫星遥感测量海表盐度的原理就是基于在微波波段海水盐度对海表亮温的敏感程度进行反演。

由于频率和极化方式对海表盐度、海表面温度和海面风速的敏感度不同，如图 5.18 所示，因此可以使用不同频率、不同极化方式的观测方法，独立测量相关海水参数。L 波段是测量海表盐度的最佳波段，对海表面温度、海面风速的敏感度较低；而 S 波段和 C 波段上的双极化测量对海表面温度和海面风速有更高的敏感度，对海表盐度敏感度较低。因此，可以利用 S 波段和 C 波段来消除海表面温度和海面风速在反演海表盐度中的影响。

　　当频率大于 5 GHz 时，微波辐射计所接收到的海表亮温对海表盐度的变化不敏感，而频率较低的波段对海水更为敏感，但受到电离层法拉第旋转的影响也更大，需要更大的天线孔径来获得较高的空间分辨率。综合考虑各种影响因素，通常认为 1.4 GHz（L 波段）比较适合用于卫星遥感反演海表盐度。

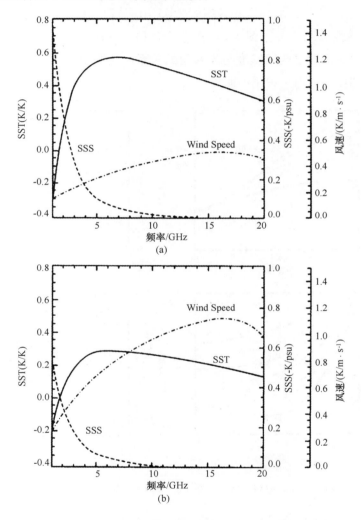

图 5.18　在 50°入射角、水平、垂直极化条件下，海表亮温对
海表面温度、海表盐度、海面风速的敏感度和频率的关系

5.5.1　海表盐度反演的物理基础

　　为了通过卫星来反演海表盐度，需要一个精确的模型来计算海水在 L 波段的微波发射率，而海水的微波发射率是海水盐度的函数。因为海水盐度对海水的海表亮温有

重要的影响，所以在研究海水的海表亮温与海表盐度的变化特性时，定义海表亮温对海表盐度的变化率 $\partial T_{B,i}/\partial SSS$ 为海表亮温对海表盐度的响应度。图 5.19 表达了在不同海表面温度条件下，海表亮温对海水盐度的敏感度。从图 5.19 可以得出，海水盐度对海表亮温的影响是比较大的，当海表面温度增加时，海表亮温对海水盐度敏感度增加。另外，从图 5.20 可以看出，在频率为 2.65GHz 波段，海水盐度越低，海表亮温与海表面温度的线性关系明显。图 5.21 表达了由 Ellison 模式测得不同海表面温度条件下，海表亮温对海水盐度的敏感度与入射角的关系。从图中可以看出，$(T_v + T_h)/2$ 对海水盐度的敏感度与入射角关系不明显。

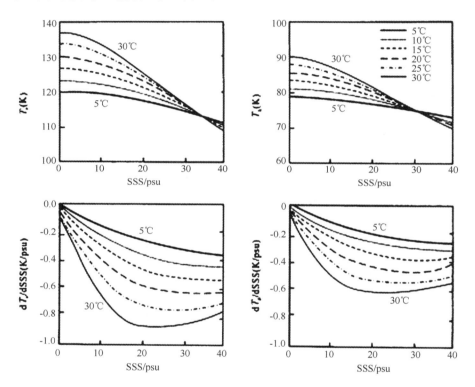

图 5.19　Ellison 模型预测入射角为 40°时海表亮温与海水盐度的关系

　　根据电磁波在海面的散射模型，当海面有风浪时，海面风浪引起海面斜率变化，从而使观测的天顶角和极化方式发生改变。因此产生的粗糙度效应将影响海面的菲涅尔反射率，从而使辐射计接收到的海水亮温改变。

5.5.2　海表盐度反演的数学模型

　　对于卫星遥感海水盐度，微波辐射计所接收到的海面亮温主要来四个方面：① 海面的微波辐射，② 大气发射的上行辐射，③ 海面反射大气发射的下行辐射，④ 海面反

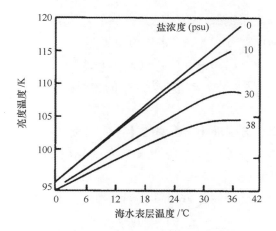

图 5.20　频率为 2.65 GHz 时，平静海面的亮温与海水表层温度的关系

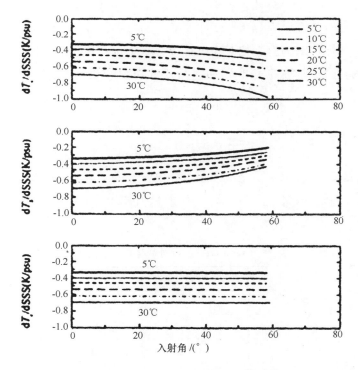

图 5.21　海水盐度为 35psu 时，海表亮温对海水盐度的敏感度与入射角的关系

射宇宙背景的辐射。可以用下面的表达式来描述微波辐射计所接收到的亮温：

$$F(W, \tau) = T_{Bu} + \tau[ET_s + (1 - E)(T_{Bd} + \tau T_{Bc})] \qquad (5.52)$$

T_{Bu} 和 T_{Bd} 分别是大气发射的上行辐射和下行辐射，T_{Bc} 是宇宙背景辐射，大小等于 2.7K，T_s 是海表温度，单位为 K。τ 表示大气透过率，E 表示海面发射率。

海水在 L 波段的发射率模型（或介电常数模型）通常可以作为海表面温度和海水盐度的函数。在平静海面，海水的亮度温度可以表达为：

$$T_B(\theta,\lambda,i) = e_i(\lambda,\theta,T_s,S_{sss}) \cdot T_s \tag{5.53}$$

式中，θ 为入射角，i 为极化方式，T_s 为海水的物理温度，单位为 K，$e_i(\lambda,\theta,T_s,S_{sss})$ 为海表面极化发射率。

根据基尔霍夫定律，海水极化发射率的计算公式为：

$$e_i(\lambda,\theta,T_s,S_{sss}) = 1 - \rho_i(\lambda,\theta,\phi) \tag{5.54}$$

式中，ρ 为海表面的反射率，i 取 h 或 v。

对于平静海面，海表反射率是 Fresnel 反射系数的绝对值的平方，即：

$$\rho_i(\theta) = |R_i(\theta)|^2 \tag{5.55}$$

而 Fresnel 反射系数为复介电常数和入射角的函数，其计算公式如下：

$$R_v(\theta) = (\varepsilon_r\cos\theta - \sqrt{\varepsilon_r - \sin^2\theta})/\varepsilon_r\cos\theta + \sqrt{\varepsilon_r - \sin^2\theta}) \tag{5.56}$$

$$R_h(\theta) = (\cos\theta - \sqrt{\varepsilon_r - \sin^2\theta})/\cos\theta + \sqrt{\varepsilon_r - \sin^2\theta}) \tag{5.57}$$

式中，θ 为入射角，ε_r 为海水相对介电常数。相对介电常数 ε_r 可用德拜（Debye）公式计算。海水的复介电常数的实部 ε' 和虚部 ε'' 也可以按照以下的经验公式给出：

$$\frac{\varepsilon'_w - 1}{\varepsilon' - 1} = A_0 + A_1 X \tag{5.58}$$

$$\frac{\varepsilon''_w}{\varepsilon'' - 1} = B_0 + B_1 X \tag{5.59}$$

式中，X 是氯度（psu），ε'_w 是蒸馏水复介电常数的实部。对于频率为 1.43 GHz 波段，不同物理温度下，系数 A_0，A_1，B_0，B_1 的数值如表 5.3 所示，蒸馏水复介电常数的实部 ε'_w 和 ε''_w 如表 5.4 所示。

表 5.3　频率为 1.43 GHz，不同温度条件下相关系数值

温度（℃）	A_0	A_1	B_0	B_1
5	1.004 0	1.001 5	1.001 7	1.001 6
10	5.67×10^{-3}	5.56×10^{-3}	5.50×10^{-3}	5.14×10^{-3}
20	0.136 8	0.117 8	0.086 4	0.065 3
30	0.027 65	0.032 82	0.043 91	0.058 09

表 5.4　频率为 1.43 GHz，不同温度条件下蒸馏水的复介电常数值

温度（℃）	ε'_w	ε''_w
5	1.004 0	1.001 5

（续表）

温度（℃）	ε'_w	ε''_w
10	5.67×10^{-3}	5.56×10^{-3}
20	0.136 8	0.117 8
30	0.027 65	0.032 82

5.5.3　海表盐度的反演结果

卫星遥感反演海表盐度过程主要由三个部分组成：① 校正电离层、大气层和宇宙辐射对海表面亮度温度的贡献；② 校正海面粗糙度和海表温度的亮温贡献；③ 由校正后的数据反演海表盐度。目前已有两个卫星可以用来观测海表盐度：一个是欧洲土壤湿度和海洋盐度（Soil Moisture and Ocean Salinity，SMOS）卫星（如图 5.22 所示），于 2009 年 11 月 2 日发射升空；另一个是美国的 Aquarius 卫星（如图 5.23 所示），于 2011 年 6 月 10 日发射成功。

图 5.22　SMOS 卫星

在 SMOS 成功发射 6 个月后，通过获得的数据反演出全球海表盐度的分布图。图 5.24 为 SMOS 反演的 2010 年 5 月和 2010 年 8 月全球海表盐度分布图，空间分辨率为 1°×1°。将 2010 年 5 月由 SMOS 卫星遥感获得的全球海表盐度与同一月份浮标等设备现场测量的全球海表盐度（图 5.25 所示）进行对比，结果如图 5.26 所示。从对比结果可以看出，在海表盐度低于 34PSU 时，SMOS 反演的结果比现场实际测量值普遍要

图 5.23　Aquarius 卫星

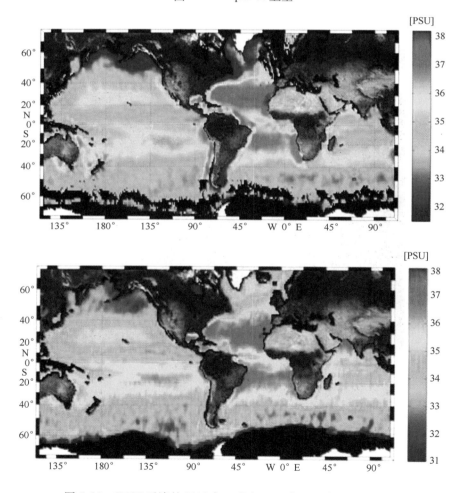

图 5.24　SMOS 反演的 2010 年 5 月和 2010 年 8 月全球海表盐度

高。将太平洋热带海域现场实测的海表盐度（图 5.27 所示）与 SMOS 反演的结果进行对比，结果如图 5.28 所示。从对比图可以看出，当海表盐度较高时，SMOS 反演的结果与实际值比较接近，精度相对较高，达到 0.26PSU。

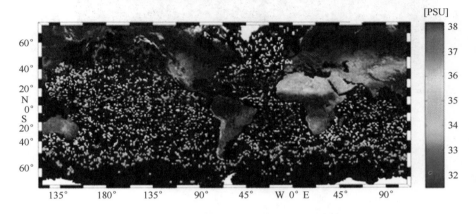

图 5.25　浮标现场测量的全球海表盐度

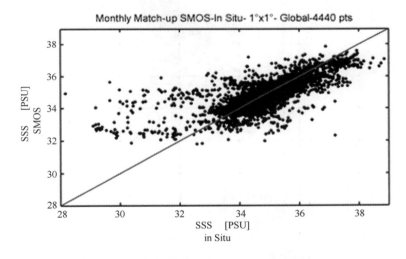

图 5.26　海表盐度现场测量值与 SMOS 卫星反演结果的对比

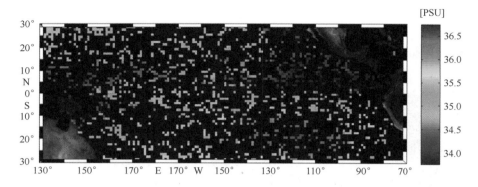

图 5.27　太平洋热带海域浮标现场测量的全球海表盐度

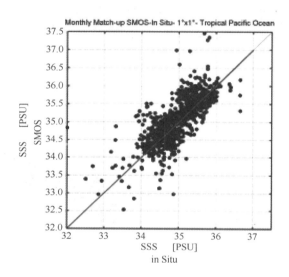

图 5.28　太平洋热带海域海表盐度现场测量值与 SMOS 卫星反演结果的对比

第6章 海洋遥感数据的获取及其处理方法

　　人类为了满足其可持续发展的需要，开始把目光投向海洋。对于占全球总面积70%的海洋，以往的研究只能依靠测量船、验潮站和浮标等观测数据。虽然这些数据在揭示海洋以及气候变化等方面起到了至关重要的作用，但由于测量数据稀疏、重复周期长、花费较大等缺陷，限制了更进一步的研究。20世纪中叶，随着地球轨道卫星的出现、航天和航空遥感技术的发展，使人们对海洋的认识和研究有了突飞猛进的进步。地球轨道卫星所携带的各种遥感仪器，使我们在不同时空尺度同步观测海洋成为可能。目前为止，世界上专门用于观测海洋的地球卫星大约有20多颗，包括中国的HY－1A、HY－1B以及HY－2A海洋卫星。这些海洋卫星已经具有业务运行能力，为促进海洋渔业生产提供了强有力的高技术信息手段，为海洋渔业应用提供可靠的、多时间和多空间尺度的信息来源。

　　越来越多的海洋卫星相继发射成功，人类也获得了海量的海洋环境数据。用于海洋渔业的数据覆盖时间从20世纪80年代开始到现在，数据覆盖的空间范围是全球；数据种类包括：海表面温度、海表面高度、有效波高、叶绿素a浓度等；数据的时间分辨率为年、月、周、天。同时，随着计算机科学和数据同化技术的发展，人们将大量的实际观察数据（包括浮标、Argo等）与不同分辨率、不同波段获得的卫星遥感数据融合在一起，制作出覆盖范围更广的数据产品。这些数据产品大部分可以从一些国家或部门的网站通过不同的方式获取。对于大批量数据的获取，可以通过匿名FTP、FlashFXP等下载软件获取，但也有些数据网站需要提交申请，获得用户名和密码后进行数据下载。美国罗德岛大学（University of Rhode Island）为NASA开发了一个用于海洋和大气资料快速获取的软件OPeNDAP（Open－source Project for a Network Data Access Protocol）。网站http：//opendap.org/提供了该软件，http：//docs.opendap.org/index.php/UserGuide/提供了用户入门手册。只要将OPeNDAP安装到计算机上，并将其加入数据分析软件MATLAB（要求7.4以上版本）或IDL（Interactive Data Language）客户端，使用命令便可获取卫星遥感资料和海洋环境数据。在网络连接的状态下，可直接将这些数据资料下载，然后读取到MATLAB或者IDL的工作区（workspace）中，也可保存到文件中，处理起来更加方便快捷。

6.1　海洋环境数据网站

6.1.1　美国国家海洋大气局网站

美国国家海洋大气局（NOAA）卫星信息系统（SIS，Satellite Information System）的网站是提供卫星遥感信息和资料的一个主要来源，它提供了地球同步气象卫星系列（Geostationary Operational Environmental Satellites，GOES）和太阳同步气象卫星系列的信息，同时也提供关于微波波段卫星 DMSP（国防气象卫星）的信息。网站地址为 http：//noaasis. noaa. gov/，该网站由卫星产品和服务部直接维护，卫星产品和服务部由卫星产品运作办公室之间管理，另外一个直接服务科向全世界获得批准和权限的用户提供卫星数据、衍生产品以及其他服务。

太平洋海洋环境实验室网站地址为 http：//www. pmel. noaa. gov/。点击进入该网站数据链接网页 http：//www. pmel. noaa. gov/datalinks. html，网页提供热带大气海洋计划（Tropical Atmosphere Ocean，TAO）浮标（Buoy）观测资料、TAO 浮标的 CTD 资料，可以根据浮标所分布的位置下载所需的数据，TAO 浮标主要分布在南纬 8 度至北纬 12 度，东经 137 度至西经 95 度。数据包括海表温度、空气温度、海面风速、海面风向等，数据观察的时间间隔分为 10 分钟和 30 分钟，数据格式为 txt 格式。该数据网页提供一个与用户交互的 Live Access Server 网页 http：//ferret. pmel. noaa. gov/NVODS/UI. vm，进入网页后，可以根据不同数据类型、不同学科（大气，海洋，海洋表面，地表，地形，水深）、不同数据服务部门、不同数据来源（卫星数据、实测数据、模型数据）、不同数据时间分辨率（年，季，月，多日，天，小时）选择所需的数据，同样可以根据所需数据的空间尺度在网页上设定其经纬度范围。

美国国家海洋资料中心（National Oceanographic Data Center，NODC）网站 http：//www. nodc. noaa. gov/数据链接网页 http：//www. nodc. noaa. gov/access/allproducts. html 提供海表温度、营养盐、浮游生物、盐度、溶解氧、叶绿素 – a、海流、海面高度以及海浪等数据。可以通过 http：//data. nodc. noaa. gov/opendap/网页进行下载所需的数据。

重点介绍位于美国夏威夷群岛的太平洋渔业科学中心（NOAA Pacific Islands Fisheries Science Center）下属的数据网站 http：//oceanwatch. pifsc. noaa. gov/las/servlets/dataset。该网站提供由传感器获取的不同卫星遥感数据，包括：海表温度、海面高度、叶绿素 – a 浓度、海面风场、海表流场、海表盐度、气象模式的海表温度。数据的时间分辨率有天、周、月；数据的格式有图片格式、txt 格式、ASCII 码格式、NetCDF（network Common Data Form）格式。点击进入该数据网站，可以看到网站所能提供数据的列表，从列表可以看出数据的时间分辨率，如：monthly、weekly、Near Real－Time；还有由不同卫星传感器获得的同一种海洋环境数据，如由 MODIS 和 SeaWIFS 分别获得的 Ocean Color（也就是通常所说的叶绿素－a 浓度）数据，如图 6.1 所示。可以根据所需要的数据类型选择不同时间分辨率、不同传感器所获取的海洋环境数据。另外不同的类型的海洋环境参数具有不同的空间分辨率，海表温度的空间分辨率为 $0.1° \times 0.1°$，叶绿素－a 浓度的空间分辨率为 $0.05° \times 0.05°$，海面高度的空间分辨率为 $0.25° \times 0.25°$，海表盐度的空间分辨率为 $0.5° \times 0.5°$。不同的数据覆盖范围不同：海表温度的覆盖范围为 ［－180，180］，［－70，69.9］；叶绿素－a 浓度的覆盖范围为 ［－180，180］，［－90，89.9］；海面高度的覆盖范围为 ［－180，180］，［－65，64.75］；海表盐度的覆盖范围为 ［－180，180］，［－90，89］；

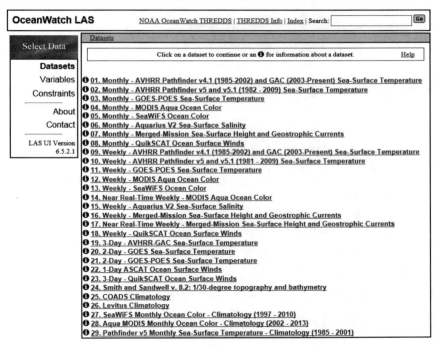

图 6.1　http：//oceanwatch. pifsc. noaa. gov/las/servlets/dataset 网站首页

　　点击网页上的数据列表进入数据下载页，例如点击 01. Monthly－AVHRR Pathfinder v4.1（1985－2002）and GAC（2003－Present）Sea－Surface Temperature 可以下载月平均海表温度。如图 6.2 所示，可以在网页上选择数据时间、数据格式和数据经纬度范围，选择好数据格式、数据覆盖范围和数据时间后，点击下一步，最后保存数据。

　　美国国家海洋大气局管辖的其他资料中心和资料部门网站地址分别为：http：//

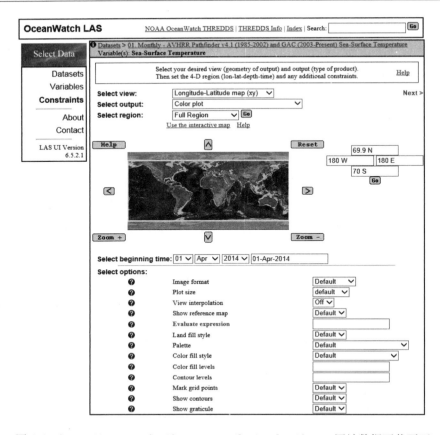

图 6.2 http：//oceanwatch. pifsc. noaa. gov/las/servlets/dataset 网站数据下载页面

www. nesdis. noaa. gov/（国家环境卫星数据信息服务署）、http：//www. oso. noaa. gov/（卫星运行办公室）、http：//www. osdpd. noaa. gov/（卫星数据处理和分发办公室）、ht-tp：//www. ncdc. noaa. gov/（国家气候资料中心）、http：//www. ndbc. noaa. gov/（国家浮标资料中心）、http：//www. aoml. noaa. gov/（大西洋海洋和气象实验室）、http：//www. cpc. ncep. noaa. gov/（美国国家环境预报中心）。

6.1.2 美国航空航天局网站

美国航空航天局喷气推进实验室（Jet Propulsion Laboratory，JPL）物理海洋学数据分发存档中心 PO. DAAC/JPL（Physical Oceanography Distributed Active Archive Center）的网站 http：//podaac. jpl. nasa. gov/ 是获取卫星遥感海洋环境信息的另一个重要来源。例如，物理海洋学数据分发存档中心的网页 http：//podaac. jpl. nasa. gov/catalog/product001. html/提供以下各种不同类型遥感资料：ARGOS Buoy Drift 数据、AVHRR/2 海表面温度 SST 数据、ERS - 1 AMI 和 ERS - 2 AMI 海面风场数据、GEOSAT 海面高度

SSH 数据、NSCAT 海面风场数据、SSM/I 海面风速数据、TOPEX/Poseidon 海面高度 SSH 和有效波高（Significant Wave Height，SWH）数据、SeaWiFS 叶绿素－a 浓度数据、TMI 海表面温度 SST 数据产品。可以根据需求，下载不同时间和空间分辨率的卫星遥感海洋信息产品。PO. DAAC/JPL 分发中心也提供特定卫星遥感信息和相关调查资料的网站地址。TOPEX/Poseidon 高度计数据产品可通过如下网址进行下载：http：//sea-level. jpl. nasa. govdata；GEOSAT/ALT 高度计数据产品可通过如下网址进行下载：http：//podaac. jpl. nasa. gov/order/order_ geosat. html/；QuikSCAT/SeaWinds 散射计数据产品可通过如下网址进行下载：http：//podaac. jpl. nasa. gov/order/order_ qscat. html/；NSCAT 散射计数据产品可通过如下网址进行下载：http：//podaac. jpl. nasa. gov/order/order_ nscat. html/；

美国国防气象卫星计划 DMSP 的特殊传感器微波成像仪（SSM/I）的数据产品通过如下网址进行下载：http：//www. remss. com/missions/ssmi。

美国宇航局下属的戈达德空间飞行中心（Goddard Space Flight Center，GSFC）网站地址是 http：//www. nasa. gov/centers/goddardhomeindex. html，该中心设置了水色遥感信息和数据资料的网页。戈达德空间飞行中心 GSFC 管辖的数据分发存档中心 DAAC（Distributed Active Archive Center）的网站地址是 http：//daac. gsfc. nasa. gov/，在该数据分发存档中心可以下载 SeaWiFS（http：//seawifs. gsfc. nasa. gov/）相关数据产品，同时可以下载 MODIS（http：//modis. gsfc. nasa. gov/）相关数据产品。另外，美国宇航局下属的戈达德空间飞行中心提供了关于 MODIS 算法的专门网页 http：//modis. gsfc. nasa. govdataatbd/atbd_ mod25. pdf。

6.1.3　美国大学网站

哥伦比亚大学（Columbia University）IRI/LDEO（International Research Institute for Climate Prediction/ Lamont－Doherty Earth Observatory Climate Data Library）提供 300 多种与地球物理科学有关的数据集，用户可以免费获取任意需要的数据，数据包括简单的平均数据以及 EOF 再分析数据，用户可以对需要的数据进行可视化以及动画形式显示，这些数据格式包括多种比较常见格式，如 NetCDF 格式等。这些数据资料的网站首页为 http：//iridl. ldeo. columbia. edu/index. html，进入网页可以根据需要的数据类型选择，网站界面如图 6.3 所示，网站提供的数据类型有：海气界面数据、大气数据、气候指数数据、云特性数据、渔业环境数据、预报数据以及模式计算出的历史数据。可以根据数据的类别搜索所需的数据，也可以通过数据来源进行搜索，界面如图 6.4 所示。网站提供 maproom（http：//iridl. ldeo. columbia. edu/maproom/）功能查找数据，海表温度等数据的网址为：http：//iridl. ldeo. columbia. edu/maproom/Global/Ocean_ Temp/index. html，例如进入海表温度异常数据界面 http：//iridl. ldeo. columbia. edu/maproom/Global/Ocean_ Temp/Anomaly. html，界面如图6.5所示，在该页面能可视化所需月份的全球海表温度异常数据，点击页面的 Dataset 可以进入原始数据下载页面，如图6.6所示，点击页面的 Data Files，选择所需数据格式进行数据保存，格式有 txt、NetCDF 等。哥伦比亚大学还提供了 NODC/Levitus 资料，网站地址为 http：//ingrid. ldgo. columbia. edu/SOURCES/. LEVITUS94，数据时间分辨率为月、季、年。与此同时，哥伦比亚大学还提供了 SODA（Simple Ocean Data Assimilation）资料，网页是 http：//iridl. ldeo. columbia. edu/SOURCES. UMD. Carton. goa. dataset_ documentation. html。

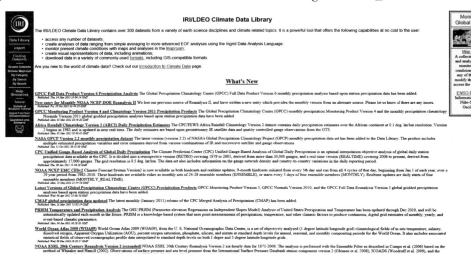

图6.3　哥伦比亚 IRI/LDEO 数据网站

天文动力学研究科罗拉多中心（Colorado Center for Astrodynamics Research，CCAR）是一个卫星气象与海洋学的交叉学科组织，隶属科罗拉多大学（University of Colorado at Boulder）工程与应用科学学院（College of Engineering and Applied Science）。天文动力学研究科罗拉多中心网站地址是 http：//ccar. colorado. edu/，除了提供海表温度和叶绿素–a 浓度数据，还提供海面高度数据，网址为 http：//eddy. colorado. educcardata_ viewer/index，界面如图6.7所示。在该网址只能下载网站根据各种海洋环境数据自动生成的图片，如果需要卫星遥感的海洋环境数据，需要向网站提出申请，申请通过后，网站提供用户名和密码，然后可以进行 Ftp 下载，准实时数据的滞后时间为两天，同时可以下载1986年以来的全球海面高度数据。

加利福尼亚大学（University of California，San Diego）的 Scripps 海洋研究所（Scripps Institution of Oceanography）的网站主页是 http：//sio. ucsd. edu/。加利福尼亚大学提供的关于漂流浮标的全球观测系列（Argo）的网站主页是 http：//www –

图 6.4　网站数据搜索界面

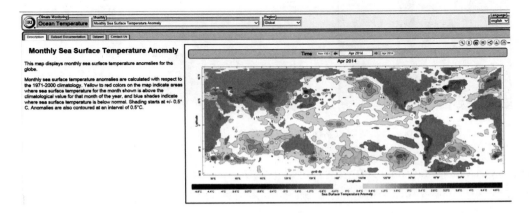

图 6.5　海表温度异常数据查询界面

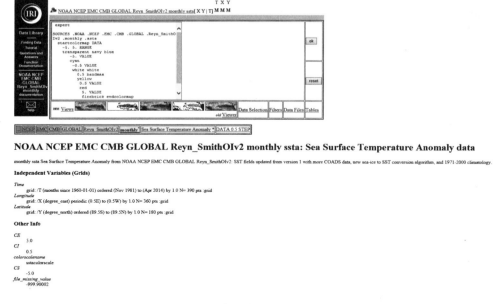

图6.6　海表温度异常数据下载界面

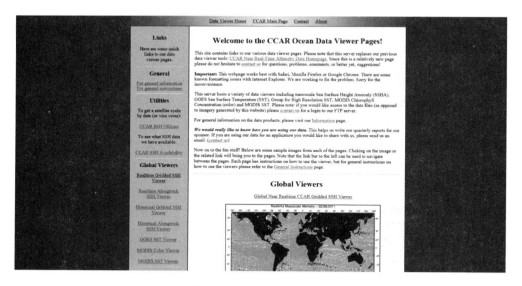

图6.7　天文动力学研究科罗拉多中心网站海面高度数据界面

argo. ucsd. edu/index. html，在该网页可以下载 Argo 数据。加利福尼亚大学、加州空间研究所（California Space Institute,）和 Scripps 海洋研究所（Scripps Institution of Oceanography）设置了地球科学研究网页 http://earthguide. ucsd. edu/。另外，还提供 NODC/Levitus 数据资料，网页为 http://earthguide. ucsd. edu/earthguide/diagrams/levitus/，该网页提供海表温度、盐度、溶解氧等数据。

华盛顿大学（University of Washington）的大气和海洋研究院（JISAO，Joint Institute for Study of the Atmosphere and Ocean）的网站为 http：//www.jisao.washington.edu/，网页 http：//www.jisao.washington.edu/data_ landing 提供了实时的以及历史的海洋环境数据，并提供其他可以下载数据网站的链接地址。

6.1.4　日本网站

日本国家航天发展局（National Space Development Agency，NASDA）其所属地球观测中心（Earth Observation Center）的网站 http：//www.eoc.nasda.go.jp/提供了与全球许多遥感网站的链接，NASDA 的网页 http：//www.eoc.nasda.go.jp/guide/satellite/sat_ menu_ e.html 提供 ADEOS – II（Advanced Earth Observing Satellite – II）、Aqua（Earth Observing System PM）、TRMM（Tropical Rainfall Measuring Mission）、ADEOS（Advanced Earth Observing Satellite）、JERS – 1（Japanese Earth Resources Satellite – 1）、MOS – 1/1b（Marine Observation Satellite – 1/1b）、LANDSAT（Land Satellite）、SPOT（Satellite Probatoire d'Observation de la Terre）和 ERS（European Remote Sensing Satellite）等遥感网站的链接。日本国家航天发展局关于 ADEOS 卫星、海洋水色和温度传感器算法和数据产品、MODIS 和 SeaWiFS 水色遥感研究的网页是 http：//kuroshio.eorc.nasda.go.jp/ADEOS/。

日本气象厅网站提供西北太平洋以及全球的海表水温、海表水温偏差以及分层水温等数据，西北太平洋数据的时间分辨率分别为天、旬、月，而全球数据的时间分别率为旬、月、年。网站地址为 http：//www.data.kishou.go.jp/kaiyou/db/kaikyo/dbindex _ wnp.html。

6.1.5　欧洲、澳洲和加拿大网站

欧洲空间局（European Space Agency，ESA）的网站是 http：//earth.esa.int/ers/satconc/和 http：//www.esrin.esa.it/export/esaCP/index.html/；欧洲空间局环境卫星 ENVISAT 的网站是 http：//envisat.esa.int/；欧洲中期天气预报中心（European Center for Medium Range Weather Forecasting）的网站是 http：//www.ecmwf.int/；加拿大空间局（Canadian Space Agency，CSA）的网站是 http：//www.asc – csa.gc.ca/eng/notices.asp；加拿大遥感中心（Canada Centre for Remote Sensing）的网站是 http：//www.ccrs.nrcan.gc.ca/；澳大利亚气象局（Bureau of Meteorology）的网站是 http：//www.bom.gov.aubmrc；荷兰皇家气象研究所（Koninklijk Nederlands Meteorologisch Instituut，KNMI）的网站是 http：//www.knmi.nl/，在它的英文网站 http：//

climexp. knmi. nl/可查阅气候数据。

　　法国国家空间研究中心（CNES）的卫星海洋学存档数据中心的网站是 http：//
www. aviso. altimetry. fr/en/home. html，用户可以通过申请获取用户名和密码后下载数据。该网站为用户提供了多个卫星（ERS – 1、ERS – 2、GEOSAT、JASON – 1、SEA-SAT、SPOT 和 T/P）的信息和数据，产品包括海面高度、风场、海浪、海流已经现场调查数据。法国 CERSAT 隶属于法国海洋开发研究所（French Research Institute for Exploitation of the Sea，IFREMER），CERSAT 网站为 http：//cersat. ifremer. fr/，该网站提供多颗卫星产品融合后的海表温度、叶绿素 – a 浓度等海洋环境数据。

6.2　海洋环境数据处理

6.2.1　数据融合

　　数据融合就是将来自多传感器或多源的信息和数据进行综合处理，从而得到比单一信息和数据更为准确可信的结果。数据融合可以优化遥感信息资源，实现多卫星遥感数据的优势互补，使遥感信息得到最大限度的利用。到目前为止，用于海洋卫星数据融合的比较成熟的算法有反距离加权法、逐步订正法、克里金插值法、局地加权回归法（LOESS）以及 Gauss – Markov 法等。

1. 反距离加权法

　　反距离加权法是目前最常用的空间插值方法，该方法认为观测点离网格中心点越近，其值的贡献越大；距离越远，贡献越小。其计算公式为：

$$Z_{ij} = \sum_{s=1}^{n} Z(x_s) W_s \Big/ \sum_{s=1}^{n} W_s,\qquad(6.1)$$

　　式中，$Z(x_s)$ 为网格点内第 s 个观测点的观测值；n 为网格内观测点的个数；W_s 为权重函数，其表达式为：

$$W_s = (1/d_s^m),\qquad(6.2)$$

d_s^m 是第 s 个观测点到网格中心点距离的 m 次方；Z_{ij} 为网格中心点 (i, j) 处的插值。

2. 克里金插值法

　　克里金插值法是对空间分布的数据求线性、无偏内插估计的一种方法。它不仅考虑观测点和被估计点的相对位置，还考虑各观测点之间的相对位置关系。它的核心就是求取变差函数，其计算公式为：

$$Z_{ij} = \sum_{s=1}^{n} Z(x_s) W_s,\qquad(6.3)$$

　　按照克里金方法的原则保证估计量无偏且估计方差最小的前提下，求解方程组得

出 n 个权重。方程组如下：

$$\begin{cases} \sum_{s=1}^{n} W_s \gamma(x_s, x_t) + \mu = \gamma(x_t, x_0), t = 1, 2, \cdots, n \\ \sum_{s=1}^{n} W_s = 1 \end{cases} \tag{6.4}$$

式中，γ 是变差函数，μ 是拉格朗日乘子。

3. 逐步订正法

逐步订正法是通过用观测值与猜测场之差去订正第一次猜测场（初值）或前次猜测值，以得到一个新的场，直到该场十分逼近观测场，即它们的均方差达到最小（Cressman，1959）。其计算公式如下：

$$G_{ij} = F_{ij} + C_{ij}, \tag{6.5}$$

式中 G_{ij} 为分析场；F_{ij} 为初值场；C_{ij} 为订正因子，其表达式为

$$C_{ij} = \sum_{s=1}^{n} Q_s W_s / \sum_{s=1}^{n} W_s, \tag{6.6}$$

Q_s 为在 s 点均值与初值之差；W_s 表达式为

$$W_s = exp\left(-4r^2/R^2\right) \quad r \leqslant R_\circ \tag{6.7}$$

式中，R 是影响半径，r 是观测点到网格中心点的距离。

4. 局地加权回归法

局地加权回归法（LOESS）即局地加权最小二乘法，就是利用网格点周围最近的 n 个资料进行曲面拟合。拟合的函数为：

$$Z_{ij} = a_0 + a_1 x + a_2 y + a_3 x^2 + a_5 y^2 + a_6 xy \tag{6.8}$$

式中，$x = x_s - x_i, y = y_s - y_i, x_s, y_s$ 分别是观测点的经度和纬度，x_i, y_i 分别是网格中心点的经度和纬度。只要根据加权最小二乘的原理求出回归系数 $a_0 \sim a_6$，代入公式（6.8）即可确定网格中心点的值 Z_{ij}。

5. Gauss – Markov 法

Bretherton 等（1976）根据 Gauss – Markov 原理，假设变量场是均匀且各向同性的，观测资料没有系统误差和过失误差，随机误差是相互独立的且与变量场无关，以及变量的观测值和真值是线性关系的情况下，把变量视为二维函数，用变量场的协方差函数把变量的真值、观测值和分析值联系起来，提出了一个海洋资料的客观分析方法。该方法计算的变量分析值与真值之间偏差达到最小，其计算公式为

$$\theta_{est}(x) = \sum_{i=1}^{n} \sum_{j=1}^{n} A_{ij}^{-1} C_{xj} \Phi_{obs i} \tag{6.9}$$

式中，$\theta_{est}(x)$ 是估计值；Φ_{obs} 是观测值，$\Phi_{obs i} = \Phi_i + \varepsilon_i$，$\Phi_i$ 是真值，ε_i 是误差；A 是观测值之间的协方差矩阵，$A_{ij} = \langle \Phi_{obs i} \Phi_{obs j} \rangle = \langle \Phi_i \Phi_j \rangle + \langle \varepsilon_i \varepsilon_j \rangle$；$C$ 是观测值与估计值之

间的协方差矩阵，$C_{xi} = \langle \theta(x) \Phi_{obsi} \rangle = \langle \theta(x) \Phi_i \rangle$。

图 6.8（a）～（c）显示了 2005 年 12 月 1～10 日分别利用反距离加权法、克里金插值法和逐步订正法得到中国海有效波高的融合结果，网格大小是 1°×1°。由图可知，不同的数据融合方法所得到结果差别不大。

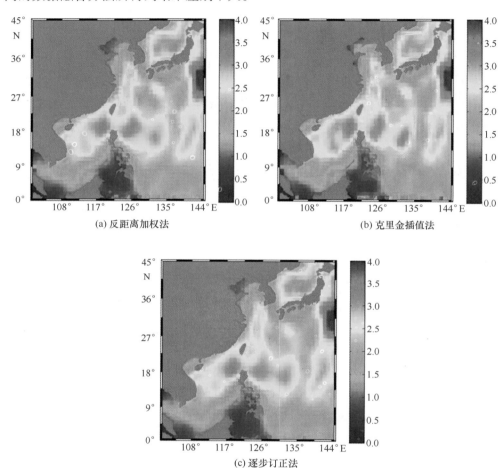

(a) 反距离加权法　　　　　　　　　　(b) 克里金插值法

(c) 逐步订正法

图 6.8　不同方法得到的有效波高融合结果图

6.2.2　数据插值

不同的海洋环境要素因为由工作在不同波段的传感器获取，导致不同的海洋环境要素具有不同的空间分辨率。一般情况下，海表温度的空间分辨率为 0.1°×0.1°，叶绿素 - a 浓度的空间分辨率为 0.05°×0.05°，海面高度的空间分辨率为 0.25°×0.25°，海表盐度的空间分辨率为 0.5°×0.5°。因此，要将上述的海洋环境要素应用到渔业遥感和渔情预报模型中，需要对其进行数据插值处理，使它们具有相同的空间分辨率。用于海洋环境要素的数据插值方法主要有：反距离加权法、样条插值法以及克里金插值法。

1. 反距离加权法（Inverse Distance Weighted）

反距离加权法是一种常用而简单的空间插值方法，IDW 是基于"地理第一定律"的基本假设：即两个物体相似性随它们间的距离增大而减少。它以插值点与样本点间的距离为权重进行加权平均，离插值点越近的样本赋予的权重越大，此种方法简单易行，直观并且效率高，在已知点分布均匀的情况下插值效果好，插值结果在用于插值数据的最大值和最小值之间，但缺点是易受极值的影响。

2. 样条插值法（Spline）

样条插值是使用一种数学函数，对一些限定的点值，通过控制估计方差，利用一些特征节点，用多项式拟合的方法来产生平滑的插值曲线。这种方法适用于逐渐变化的曲面，如温度、高程、地下水位高度或污染浓度等。该方法优点是易操作，计算量不大，缺点是难以对误差进行估计，采样点稀少时效果不好。样条插值法又分为：张力样条插值法（Spline with Tension）、规则样条插值法（Regularized Spline）、薄板样条插值法（Thin－Plate Splin）。

3. 克里金插值法（Kriging）

克里金方法最早是由法国地理学家 Matheron 和南非矿山工程师 Krige 提出的，用于矿山勘探。这种方法认为在空间连续变化的属性是非常不规则的，用简单的平滑函数进行模拟将出现误差，用随机表面函数给予描述会比较恰当。克里金方法的关键在于权重系数的确定，该方法在插值过程中根据某种优化准则函数来动态地决定变量的数值，从而使内插函数处于最佳状态。克里金方法考虑了观测的点和被估计点的位置关系，并且也考虑各观测点之间的相对位置关系，在点稀少时插值效果比反距离权重等方法要好。所以利用克里金方法进行空间数据插值往往取得理想的效果。

用于海洋渔业遥感的海洋环境要素的插值主要是二维数据插值，在 MATLAB 软件中的二维插值方法主要有最邻近点插值、二维线性插值和二维三次多项式插值。本文从 OceanWatch LAS 网站下载 2013 年 2 月份全球海面高度数据，利用上述方法分别对原始数据进行插值，原始数据的空间分辨率为 $0.25° \times 0.25°$，插值成空间分辨率为 $0.05° \times 0.05°$。如图 6.9 所示，三种插值方法所得到的结果差别不是很大。

6.2.3　数据匹配

利用卫星遥感获得的海洋环境数据进行渔情预报以及渔业资源评估时，需要将历年来的捕捞数据与海洋环境数据进行匹配，建立相应的数据集。在进行海洋环境数据

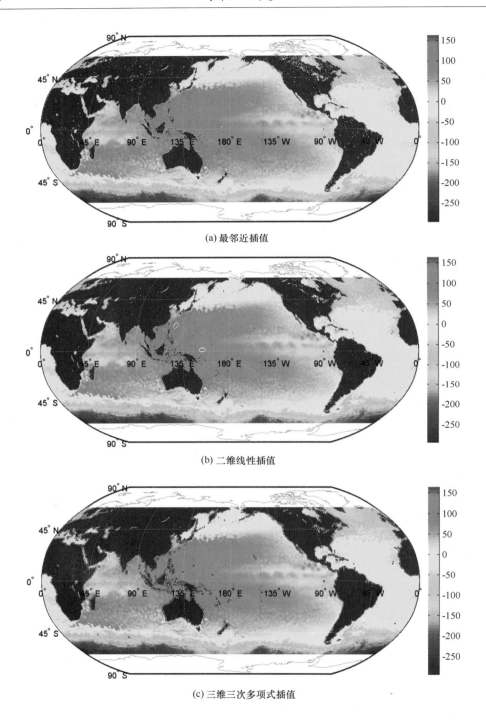

(a) 最邻近插值

(b) 二维线性插值

(c) 三维三次多项式插值

图 6.9　不同差值方法得到的海面高度结果图

和捕捞数据匹配时，为了确保海洋环境时间、采样区域和捕捞数据的记录时间和具体位置的一致性，需要采用严格的匹配标准：捕捞作业位置的地理坐标与所匹配的海洋环境数据距离小于其空间分辨率的一半，捕捞作业位置与所匹配的海洋环境数据的时间分辨率（天、周、月）要完全一致。首先由捕捞数据记录的作业时间确定相同时间的海洋环境数据，然后根据捕捞数据记录的经纬度找到对应时间的具体海洋环境数据，包括：海表温度、叶绿素 – a 浓度、海面高度等。捕捞数据与卫星遥感海洋环境数据匹配具体的流程图如图 6.10 所示。

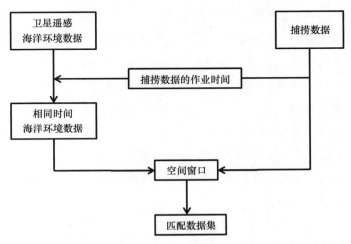

图 6.10　海洋环境数据与捕捞数据匹配流程图

第7章　海洋遥感在渔情预报中的应用

人们在很早以前就认识到海洋渔场的分布与海洋环境条件有着密切的关系，并利用手中有限的海洋水文资料，对渔场海洋学进行了研究探索。但由于凭借船只等现场调查所获得的海洋环境数据存在着覆盖范围小、时间不连续、时效滞后等不足，因此远不能满足现在渔场研究和渔情预报的需要，直到20世纪60年代卫星遥感的出现。卫星遥感能够大面积同步地观测海洋，并且观测具有较强时空连续性，因此逐渐地被应用到渔场研究和渔情预报中。近年来随着遥感技术不断向高光谱、高时空分辨率、多传感器的方向发展，海洋遥感所获取的数据精度有较大幅度的提高，能够提供更加准确的海洋环境信息，如海表面温度、海叶绿素 – a浓度、海面高度等，这为海洋渔场研究和渔情预报提供了广阔的应用空间。

7.1　渔情预报概述

7.1.1　渔情预报的基本概念

渔情预报也可称渔况预报，它是海洋渔场学研究的主要内容，同时也是渔场学中基本原理和方法在渔业中的综合应用，是为渔业生产服务的主要任务之一。渔情预报实际是指对未来一定时期和一定水域范围内水产资源状况各要素，如渔期、渔场、鱼群数量和质量以及可能达到的渔获量等所作出的预报。其预报的基础就是鱼类行动和生物学状况与环境条件之间的关系及其规律，以及各种实时的汛前调查所获得的渔获量、资源状况、海洋环境等各种渔海况资料。渔情预报的主要任务就是预测渔场、渔期和可能渔获量，即回答在什么时间，在什么地点，捕捞什么鱼，作业时间能持续多长，渔汛始末和旺汛的时间、中心渔场位置以及整个渔汛可能渔获量等问题。

随着我国近海渔业资源的衰退以及远洋渔业的发展，我国一些水产研究工作者如陈新军（2003）也开始了远洋渔业鱼种的渔情预报研究工作，如柔鱼类、金枪鱼类和竹笑鱼等。日本、美国和我国的台湾省等也在20世纪70年代以后利用卫星遥感所获取的海况资料，对重要捕捞对象的渔情进行预报，并专门成立渔情预报研究机构。随着信息技术（地理信息系统）和空间技术（海洋遥感）以及专家系统的发展和应用，渔情预报的手段和工具不断得到深化和发展，渔情预报的准确性也得到了提高，并将进一步得到完善和发展。

7.1.2　渔情预报的类型和内容

1. 依据预报时效来分

渔情预报的类型有不同的划分方法，主要是根据预报的时效性来划分，但目前还没有形成一个公认的划分标准。如费鸿年等（1990）在《水产资源学》中将渔情预报分为展望型渔情预报、长期渔情预报、中期渔情预报或半长期渔情预报和短期渔情预报。展望型渔情预报是指预测几年甚至几十年的渔情状况，如对某种资源的开发利用规模的确定。长期渔情预报是指年度预报，是根据历年的资料来预测下一年度或更长时间的渔情状况，包括渔场位置、洄游路线等，它是建立在海况预报的基础上。而中期预报渔情预报即季节预报或渔汛预报，是预测未来的整个渔汛期间的渔情状况，主要着重于本渔汛的渔场位置、渔期迟早、集群状况等。短期渔情预报可分为初汛期、盛汛期和末汛期等几种类型，是专门对渔汛中某一阶段的渔发状况进行预报。

费鸿年等（1990）认为展望型和长期型预报属于根本性、战略性的预报，是预报的高级阶段，主要供渔业主管部门和生产单位制定发展计划时参考。而中短期预报是实用性的、战术性的预报，是预报的低级阶段，主要供生产部门安排生产时参考。

日本渔情预报服务中心（Japan Fisheries Information Service Center，JAFIC）将渔情预报分为两类，即中长期预报和短期预报。中长期预报是指利用鱼类行动和生物学等方面与海洋环境之间的关系及其规律，根据所收集的生物学和海洋学等方面信息，特别是通过渔汛前期对目标鱼种的稚幼鱼数量调查，从而对来年目标鱼种的资源量、渔获物组成、渔期、渔场等作出预报。该种长期预报实际上更具有学术性，为渔业管理部门和研究机构提供服务。短期预报，也称为渔场速报，是指结合当前的水温、盐度、水团分布与移动状况等，对渔场的变动、发展趋势等作出预报，该种预报时效性极强，直接为渔业生产服务。

因此，从上述分析可以看出，渔情预报种类的划分主要是依据其预报时间的长短，不同的预报类型，其所需的基础资料、预报时间时效性以及使用对象等都有所不同。在本书中，根据海洋渔业生产的特点和实际需要，我们将渔情预报一般分为全汛预报、汛期阶段预报和现场预报三种。

（1）全汛预报。

预报的有效时间为整个渔汛，内容包括渔期的起讫时间、盛渔期及延续时间、中心渔场的位置和移动趋势以及结合资源状况分析全汛期间渔发形势和可能渔获量或年景趋势等。这种预报在渔汛前适当时期发布，供渔业管理部门和生产单位参考。其所需的基础资料和调查资料是大范围的海洋环境数据及其变动情况、汛前目标鱼种稚幼鱼数量调查、海流势力强弱趋势等，比较从宏观的角度来分析年度渔汛的发展趋势和总体概况。

（2）汛期阶段预报。

整个渔汛期一般分为渔汛初期（初汛）、盛期（旺汛）和末期（末汛）三个阶段进行预报，也可根据不同捕捞对象的渔发特点分段预报。如浙江夏汛大黄鱼阶段性预报，依大潮汛（俗称"水"）划分，预测下一"水"渔发的起讫时间、旺发日期、鱼群主要集群分布区和渔发海区的变动趋势等，浙江嵊山冬汛带鱼阶段性预报则依大风变化（俗称"风"）划分，预测下一"风"鱼群分布范围、中心渔场位置及移动趋势等。这些预报为全汛预报的补充预报，及时地、比较准确地向生产部门提供调度生产的科学依据。预报应在各生产阶段前夕发布，时间性要求强。其所需的基础资料和数据应该是阶段性的海洋环境发展与变动趋势以及目标鱼种的生产调查资料。

（3）现场预报（也称为渔况速报）。

对未来 24 小时或几天内的中心渔场位置、鱼群动向及旺发的可能性进行预测，由渔汛指挥单位每天定时将预报内容通过电讯系统迅速而准确地传播给生产船只，达到指挥现场生产的目的。这种预报时效性最强，其获得的海况资料一般来说应该当天发布。其所需的基础资料是近几天渔业生产和调查资料，如渔获个体及其大小组成等，以及水温变化、天气状况（如台风、低气压等）、水团的发展与移动等。

2. 依预报的原理来分

在渔情预报中，根据其预报原理的不同，我们将其分为三类：① 以水文资料为基础，利用水文状况与渔获量之间的关系进行预报；② 以渔获量统计为基础，即以总渔获量和单位捕捞努力量渔获量为基础，进行分析预报；③ 以鱼类群体生物学指标为基础，并根据其变化揭示群体数量和生物量的变动。第一和第二种方法，完全忽略了鱼类群体状况，没有考虑现象的生物学特征。第三种方法是以鱼类群体生物学指标为基础，同时也利用渔获量统计和水文资料作为背景指标，而不是作为预报的唯一根据。

（1）以分析水域水文状况为基础。

非生物环境的变化是以某种形式影响到生物的生活条件，而首先是鱼类繁殖条件和食物保障。渔获量周期性的变动，往往同某一非生物环境因素（热量、水位、江河径流量等）的变化密切相关。同一因素的变化（例如温度）对于不同动物区系的鱼类往往产生完全不同的影响。譬如说北大西洋温度的下降，对北方区系的鱼类（如鲱鱼和鳕鱼）造成不利的环境条件，但对北极区系的鱼类（北鳕和北极鲽）却是有利的。这点在东北大西洋 20 世纪 60 年代末期表现得尤为明显。当时北极区系复合体的鳕鱼和鲱鱼数量，首先因为连续几年的世代的歉产而迅速下降；然而北极区系的毛鳞鱼数量却大大增加。

查明世代丰歉波动与某一环境因素的关系，在一定程度上可以判断经济鱼类群体数量可能变动的情况。无疑，编制鱼类群体数量和生物量变动的长期预报，应该利用水文学的资料。

根据某些水文学指标编制的所谓背景预报，在许多情况下（当鱼类群体数量与所分析的环境因素的相关关系已查明时），能相当清楚地了解水域中发生的变化过程和经济鱼类的生活条件。但水文学预报的误差可能很大。例如波罗的海近底层盐度预报的准确率为 78 ~ 88%，那么用这些资料作生物学现象预报的准确率就降低。

假如以水文学为背景预报是长期预报的必需因素，那么企图根据一个或几个水文因子作出每年经济鱼类种群数量和生物量的预报是不可靠的。如北极 – 挪威鳕鱼种群状况运用此方法预报，就发生过极严重的错误，而严重地影响了拖网船队的生产。

以水文学资料编制渔业预报，表面上看起来似乎很简单，不需要进行生物学研究，只需搜集水文、气象和渔获量统计资料就行了。其实，为了编制可靠的经济鱼类种群数量和生物量的预报，必须有渔获群体状况的资料。至于说渔场分布和渔场移动的预报，可以分析水文学条件为基础，但仍要考虑鱼类资源总量及生物状况。

（2）以渔获量统计为基础。

这一方法的基本原理是以渔获量的变动 – 鱼类群体数量和生物量的变动为基础。这正如所假设的，死亡量由补充量所补偿。在许多情况下把总渔获量的统计分析同单位捕捞渔获量的分析结合在一起。在编制经济鱼类群体变动的任何性质的预报时，渔获量（总渔获量和单位捕捞渔获量）的统计分析是不可缺少的因素，因此为了编制可靠的预报，必须很好地整理渔获量统计。但这绝不意味着仅仅根据渔获量单一指标就可作出鱼类群体变动的可靠预报。正如经验所证明，仅仅根据渔获量统计来编制预报，曾造成了相当严重的错误，实践证明不能推广。

（3）以鱼类群体生物学指标为基础。

即以分析各世代实力和补充群体与剩余群体比例为基础的预报。若某一捕捞群体（生殖群体），若全部或几乎全部是由补充群体所组成，其数量、生物量和可捕量的预报，主要应以成长中的世代数量多寡和未来发展情况，及加入捕捞群体的特点为基础。对于补充群体不及生殖群体半数的鱼类，为了编制准确的渔情预报，同样不仅需要掌握补充群体的未来状况，还要了解在生殖群体和渔获物中占多数的剩余群体未来状况。

3. 按预报内容来分

渔情预报是对未来一定时期和一定水域内水产资源状况各要素，如渔期、渔场、鱼群数量和质量以及可能达到的渔获量等所做出的预报。按照预报内容的不同，可将渔情预报分为三种类型，即关于资源状况的预报、关于时间的预报和关于空间的预报。每种预报的侧重点不同，相应的预报原理和模型也不同。

关于资源状况的预报，即预报鱼群的数量、质量以及在一定捕捞条件下的渔获量，这种预报主要是中长期的。准确的中长期预报对于渔业管理和生产都具有重要意义，不但渔业管理部门可以将预报结果作为制订渔业政策的参考信息，渔业生产企业也可以根据这些预报合理安排有限的捕捞力量，在激烈的捕捞竞争中占据优势。目前，关于渔业资源状况的预报模型主要以鱼类种群动力学为基础，数学上则主要采用统计回归、人工神经网络和时间序列分析等方法。

关于时间的预报主要包括预报渔期出现的时间和持续的时间等。这类预报不但要求预报者对目标鱼类的洄游和集群状况非常了解，而且需要建立一定的观测手段，实时地了解目标区域的天气、海流、水温结构以及饵料生物情况，结合渔民和渔业研究者的经验来进行预报。随着国内渔业生产模式的改变，渔情预报研究者已从渔业生产一线脱离，因此目前这类预报主要以有经验的渔业生产者的现场定性分析为主，其原理很难进行明确的量化解释，已有的定量研究一般也仅采用简单的线性回归。

关于空间的预报，即预报渔场出现的位置或鱼类资源的空间分布状况，即通常所说的渔场预报。由于渔业资源的逐渐匮乏以及燃油、入渔等成本的不断升高，渔业生产过程中渔场位置的预报变得越来越重要，企业对其实时性、准确性的要求也越来越高。因此渔场位置的预报模型研究相当活跃，国内外大多数渔情预报模型都是渔场的位置预报模型。

7.1.3　渔情预报的基本流程

渔情预报的研究及其日常发布工作一般都由专门的研究机构或研究中心来负责。在该中心，拥有渔况和海况两个方面的数据来源及其网络信息系统，其数据来源是多方面的。如在海况方面，主要来源于海洋遥感、渔业调查船、渔业生产船、运输船、浮标等。在渔况方面，主要来源于渔业生产船、渔业调查船、码头、生产指挥部门、水产品市场等。

渔情预报机构根据实际调查研究的结果，迅速将获得的海况与渔况等资料进行处理、预报和通报，不失时机地为渔业生产服务。对于渔况海况的分析预报，要建立群众性的通报系统。统一指定一定数量的渔船（信息船），对各种因子进行定时测定，然后将这些测定资料发送给所属海岸的无线电台，电台按预定程序通过电报把情报发送给渔况海况服务中心，或者从渔船直接传递给渔情预报中心。情报数据输入电子计算机，根据计算结果绘制水温等参数的分布图，图上注明渔况解说，然后再以传真图方式，通过电子邮件、网络、无线电台或通讯、广播机构发送。一般来说，渔况速报当天应该将收集的水温等综合情报作成水温等各种分布图进行发布。

　　渔业情报服务中心在发布各种渔况、海况分析资料的同时，要举办渔民短期培训班，使渔民熟悉有关的基础知识，以便充分运用所发布的各种资料，有效地从事渔业生产。在渔况海况分析预报工作中，通常都建立完整的渔业情报网，进行资料收集、处理、解析，预报、发布等工作。其预报处理的流程如图 7.1 所示。

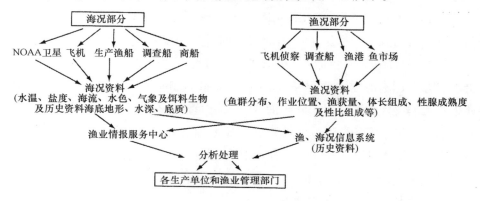

图 7.1　渔情预报技术的流程示意图

7.1.4　国内外渔情预报研究概况

1. 美国在渔情预报方面研究情况

　　鱼群与渔场环境条件有密切关系，但以科学的方法探测渔场环境因子参数并用于分析、指导渔业生产是在飞机、海洋遥感卫星用于探测海洋环境条件出现之后。因为传统基础常规的做法是将各水文站（测站）和船舶测报的水文参数制成海洋参数分布图，这个方法既不准确又不及时。利用飞机、卫星进行某些海洋环境参数（如水温、水色）的探测是甚为成功的，将它用于渔业也是非常方便和快捷的。空间技术时代为渔业遥感带来新的前景。人类得到了在数分钟内观测整个洋区和海区的能力，使得根据及时掌握的海洋大环境特征参数可用于渔业资源调查和渔场分析测报。最早的研究是为了评价鱼群分布是否与卫星测到的水色和水温有关。

　　1972 年美国渔业工程研究所利用地球资源技术卫星（ERTS－1）和天空实验室的遥感资料来研究油鲱和游钓鱼类资源。1973 年美国利用气象卫星信息绘制了加利福尼亚湾南部海面温度图，提供给加州沿岸捕捞鲑鳟鱼和金枪鱼的渔民，效果甚佳。从1975 年起卫星数据开始应用于太平洋沿岸捕捞业务。当时利用卫星红外图像，得出了表示大洋热边界位置的图件，这些图件（通过电话、电传和邮件）提供给商业和娱乐渔民，用于确实潜在的产鱼区。1980 年后，还使用无线电传真向海上渔船直接发送这些图件。这些图件每周绘制 1～3 次，主要由美国海岸警备队无线电传真播发。渔民们使用这些图件，以便节省寻找与海洋锋特征有关的产渔区的时间。在东海岸和墨西哥湾、美国国家气象局、国家海洋渔业局和国家环境卫星、数据和信息服务署经常合作用卫星红外图像和船舶测报制作标出海洋锋、暖流涡流及海面温度分布图件，提供给渔民。在美国的带动下，英、法、日、芬、南非及联合国粮农组织都相继组织了各种渔业遥感应用研究和试验，部分国家还建立了相应的服务机构。1993—1998 年间，美国远洋渔业研究所（Pelagic Fisheries Research Program，PFRP）通过 TOPEX/Poseidon 卫星测定海面高度数据，揭示了亚热带前锋的强度和夏威夷箭鱼延绳钓渔场的关系。期间，每年 1–6 月 75% 箭鱼渔业 CPUE 的变化可用上述卫星测定的数据来解释。

美国 NOAA 国家海洋渔业服务中心（National Marine Fisheries Service，NMFS）将海洋遥感和地理信息系统应用于海洋渔业资源以及渔情分析的研究中，开发了一系列渔业信息系统，包括服务于阿拉斯加州的阿拉斯加渔业信息网络（Alaska Fisheries Information Network，AKFINC），服务于华盛顿州、奥尔良州、加里福尼亚州的太平洋渔业信息网络（Pacific Fisheries Information Network，PacFIN）等。

2. 日本在渔情预报方面研究情况

日本海洋渔业较为发达，并于 20 世纪 30、40 年代就开展了近海重要经济鱼类的渔情研究与预报工作。由于海洋遥感技术的发展，20 世纪 70 年代日本就开始了渔业遥感的应用和研究，历史较久。1977 年由科学技术厅和水产厅正式开展了海洋和渔业遥感试验，每年每个厅经费在一亿日元以上。日本水产厅于 1980 年成立了"水产遥感技术促进会"，目的是要将人造卫星的遥感技术应用于渔业。由水产厅委托"渔业情报服务中心"负责的（人造卫星利用调查事业）共分两个阶段，第一阶段是 1977—1981 年，主要研究内容是收集解译人造卫星信息、绘制间距为 1℃ 的海面等温图；第二阶段是将这种图像经过处理加工、用印刷品和传真两种方式向渔民传递，其产品主要有海况图（水温图）、渔场模式预报（图 7.2）。1982 年 10 月日本水产厅宣布，它利用人造卫星和电子计算机搜索秋刀鱼和金枪鱼等鱼群获得成功。现在，渔场渔况图（卫星解译图）成为日本水产信息服务中心的一个常规服务产品。在 80 年代初，日本就约有 900 艘渔船装备了传真机，可直接收传真图像。并由此相应成立了"渔业情报服务中心"，建成了包括卫星、专用调查飞机、调查船、捕鱼船、渔业通讯网络、渔业情报服务中心在内的渔业信息服务系统。渔情预报服务中心负责搜集、分析、归档、分发资料，每天以一定频率定时向本国生产渔船、科研单位、渔业公司等发布渔海况速报图，提供海温、流速、流向、涡流、水色、中心渔场、风力、风向、气温、渔况等十多项渔场环境信息，为日本保持世界渔业先进国家的地位起到了重要的作用。他们有效地利用 NOAA 卫星的遥感资料编制渔情预报，可以在短时间内获得大量的海洋环境资料，如水文、混浊度、水色等资料，大大提高了渔情预报的效果和准确度。目前日本渔业情报服务中心已将其预报和服务的范围扩展到三大洋海域，直接为日本远洋渔船提供情报。

日本渔情预报服务中心进行渔情预报的海域有西南太平洋、东南太平洋、北大西洋、南大西洋和印度洋海域，内容有太平洋近海、外海的渔海况速报、日本海海渔况速报、东海海渔况速报、太平洋道东海域海渔况速报、日本东北海域海渔况速报、日本海中西部海域海渔况速报、北太平洋整个海域海况速报、东部太平洋海域海况速报、东南太平洋海域海况速报、西南太平洋海域海况速报、印度洋海域海况速报、南大西洋海域海况速报、北大西洋海域海况速报等。渔情预报的鱼类种类为分布在日本近海的主要渔业种类，主要有鳁鲸、鲭、秋刀鱼、鲣鱼、太平洋褶柔鱼、柔鱼、日本鲐鱼、竹筴鱼、五条鰤、金枪鱼类、玉筋鱼、磷虾等。

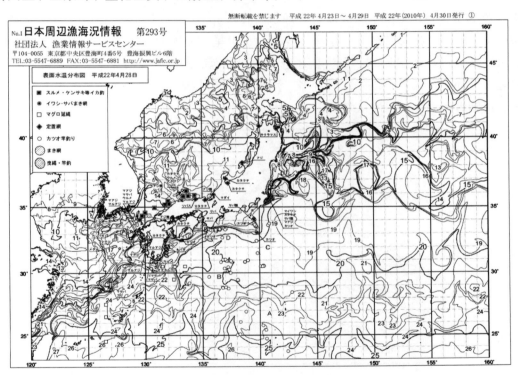

图 7.2　日本渔情预报服务中心分布渔海况示意图

3. 台湾省在渔情预报方面研究情况

我国台湾省水产试验研究所是对台湾省沿海海域进行渔海况预报的机构。水产试验研究所于 1976 年开始了台湾沿海的渔况海况调查与预报工作。其目的为分析渔海况关系，引导渔民对渔业资源做到更有效、更合理的开发与利用。

台湾省于 1954 年引进遥感技术，并于 1976 年成立了遥感探测技术发展策划小组，于 1985 年开始在水产试验所的卫星探测渔场研究，尝试建立 NOAA 卫星信息系统并进行一系列卫星探测渔场的研究，卫星遥感获得的海表温度能对海况变动、渔场形成机制等研究提供极有价值的数据，同时可以用来判断潮境位置，并以此研判渔场。在确定鱼群的分布与海面水温之关系后，将可在渔期中利用每日所得到的卫星水温影像配合其他渔场因素来推测出鱼群聚集程度、聚集位置和移动速度等渔场数据，并迅速发送给渔民参考，以提高渔船的渔获效率。

研究所先后开展了"卫星遥测系统在渔业上应用的研究"（1991—1996）、"卫星遥测系统于建立渔海况预测模式应用的研究"（1997）、"卫星遥测系统应用于渔场监测的研究"（1998）、"遥测技术之研发及其于渔场监测的应用"（1999—2000）等方面的研究。发布"台湾附近 NOAA 卫星等温线图"（约每周或鲭鱼汛期密集更新数据）、"冬季鲭鱼汛期 NOAA 卫星水温速报"、"最新西北太平洋 GMS 卫星水温影像"、"台湾附近 NOAA 卫星水温双周报彩图及解说"、"NOAA 卫星东海南海水文观测"等渔况、海况预报图及其资料（图 7.3）。研究所还进一步开展渔情预报研究的深化工作，除了将信息处理自动化与计算机化外，拟对多获性鱼种进行解析，以掌握渔况与海况互变之关系，达到近海海况预报的最终目标。

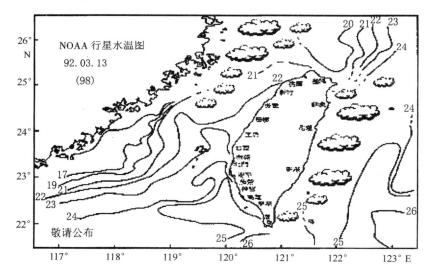

图 7.3　台湾省水产试验研究所发布海况图

4. 中国大陆渔情预报研究状况

与世界上一些发达渔业国家和地区相比，我国在渔情预报方面的研究工作起步较早。20 世纪 50—60 年代受苏联和日本的影响，我国渔情预报侧重于预测渔场、渔期的渔情、渔汛预报。主要是根据渔场环境调查取得的水温、盐度和饵料生物数量分布和种群的群体组成、性成熟度等生物学资料、种群洄游分布及其与外界环境的关系，编绘渔捞海图，向渔业主管部门和渔民定期发布各种预报。随着遥感技术的发展，卫星遥感取代了大面积的渔场现场调查。各种预报在海洋主要经济种类资源开发过程中，发挥了很好的作用，其中特别值得提出的是 20 世纪 50 年代中期开始的渤海、黄海小黄鱼和黄海、东海大黄鱼的洄游分布、种群动态、资源评估和渔业预报，其中吕泗洋小黄鱼渔情预报和数量预报，烟威外海和渤海春汛渔情预报，东海岱衢洋大黄鱼渔情预报，黄海的蓝点马鲛、鲐鱼、竹荚鱼、黄海鲱鱼、银鲳、鹰爪虾，毛虾和对虾的渔情预报，嵊泗渔场的带鱼，万山渔场蓝圆鲹的渔情预报等都取得了预期的效果。此外，1986—1990 年在海州湾和东海东北部对马附近水域使用卫星遥感资料进行的远东拟沙丁鱼的渔情预报也取得了很好的效果。

渔获量预报是以资源量为基础的另一类型的渔业预报。在我国最早的渔获量预报是吴敬南等（1936）应用降雨量为指标建立的毛虾渔获量预报模型，但是这类预报的稳定性较差，最终还是被以相对资源量为主要指标建立的预报模型所代替。

渤海秋汛对虾渔获量预报始于 20 世纪 60 年代初，是我国首次使用相对资源量指数成功地建立了预报模型，并连续 30 余年定期发布预报的范例，预报的准确度和精度很高。带鱼、黄海鲱鱼、蓝点马鲛、海蜇、鹰爪虾以及移植滇池的太湖新银鱼等都先后使用相对资源量作为渔获量预报的主要指标，预报的准确度较高。而绿鳍马面鲀、小黄鱼、鲐鱼主要是使用世代解析的方法来预报渔获量和资源趋势。鳀鱼因使用精度较高的声学评估技术，可以直接估算其资源蕴藏量，通常是发布可捕量预报。但是在利用海洋遥感和地理信息系统等技术在渔情预报方面的应用则相对较晚。

"七五"期间，卫星渔业遥感应用研究工作较为活跃、开展的项目以实用服务性为主。福建省水产厅（1986.10—1987.4）利用卫星和水文资料结合，针对福建沿海海区发布的"海渔况通报"，国家海洋局第二海洋研究所（1987—1988）以卫星图像为依据的用无线电传真方式发布的"东海、黄海渔海况速报图"，渔机所（1988—1989）发布的"对马海域冬讯卫星海况团"，中科院海洋所的"渔场环境卫星遥感图"及东海水产研究所发布的"黄海、东海渔海况速报"（图 7.4）。上述图件大致分两种类型：一类是以卫星图像为主依据，制定和发布的卫星速报图，另一类则是常规水文测量信息为主，有时结合卫星图像信息分布的定期报，如东海所的渔海况速报。前者信息丰富、真实、迅速，但受天气制约，难以保持长期的连续性和特定性，后者发布时间稳定，不受天气影响、但难以及时展现海面真实情况。

"八五"期间，我国有关科研院所展开了"Remote Sensing"技术和"Global Positioning System"技术的研究和应用，利用"NOAA"卫星信息，经过图像处理技术处理得到海洋温度场、海洋锋面和冷暖水团的动态变化图，进行了卫星信息与渔场之间相关性的研究，为实现海渔况测预报业务系统的建立进行了有益的探索；利用美国

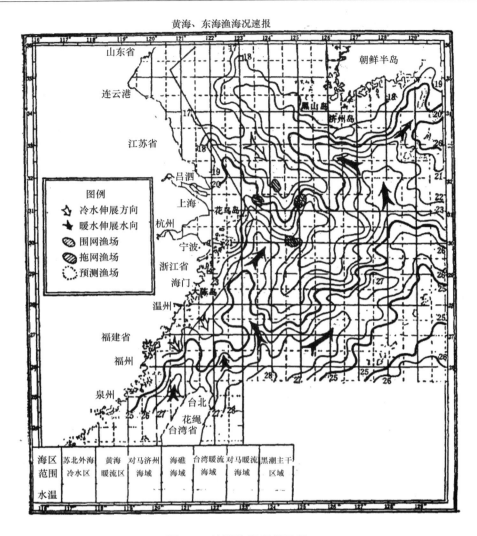

图7.4　渔况海况通报示图

LANDSAT 的 "TM" 信息, 对十多个湖泊的形态、水生管束植物的分布、叶绿素和初级生产力的估算进行了研究, 为大型湖泊生态环境的宏观管理提供了依据。

　　"九五" 期间, 国家 863 计划海洋领域海洋监测技术主题 "海洋渔业服务地理信息系统技术" 课题和 "海洋渔业遥感服务系统" 专题, 按照服务于东海区三种经济鱼类 (带鱼、马面鲀、鲐鱼) 的渔情速预报和生产信息服务为目标, 在改进海洋渔业服务地理信息支撑软件的基础上, 研制开发了具有海洋渔业应用特色桌面 GIS 系统、基于 SQLServer 的数据库系统 – 整个系统的数据核心、渔业资源评估模型库和模型库管理系统、渔情分析和资源评估专家系统、渔船动态监测系统和 "三证管理" 原型系统以及技术集成, 基本形成了海洋渔业地理信息应用系统。

在"九五"末期，在国家科技部的资助下，开展了以地理信息系统和海洋遥感技术为基础的北太平洋柔鱼渔情信息服务系统的研究，初步建成了远洋渔业渔情信息服务中心。基于 GIS 的中心渔场与环境要素时空相关分析等关键技术的基础上，开发北太平洋柔鱼渔情速预报系统和远洋渔业生产动态管理系统，为北太平洋鱿钓生产提供渔情速报与预测信息服务产品，为远洋渔业生产指挥调度提供决策支持。

"十五"期间国家"863"资源与环境领域开展了大洋渔业资源开发环境信息应用服务系统，分别建立大洋渔场环境信息获取系统和大洋金枪鱼渔场渔情速预报技术，并开展了大洋金枪鱼渔场的试预报。"十一五"期间，利用自主海洋卫星、极地和船载遥感接收系统的探测能力以及大洋渔船的现场监测，建立我国全球渔场遥感环境信息和现场信息的获取系统；开展多种卫星遥感数据的定量化处理技术，重点获取大洋渔场的海温、水色和海面高度等环境要素，建立自主知识产权的全球大洋渔场环境信息的综合处理系统；在此基础上建立全球重点渔场环境、渔情信息的产品制作与服务系统，形成了我国大洋渔业环境监测与信息服务技术平台。所有这些研究都使得本项目的实现是有技术基础的，能够实现预期的研究目标。

在远洋渔业渔情预报业务化方面，根据生产企业的需要，上海海洋大学鱿钓技术组从 1996 年开始，进行北太平洋柔鱼渔海况速报工作，每周发布一次，取得了较好的效果。渔海况速报的资料来源分为两个方面，一是定期收取日本神奈川县渔业无线局发布的北太平洋海况速报（表层水温分布图）（每周近海 2 次和外海 2 次），二是汇总由各渔业公司提供的鱿钓生产资料，主要内容有作业位置、日产量，1999 年开始选取 5~7 艘鱿钓信息船同时提供水温资料。鱿钓技术组根据上述内容，对北太平洋的水温、海流进行分析，对渔场和渔情进行预报，编制成北太平洋鱿钓渔海况速报，发给各生产单位和渔业主管部门。

自 2008 年以来，在 HY－1B 卫星地面应用系统中，上海海洋大学和国家卫星海洋应用中心合作，针对东海鲐鲹鱼、西北太平洋柔鱼、东南太平洋茎柔鱼和西南大西洋阿根廷滑柔鱼、东南太平洋智利竹荚鱼和中西太平洋金枪鱼围网等三大洋主要种类进行了渔情预报的研究，获得了海面温度、叶绿素 a 浓度、锋面、涡流等多种海洋渔业环境信息（图 7.5、图 7.6、图 7.7），并开发了相应的软件系统，实现了业务化运行，取得了较好的经济效益和生态效益。

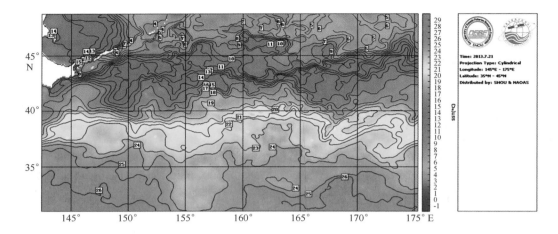

图 7.5　西北太平洋表温分布图

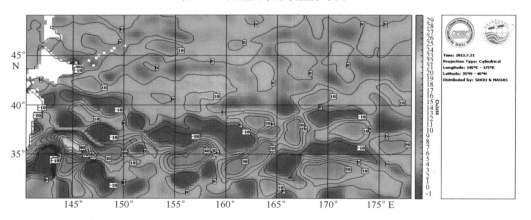

图 7.6　西北太平洋海面高度分布图

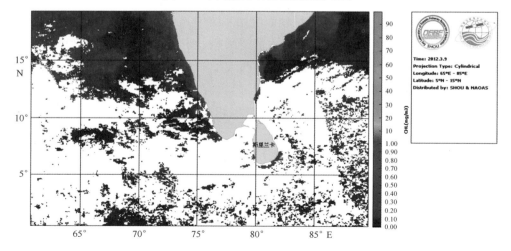

图 7.7　印度洋东北海域黄鳍金枪鱼叶绿素分布图

7.2 渔情预报技术与方法

7.2.1 渔情预报模型的组成

一个合理的渔情预报模型应考虑三个方面的内容,即渔场学基础、数据模型和预报模型。其中,渔场学部分主要包括鱼类的集群及洄游规律、环境条件对鱼类行为的影响以及短期和长期的环境事件对渔业资源的影响。数据模型部分主要包括渔业数据和环境数据的收集、处理和应用的方法以及这些方法对预报模型的影响。预报模型部分则主要包括建立渔情预报模型的理论基础和方法以及相应的模型参数估计、优化及验证,以及其不确定性分析。

1. 渔场学基础

鱼类在海洋中的分布是由其自身生物学特性和外界环境条件共同决定的。首先,海洋鱼类一般都有集群和洄游的习性,其集群和洄游的规律决定了渔业资源在时间和空间的大体分布。其次,鱼类的行为与其生活的外界环境有密切的关系。鱼类生存的外界环境包括生物因素和非生物因素两类。生物因素包括敌害生物、饵料生物、种群关系。非生物因素包括水温、海流、盐度、光、溶解氧、气象条件、海底地形和水质因素等。最后,各类突发或阶段性、甚至长期缓慢的海洋环境事件,如赤潮、溢油、环境污染、厄尔尼诺现象、全球气候变暖,对渔业资源也会产生短期和长期的影响,进而引起渔业资源在时间、空间、数量和质量上的振荡。只有综合考虑这三方面因素的影响,才能建立起合理的渔情预报模型。

2. 数据模型

渔场预报研究所需要的数据主要包括渔业数据和海洋环境数据两类,这些数据的收集、处理和应用的策略对渔情预报模型具有重要影响。在构建渔情预报模型时,为了统一渔业数据和环境数据的时间和空间分辨率,一般需要对数据进行重采样。由于商业捕捞的作业地点不具备随机性,空间和时间上的合并处理将使模型产生不同的偏差;与渔场形成关系密切的涡流和锋面等海洋现象具有较强的变化性,海洋环境数据在空间和时间尺度上的平均将会弱化甚至掩盖这些现象。因此在构建渔情预报模型时应选择合适的时空分辨率,以降低模型偏差、提高预测精度。另外,渔情预报模型的构建也应充分考虑渔业数据本身的特殊性,如渔业数据都是一种类似"仅包含发现"(presence - only)的数据,即重视记录有渔获量的地点,而对于无渔获量的地点的记录并不重视。最后,低分辨率的历史数据、空间位置信息等数据的应用也应选择合适的策略。

3. 预报模型

渔情预报模型主要可分为三种类型，即经验/现象模型、机理/过程模型和理论模型。总的来说，现有的渔情预报模型还是以经验/现象模型为主。这类模型常见的开发思路有两种：一种以生态位（ecological niche）或资源选择函数（resource selection function，RSF）为理论基础，主要通过频率分析和回归等统计学方法分析出目标鱼种的生态位或者对于关键环境因子的响应函数，从而建立渔情预报模型。另一种是知识发现的思路，即以渔业数据和海洋环境数据为基础，通过各类机器学习和人工智能方法在数据中发现渔场形成的规律，建立渔情预报模型。

总的来说，基于统计学的渔情预报模型以回归为中心，其模型结构是预先设定好的，主要通过已有数据估计出模型系数，然后用这些模型进行渔场预测，可以称之为"模型驱动"（model-driven）的模型。而基于机器学习和人工智能方法的预测模型则以模型的学习为中心，主要通过各种数据挖掘方法从数据中提取渔场形成的规则，然后使用这些规则进行渔场预报，是"数据驱动"（data-driven）的模型。近几十年来，传统统计学和计算方法都发生了很大的变化，统计学方法和机器学习方法之间的区别也已经变得模糊。

7.2.2　渔情预报模型的构建

借鉴 Guisan 和 Zimmermann（2000）关于生物分布预测模型的研究，可以将建立渔情预报模型的过程分为四个步骤：① 研究渔场形成机制；② 建立渔情预报模型；③ 模型校正；④ 模型评价和改进。

渔情预报模型的构建应以目标鱼种的生物学和渔场学研究为基础，力求模型与渔场学实际的吻合。如果对目标鱼种的集群、洄游特性以及渔场形成机制较清楚，可选择使用机理/过程模型或理论模型对这些特性和机制进行定量表述。反之，如果对这些特性和机制的了解并不完全，则可选择经验/现象模型，根据基本的生态学原理对渔场形成过程进行一种平均化的描述。除此之外，无论构建何种预测模型，都应充分考虑模型所使用的数据本身的特点，这对于基于统计学的模型尤其重要。

模型校正（model calibration）是指建立预报模型方程之后，对于模型参数的估值以及模型的调整。根据预报模型的不同，模型参数估值的方法也不一样。例如对于各类统计学模型，其参数主要采用最小方差或极大似然估计等方法进行估算；而对于人工神经网络模型，权重系数则通过模型迭代计算至收敛而得到。在渔情预报模型中，除了估计和调整模型参数和常数之外，模型校正还包括对自变量的选择。在利用海洋环境要素进行渔情预报时，选择哪些环境因子是一项比较重要也非常困难的工作。韦晟和周彬彬（1988）在利用回归模型进行蓝点马鲛渔期预报研究时认为，多因子组合的预报比单因子预报要准确。Harrell 等（1996）的研究表明，为了增加预测模型的准确度，自变量的个数不宜太多。另外，对于某些模型来说，模型校正还包括自变量的变换、平滑函数的选择等工作。

模型评价（model evaluation）主要是对于预测模型的性能和实际效果的评价。模型评价的方法主要有两种，一种是模型评价和模型校正使用相同的数据，采用变异系数法或自助法评价模型；另一种方法则是采用全新的数据进行模型评价，评价的标准一般是模型拟合程度或者某种距离参数。由于渔情预报模型的主要目的是预报，其模型评价一般采用后一种方法，即考查预测渔情与实际渔情的符合程度。

7.2.3　主要渔情预报模型介绍

1. 统计学模型

（1）线性回归模型。

早期或传统的渔情预报主要采用以经典统计学为主的回归分析、相关分析、判别分析和聚类分析等方法。其中最有代表性的是一般线性回归模型。通过分析海表面温度（sea surface temperature，SST）、叶绿素 – a（chlorophyll – a，CHL – a）浓度等海洋环境数据与历史渔获量、单位捕捞努力渔获量（catch per unit effort，CPUE）或者渔期之间的关系，建立回归方程：

$$Catch(or CPUE) = \beta_0 + \beta_1 \cdots SST + \beta_2 \cdots CHL + \cdots + \varepsilon \qquad (7.1)$$

式（7.1）中：β 为回归系数，ε 为误差项。一般线性回归模型采用最小二乘法对系数进行估计，然后利用这些方程对渔期、渔获量或 CPUE 进行预报。如陈新军（1996）认为，北太平洋柔鱼日渔获量 CPUE（kg/d）与 0～50 米水温差（℃）具有线性关系，可以建立预报方程 $CPUE = -880 + 365\Delta T$。

一般线性模型结构稳定，操作方法简单，在早期的实际应用中取得了一定的效果。但一般线性模型也存在很大的局限性。一方面，渔场形成与海洋环境要素之间的关系具有模糊性和随机性，一般很难建立相关系数很高的回归方程。另一方面，实际的渔业生产和海洋环境数据一般并不满足一般线性模型对于数据的假设，因而导致回归方程预测效果较差。目前，一般线性回归模型在渔情预报中的应用已比较少见，而逐渐被更为复杂的分段线性回归、多项式回归和指数（对数）回归、分位数回归等模型所取代。

（2）广义回归模型。

广义线性模型（generalized linear model，GLM）通过连接函数对响应变量进行一定的变换，将基于指数分布的回归与一般线性回归整合起来，其回归方程如下：

$$g(E(Y)) = \beta_0 + \sum_{i=1}^{p} \beta_i \cdot X_i + \varepsilon \qquad (7.2)$$

GLM 模型可对自变量本身进行变换，也可加上反映自变量相互关系的函数项，从而以线性的形式实现非线性回归。自变量的变换包括多种形式，如多项式形式的 GLM 模型方程如下：

$$g(E(Y)) = LP = \beta_0 + \sum_{i=1}^{p} \beta_i \cdot (X_i)^p + \varepsilon \tag{7.3}$$

广义加性模型（generalized additive model，GAM）是 GLM 模型的非参数扩展。其方程形式如下：

$$g(E(Y)) = LP = \beta_0 + \sum_{i=1}^{p} f_i \cdot X_i + \varepsilon \tag{7.4}$$

GLM 模型中的回归系数 β 被平滑函数局部散点平滑函数 $\sum_{i=1}^{p} f_i \cdot X_i$ 所取代。与 GLM 模型相比，GAM 更适合处理非线性问题。

自 20 世纪 80 年代开始，GLM 和 GAM 模型相继应用于渔业资源研究中。特别是在 CPUE 标准化研究中，这两种模型都获得了较大的成功。在渔业资源的空间分布预测方面，GLM 和 GAM 也有广泛的应用。如 Chang 等（2010）利用两阶段 GAM（2 - stage GAM）模型研究了缅因湾美国龙虾的分布规律。但在渔情分析和预报应用上，国内研究者主要还是将其作为分析模型而非预报模型。如牛明香等（2012）在研究东南太平洋智利竹筴鱼中心渔场预报时，使用 GAM 作为预测因子选择模型。GLM 和 GAM 模型能在一定程度上处理非线性问题，因此具有较好的预测精度。但它们的应用较为复杂，需要研究者对渔业生产数据中的误差分布、预测变量的变换具有较深的认识，否则极易对预测结果产生影响。

（3）贝叶斯方法。

贝叶斯统计理论基于贝叶斯定理，即通过先验概率以及相应的条件概率计算后验概率。其中先验概率是指渔场形成的总概率，条件概率是指渔场为"真"时环境要素满足某种条件的概率，后验概率即当前环境要素条件下渔场形成的概率。贝叶斯方法通过对历史数据的频率统计得到先验概率和条件概率，计算出后验概率之后，以类似查表的方式完成预报。已有的研究表明，贝叶斯方法具有不错的预报准确率。如樊伟等（2006）对 1960—2000 年西太平洋金枪鱼渔业和环境数据进行了分析，采用贝叶斯统计方法建立了渔情预报模型，综合预报准确率达到 77.3%。

贝叶斯方法的一个显著优点是其易于集成的特性，几乎可以与任何现有的模型集成在一起应用，常用的方法就是以不同的模型计算和修正先验概率。目前渔情预报应用中的贝叶斯模型采用的都是朴素贝叶斯分类器（simple Bayesian classifier），该方法假定环境条件对渔场形成的影响是相互独立的，这一假定显然并不符合渔场学实际。相信考虑各预测变量联合概率的贝叶斯信念网络（Bayesian belief network）模型在渔情预报方面也应该会有较大的应用空间。

（4）时间序列分析。

时间序列（time series）是指具有时间顺序的一组数值序列。对于时间序列的处理和分析具有静态统计处理方法无可比拟的优势，随着计算机以及数值计算方法的发展，已经形成了一套完整的分析和预测方法。时间序列分析在渔情预报中主要应用在渔获量预测方面。如 Grant 等（1988）利用时间序列分析模型对墨西哥湾西北部的褐虾商业捕捞年产量进行了预测。Georgakarakos 等（2006）分别采用时间序列分析、人工神经网络和贝叶斯动态模型对希腊海域枪乌贼科和柔鱼科产量进行了预测，结果表明时间序列分析方法具有很高的精度。

（5）空间分析和插值。

空间分析的基础是地理实体的空间自相关性，即距离越近的地理实体相似度越高，距离越远的地理实体差异性越大。空间自相关性被称为"地理学第一定律"（first law of geography），生态学现象也满足这一规律。空间分析主要用来分析渔业资源在时空分布上的相关性和异质性，如渔场重心的变动、渔业资源的时空分布模式等。但也有部分学者使用基于地统计学的插值方法（如克里金插值法）对渔获量数据进行插值，在此基础上对渔业资源总量或空间分布进行估计。如 Monestieza 和 Dubrocab（2006）使用地统计学方法对地中海西北部长须鲸的空间分布进行了预测。需要说明的是，渔业具有非常强的动态变化特征，而地统计学方法从本质上来讲是一种静态方法，因此对渔业数据的收集方法具有严格的要求。

2. 机器学习和人工智能方法

关于空间的渔场预测也可以看成是一种"分类"，即将空间中的每一个网格分成"渔场"和"非渔场"的过程。这种分类过程一般是一种监督分类（supervised classification），即通过不同的方法从样本数据中提取出渔场形成规则，然后使用这些规则对实际的数据进行分类，将海域中的每个网格点分成"渔场"和"非渔场"两种类型。提取分类规则的方法有很多，一般都属于机器学习方法。机器学习是研究计算机怎样模拟或实现人类的学习行为，以获取新的知识的方法。机器学习和人工智能、数据挖掘的内涵有相同之处且各有侧重，这里不作详细阐述。机器学习和人工智能方法众多，目前在渔情预报方面应用最多的是人工神经网络、基于规则的专家系统和范例推理方法。除此之外，决策树、遗传算法、最大熵值法、元胞自动机、支持向量机、分类器聚合、关联分析和聚类分析、模糊推理等方法都开始在渔情分析和预报中有所应用。

（1）人工神经网络模型。

人工神经网络（artificial neural networks，ANN）模型是由模拟生物神经系统而产生的。它由一组相互连接的结点和有向链组成。人工神经网络的主要参数是连接各结点的权值，这些权值一般通过样本数据的迭代计算至收敛得到，收敛的原则是最小化误差平方和。确定神经网络权值的过程称为神经网络的学习过程。结构复杂的神经网络学习非常耗时，但预测时速度很快。人工神经网络模型可以模拟非常复杂的非线性过程，在海洋和水产学科已经得到广泛应用。在渔情预报应用中，人工神经网络模型在空间分布预测和产量预测方面都有成功应用。

人工神经网络方法并不要求渔业数据满足任何假设，也不需要分析鱼类对于环境条件的响应函数和各环境条件之间的相互关系，因此应用起来较为方便，在应用效果上与其他模型相比也没有显著的差异。但人工神经网络类型很多，结构多变，相对其他模型来说应用比较困难，要求建模者具有丰富的经验。另外 ANN 模型对于知识的表达是隐式的，相当于一种黑盒（black box）模型，这一方面使得 ANN 模型在高维情况下表现尚可，一方面也使得 ANN 模型无法对预测原理做出明确的解释。当然目前也已经有方法检验 ANN 模型中单个输入变量对模型输出贡献度。

（2）基于规则的专家系统。

专家系统是一种智能计算机程序系统，它包含特定领域人类专家的知识和经验，并能利用人类专家解决问题的方法来处理该领域的复杂问题。在渔情预报应用中，这些专家知识和经验一般表现为渔场形成的规则。目前渔情预报中最常见的专家系统方法还是环境阈值法和栖息地适宜性指数模型。

环境阈值法（environmental envelope methods）是最早也是应用最广泛的渔情空间预报模型之一。鱼类对于环境要素都有一个适宜的范围，环境阈值法假设鱼群在适宜的环境条件出现而当环境条件不适宜时则不会出现。这种模型在实现时，通常先计算出满足单个环境条件的网格，然后对不同环境条件的计算结果进行空间叠加分析，得到最终的预测结果，因此也常被称为空间叠加法。空间叠加法能够充分利用渔业领域的专家知识，而且模型构造简单，易于实现，特别适用于海洋遥感反演得到的环境网格数据，因此在渔情预报领域得到了相当广泛的应用。

栖息地适宜性指数（habitat suitability index，HSI）模型是由美国地理调查局国家湿地研究中心鱼类与野生生物署于 20 世纪 80 年代提出的，用于描述鱼类和野生动物的栖息地质量的框架模型。其基本思想和实现方法与环境阈值法相似，但也有一些区别：首先，HSI 模型的预测结果是一个类似于"渔场概率"的栖息地适应性指数，而不是环境阈值法的"是渔场"和"非渔场"的二值结果；其次，在 HSI 模型中，鱼类对于单个环境要素的适应性不是用一个绝对的数值范围描述，而是采用资源选择函数来表示；最后，在描述多个环境因子的综合作用时，HSI 模型可以使用连乘、几何平均、算术平均、混合算法等多种表示方式。HSI 模型在鱼类栖息地分析和渔情预报上已有大量应用。但栖息地适应性指数作为一个平均化的指标，与实时渔场并不具有严格的相关性，因此在利用 HSI

模型来预测渔场时需要非常地谨慎。HSI 模型建模流程如图 7.8 所示。

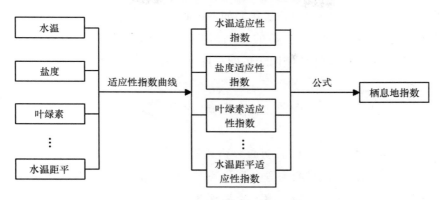

图 7.8　栖息地指数模型建模流程

（3）范例推理。

范例推理（case – based reasoning，CBR）模拟人们解决问题的一种方式，即当遇到一个新问题的时候，先对该问题进行分析，在记忆中找到一个与该问题类似的范例，然后将该范例有关的信息和知识稍加修改，用以解决新的问题。在范例推理过程中，面临的新问题称为目标范例，记忆中的范例称为源范例。范例推理就是由目标范例的提示，而获得记忆中的源范例，并由源范例来指导目标范例求解的一种策略。这种方法简化了知识获取，通过知识直接复用的方式提高解决问题的效率，解决方法的质量较高，适用于非计算推导，在渔场预报方面有广泛的应用。范例推理方法原理简单，并且其模型表现为渔场规则的形式，因此可以很容易地应用到专家系统中。但范例推理方法需要足够多的样本数据以建立范例库，而且提取出的范例主要还是历史数据的总结，难以对新的渔场进行预测。

3. 机理/过程模型和理论模型

前面提到的两类模型都属于经验/现象模型。经验/现象模型是静态、平均化的模型，它假设鱼类行为与外界环境之间具有某种均衡。与经验/现象模型不同，机理/过程模型和理论模型注重考虑实际渔场形成过程中的动态性和随机性。在这一过程中，鱼类的行为时刻受到各种瞬时性和随机性要素的影响，不一定能与外界环境之间达到假设中的均衡。渔场形成是一个复杂的过程，对这个过程的理解不同，所采用的模型也不同。部分模型借助数值计算方法再现鱼类洄游和集群、种群变化等动态过程，常见的有生物量均衡模型、平流扩散交互模型、基于三维水动力数值模型的物理 – 生物耦合模型等。如 Doan 等（2010）采用生物量均衡方程进行越南中部近海围网和流刺网渔业的渔情预报研究，Rudorff 等（2009）利用平流扩散方程研究大西洋低纬度地区龙虾幼体的分布，李曰嵩（2011）利用非结构有限体积海岸和海洋模型建立了东海鲐鱼早期生活史过程的物理－生物耦合模型。另外一些模型则着眼于鱼类个体的行为，通过个体的选择来研究群体的行为和变化。如 Dagorn 等（1997）利用基于遗传算法和神经网络的人工生命模型研究金枪鱼的移动过程，基于个体的生态模型（individual－based model，IBM）也被广泛地应用于鱼卵与仔稚鱼输运过程的研究。

7.3 海洋遥感在东海鲐鱼预报中的应用案例

海洋环境是海洋鱼类生存和活动的必要条件，每一环境参数的变化，对鱼类的洄游、分布、移动、集群及数量变动等会产生重要影响。渔场分析和预报需要一定的时效性。遥感是大面积、快速、动态地收集海洋生态系统环境数据的工具，能够获取大范围、同步、实时和有效的高精度渔场环境信息，可极大地丰富渔场研究分析的手段，因此利用遥感数据，可以探求这种时空分布与行为同环境变化的响应关系，建立相应的模型，从而对渔情（渔场分布，渔讯迟早，渔讯好坏等）做出预报。

鲐鱼是目前我国灯光围网渔业的目标鱼种，广泛分布在西北太平洋沿岸水域，在我国渤海、黄海、东海、南海均有分布。了解和掌握鲐鱼渔场与海洋环境之间的关系对渔业生产具有重要的作用。除利用传统方法研究渔业资源与环境（主要是温度场、水团）的关系外，新方法和新技术如地理信息系统 GIS 和海洋遥感的应用也越来越广泛。海洋遥感因其可提供实时、同步、大范围的海洋环境要素信息，已成为渔情预报和渔场分析的重要手段之一。鲐鱼产量与海洋遥感获得的各个海洋环境要素（海表温度、叶绿素－a 浓度、海面高度等）有着密切的关系。

7.3.1 鲐鱼产量与海洋环境的关系

1. 鲐鱼产量与海表温度的关系

2002—2004 年的 7 月，作业水域集中在 28°N 以南东海海域。从图 7.9a 可知，期间渔场的 SST 为 25.5～29℃，其分布呈偏态型，其中 SST 为 27.5～29.0 ℃的鲐鱼产量占该期间鲐鱼总产量的 95% 以上。从各年 7 月渔场 SST 分布情况分析，2002 年 7 月作业海域 SST 分布范围较大，为 25.5～28.5℃，作业海域分布在 28°N 以南及长江口海礁渔场，期间东海海域的平均 SST 为 27.6℃，鲐鱼产量为 1 826 t。而 2003 年和 2004 年 7 月作业海域分布在 28°N 以南，其 SST 集中分布在 28.0～29.0℃，两年东海海域月平均 SST 均为 28.1℃，鲐鱼产量分别为 3 131 t 和 3 393 t。以上结果说明，该月份的鲐鱼产量高低与其海域 SST 的高低有着直接的关系。

2002—2004 年的 8 月，作业海域的 SST 为 28.5～30.0℃，渔场最适 SST 为 28.5～29.5℃，其鲐鱼产量占 8 月鲐鱼总产量的 85%（图 7.9b）。2002 年 8 月作业海域的 SST

为 28.0 ~ 29.0℃，鲐鱼高产量集中在 SST 为 28.5 ~ 29.0℃的海域；2003—2004 年的 8
月，作业海域的 SST 分别为 28.5 ~ 30.0℃和 28.5 ~ 29.0℃，鲐鱼高产量集中在 SST 为
29.0 ~ 30.0℃和 28.5 ~ 29.0℃海域。各年 8 月东海海域的月平均 SST 分别为 28.8、
29.1 和 28.7℃，鲐鱼产量分别为 8 963、9 873 和 7 146 t。即在一定的 SST 范围内，鲐
鱼产量与其 SST 呈正相关关系。2002—2004 年的 9 月，作业海域的 SST 为 26.0 ~
29.0℃，呈正态分布，中心渔场的最适 SST 为 27.0 ~ 27.5℃，其鲐鱼产量占 9 月鲐鱼
总产量的 61.2%（图 7.9c）。从各年 9 月鲐鱼产量和 SST 关系分析得出，2002 年 9 月
作业海域的 SST 为 26.0 ~ 29.0℃，鲐鱼产量在 SST 为 27.5 ~ 28.0℃之间的为最高；
2003 年 9 月作业海域的 SST 集中在 27.0 ~ 27.5℃；2004 年 9 月作业海域的 SST 为 26.0
~ 28.5℃，产量随 SST 升高而降低，鲐鱼产量在 SST 为 26.0 ~ 26.5℃之间的为最高
（70%）。各年 9 月渔场最适 SST 范围的不同与各年东海 SST、作业海域地理分布有关。
2002 年 9 月东海月平均 SST 为 27.7℃，处于中等水平，但作业海域分布在东海南部，
因此其最适 SST 范围最大；2003 年 9 月东海月平均 SST 为 28.2℃，为 3 年中最高，其
作业海域位于东海北部，渔场最适 SST 范围居中；2004 年 9 月东海月平均 SST 最低，
为 27.4℃，且作业海域主要分布在东海北部，因此其渔场最适 SST 范围也最小。

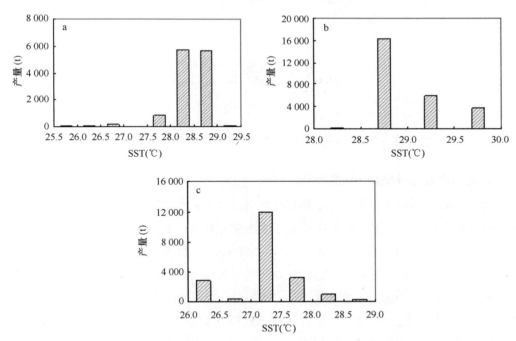

图 7.9　2002—2004 年 7 月（a）、8 月（b）、9 月（c）鲐鱼产量和 SST 的关系

　　从 2002—2004 年的夏季（7—9 月）东海鲐鱼产量与 SST 关系的年际变化情况来
看，各年渔场 SST 分布总体趋势一致（图 7.10）。作业渔场 SST 范围存在明显的高低区

域，低 SST 范围作业海域位于东海北部，高 SST 范围出现在东海南部。同时，各年渔场 SST 分布存在一定的年际变化，年际变化以 2003 年最为显著，可能与 2003 年夏季东海平均 SST 最高有关。2002 和 2004 年夏季，东海北部渔场高产的 SST 范围为 25 ~ 26.5℃，东海南部渔场高产的 SST 范围在 28.5 ~ 29℃，分布集中；2003 年渔场 SST 明显升高，东海北部渔场高产的 SST 范围为 27 ~ 27.5℃，南部则不存在产量集中分布的 SST 范围，SST 范围分布较广，产量分布也比较均匀。

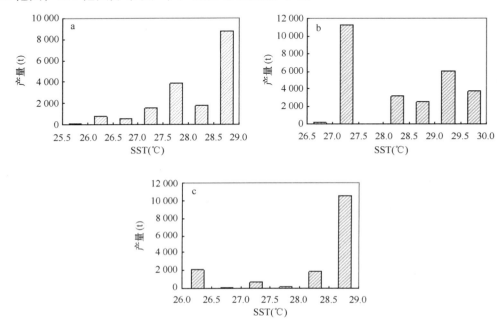

图 7.10　2002 年（a）、2003 年（b）、2004 年（c）鲐鱼产量和 SST 的关系

2. 鲐鱼产量与叶绿素 – a 的关系

2002—2004 年的 7 月份，作业渔场水体叶绿素 – a 浓度在 0.10 ~ 3.00 mg/m³ 之间，其分布呈偏态型，产量集中分布在叶绿素 a 浓度在 0.10 ~ 0.30 mg/m³ 之间的东海南部海域（图 7.11a）；叶绿素 – a 浓度在 0.5 ~ 0.7 mg/m³ 以及 2.00 ~ 3.00 mg/m³ 范围仅有少量产量，主要分布在东海北部长江口外海。2002 年 7 月，作业渔场位于东海南部 26°45′ ~ 27°30′、叶绿素 – a 浓度 0.25 ~ 0.27 mg/m³ 范围内，其产量比重达到 82.5%。2003 年和 2004 年 7 月与 2002 年 7 月情况相比较而言基本相同，但在东海北部未进行生产。2004 年 7 月作业海域的叶绿素 – a 浓度范围较低，为 0.12 ~ 0.16 mg/m³。

2002—2004 年的 8 月份，作业产量与叶绿素 – a 的关系（图 7.11b）与 7 月类似，但叶绿素 – a 范围有所扩大，为 0.20 ~ 0.40 mg/m³ 的海域。产量主要集中在叶绿素 – a 浓度低的东海南部外海，在叶绿素 – a 浓度较高的东海北部海域，产量很低。

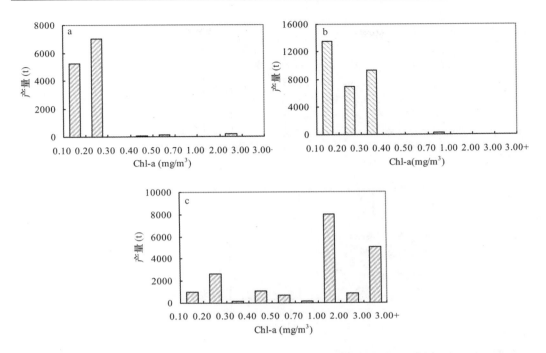

图 7.11　2002—2004 年的 7 月（a）、8 月（b）、9 月（c）鲐鱼产量和叶绿素－a 浓度的关系

2002—2004 年的 9 月份，作业产量与叶绿素 a 的关系与 7 月和 8 月相反，在 0.50 ~ 1.00 mg/m³ 范围内有一定的产量。由图 7.11c 可知，叶绿素－a 浓度大于 1.00 mg/m³，产量比重大，渔场位于东海北部，而叶绿素 a 浓度在 0.10 ~ 0.40 mg/m³ 范围内的产量比重很小。其原因在于，进入 9 月以后鲐鱼北上洄游到达初级生产力很高的长江口海域。

2002—2004 年夏季（7—9 月）东海鲐鱼产量与叶绿素－a 关系的年际变化存在一定差异（图 7.12），尤以 2003 年最为显著，但各年产量和叶绿素－a 浓度的空间配置基本一致，即产量集中分布在叶绿素－a 浓度较低的东海南部渔场和叶绿素－a 浓度较高的东海北部长江口渔场。2002 年鲐鱼适宜叶绿素－a 浓度分布为正态分布，峰值靠近低浓度区域，在高浓度的东海南部渔场产量较低。2003 年夏季鲐鱼适宜叶绿素－a 浓度分布基本呈双正态分布，在高、低叶绿素－a 浓度域均有产量锋值出现，且产量基本相当且分布均匀。2004 年鲐鱼适宜的叶绿素－a 分布呈偏态分布，在高叶绿素－a 浓度东海北部渔场出项峰值，且东海南、北部渔场产量随叶绿素－a 浓度的分布界限明显，在 0.30 ~ 0.70 mg/m³ 范围内渔获量为零。

3. 鲐鱼产量与海面高度的关系

稳定的 SSH 区域通常代表了稳定的水团和上升流。一般说来上层的暖水团相对比

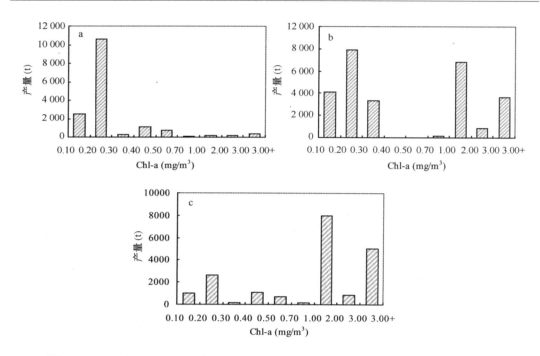

图 7.12　2002 年（a）、2003 年（b）、2004 年（c）鲐鱼产量和叶绿素－a 浓度的关系

较稳定，混合不够充分，难以提供足够的营养盐，初级生产力较低。但暖水系与冷水系相遇时，这种稳定的情况就被打破，营养盐水系混合后底层搅动产生，或者由冷水系提供。上升流与周围海水的性质不尽相同，通常表现出低温、高营养盐、高叶绿素 a 浓度的特征，在海面高度场中形成 SSH 高值区。研究表明 SSH 和冷水团存在很强的相关性，鲐鱼渔场和 SSH 之间有很好的匹配关系。从鲐鱼作业海域 SSH 分析，中心渔场通常位于 SSH 极大值和极小值交汇的海域、并靠近极大值海域一侧，即出现在冷水团和暖水团交汇区靠近暖水团一侧，如图 7.13 所示。

7.3.2　鲐鱼渔情预报

1. 材料与方法

鲐鱼生产数据由中国远洋渔业分会上海海洋大学鱿钓技术组提供，时间为 2007—2010 年的 7—9 月，统计资料包括日期、经度、纬度、产量和作业网次。时间分辨率为天（d），空间分辨率为 0.5°×0.5°。遥感海洋环境数据包括海表温度 SST、叶绿素 a 浓度（CHL－a）、悬浮物浓度（suspended sediment concentration，SSC）、透明度（seechi disk depth，SDD）等。空间范围为 20°~40°N、120°~130°E，空间分辨率为 3 km×3 km。

研究认为，作业网次可代表鱼类资源的分布情况，单位捕捞努力量渔获量（CPUE）可作为渔业资源密度指标，因此，分别利用作业网次和 *CPUE* 分别与 *SST*、叶

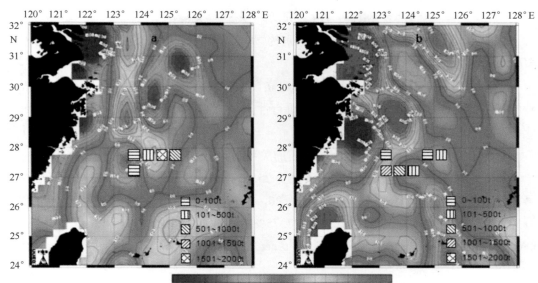

图 7.13　鲐鱼产量和 SSH 的关系

绿素 a 浓度、悬浮物浓度和透明度来建立相应的适应性指数（SI）模型。本文假定最高作业网次频次 NET_{max} 或 $CPUE_{max}$ 为鲐鱼资源分布最多的海域，认定其栖息地指数（HSI）为 1；作业网次或 $CPUE_{max}$ 为 0 时，则认定是鲐鱼资源分布较少的海域，认定其 HSI 为 0。单因素栖息地指数 SI 计算公式如下：

$$SI_{i,NET} = \frac{NET_{ij}}{NET_{i,max}} \qquad SI_{i,CPUE} = \frac{CPUE_{ij}}{CPUE_{i,max}} \tag{7.5}$$

式中，$SI_{i,NET}$ 为 i 月以作业网次为基础得到的适应性指数；NET_{ij} 为 i 月 j 渔区的作业次数，$NET_{i,max}$ 为 i 月的最大作业网次；$SI_{i,CPUE}$ 为 i 月以 $CPUE$ 为基础得到的适应性指数；$CPUE_{i,max}$ 为 i 月的最大 $CPUE$，$CPUE_{ij}$ 为 i 月 j 渔区的 $CPUE$。

$$SI_i = \frac{SI_{i,NET} + SI_{i,CPUE}}{2} \tag{7.6}$$

式中，SI_i 为 i 月的适应性指数。

利用正态分布函数回归建立 SST、叶绿素 a 浓度、悬浮物浓度和透明度与 SI 之间的关系模型，利用 DPS7.5 软件求解。通过此模型将 SST 等 4 个因子和 SI 两离散变量关系转化为连续随机变量关系。利用算术平均法（arithmetic mean，AM）和几何平均法（geometric mean，GM）计算栖息地综合指数 HSI，HSI 在 0（不适宜）到 1（最适宜）之间变化。计算公式如下：

$$HSI = (SI_{SST} + SI_{CHL} + SI_{SSC} + SI_{SDD})/4 \tag{7.7}$$

$$HSI = \sqrt[4]{SI_{SST} \times SI_{CHL} \times SI_{SSC} \times SI_{SDD}} \qquad (7.8)$$

式中，SI_{SST}、SI_{CHL}、SI_{SSC} 和 SI_{SDD} 分别为 SI 与 SST、SI 与 CHL、SI 与 SSC 和 SI 与 SDD 的适应性指数。

最后，利用 2007—2009 年的数据来建立模型，然后对 2010 年各月 SI 值与实际作业渔场进行验证，探讨预测中心渔场的可行性。

2. 结果分析

（1）作业网次、CPUE 与各遥感水质的关系。

7 月，高频次作业网次分布在海表温为 25.5 ~ 27℃，叶绿素浓度为 0 ~ 0.4 mg/m³，悬浮物浓度为 0.1 ~ 0.4 mg/L 和透明度为 20 ~ 30 m 的海域，其占月总作业网次的比重分别为 81.23%、90.35%、87.40% 和 77.75%，对应的 CPUE 分别为 12.47 ~ 30.59 t/net、21.20 ~ 46.36 t/net、13.62 ~ 32.62 t/net 和 16.72 ~ 42.64 t/net（图 7.14a，d，g，j）。

8 月，高频次作业网次分布在海表温为 26 ~ 28℃，叶绿素浓度为 0.2 ~ 0.5 mg/m³，悬浮物浓度为 0.1 ~ 0.4 mg/L，透明度为 10 ~ 25 m 的海域，其占月总作业网次的比重分别为 100%、90.07%、96.58% 和 93.59%，其对应的 CPUE 分别为 11.46 ~ 28.64 t/net、11.77 ~ 34.24 t/net、22.69 ~ 28.48 t/net 和 19.75 ~ 36.04 t/net（图 7.14b，e，h，k）。

9 月，高频次作业网次分布在海表温为 24.5 ~ 27.5℃，叶绿素浓度为 0.1 ~ 0.9 mg/m³，悬浮物浓度为 0.1 ~ 0.5 mg/L 和透明度为 5 ~ 20 m 的海域，其占月总作业网次的比重分别为 90.17%、82.31%、93.45% 和 82.31%。其相应的 CPUE 分别为 14.27 ~ 22.99 t/net、16.26 ~ 23.05 t/net、13.91 ~ 22.71 t/net 和 15.64 ~ 27.01 t/net（图 7.14c，f，i，l）。

（2）HSI 模型的建立。

利用一元非线性回归拟合以 SST、叶绿素浓度、悬浮物浓度和透明度为基础的 SI 曲线（图 7.15）。拟合的 SI 曲线模型见表 7.1，且各回归模型的方差分析显示 SI 模型均极显著（P < 0.01）。

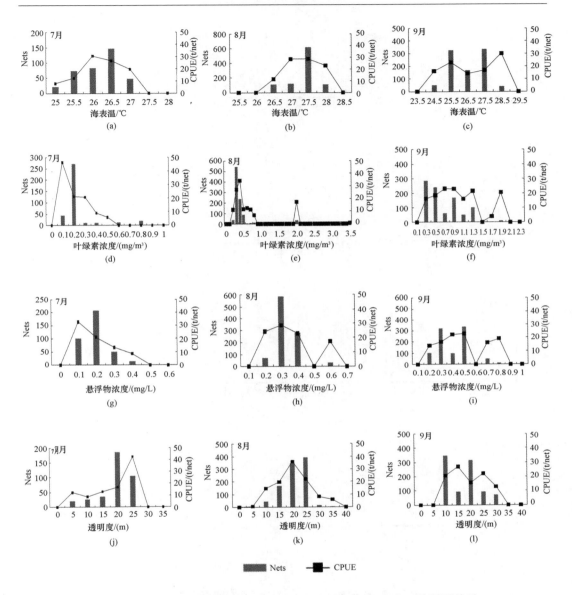

图 7.14　2007—2009 年 7—9 月鲐鱼作业网次、CPUE 与各环境因子关系

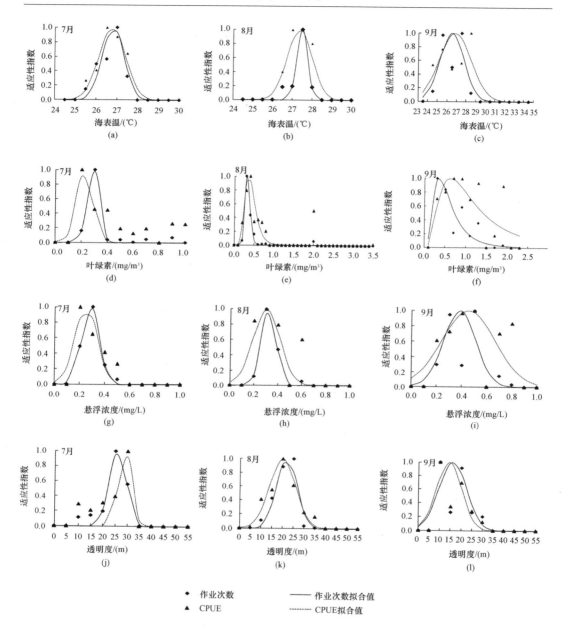

图 7.15　7—9 月基于海表温、叶绿素浓度、悬浮物浓度和透明度的适应性曲线

表 7.1　2007—2009 年 7—9 月鲐鱼栖息地指数模型

月份	变量	适应性指数模型	P 值
7 月	SST	$SI = [exp(-1.8119 \times (SST - 26.8031)^2) + exp(-1.2152 \times (SST - 26.759)^2)]/2$	0.0001
	Chl-a	$SI = [exp(-232.5863 \times (CHL - 0.2897)^2) + exp(-134.6864 \times (CHL - 0.2263)^2)]/2$	0.008
	SSC	$SI = [exp(-101.4802 \times (SSC - 0.2849)^2) + exp(-66.2034 \times (SSC - 0.2506)^2)]/2$	0.0001
	SDD	$SI = [exp(-0.0408 \times (SDD - 26.1077)^2) + exp(-0.0642 \times (SDD - 28.8721)^2)]/2$	0.0002
8 月	SST	$SI = [exp(-6.6649 \times (SST - 27.4939)^2) + exp(-1.2684 \times (SST - 27.363)^2)]/2$	0.0001
	Chl-a	$SI = [exp(-12.001 \times (1.1678 + LN(CHL))^2) + exp(-3.6922 \times (1.0583 + LN(CHL))^2)]/2$	0.0001
	SSC	$SI = [exp(-127.7969 \times (SSC - 0.3215)^2) + exp(-39.1811 \times (SSC - 0.3017)^2)]/2$	0.0003
	SDD	$SI = [exp(-0.0221 \times (SDD - 21.8488)^2) + exp(-0.0139 \times (SDD - 19.8722)^2)]/2$	0.0001
9 月	SST	$SI = [exp(-0.3197 \times (SST - 26.5068)^2) + exp(-0.1818 \times (SST - 26.8237)^2)]/2$	0.003
	Chl-a	$SI = [exp(-1.3128 \times (1.0485 + LN(CHL))^2) + exp(-1.0062 \times (0.4755 + LN(CHL))^2)]/2$	0.0001
	SSC	$SI = [exp(-30.2652 \times (SSC - 0.3839)^2) + exp(-10.8727 \times (SSC - 0.4529)^2)]/2$	0.0077
	SDD	$SI = [exp(-0.012 \times (SDD - 16.039)^2) + exp(-0.0147 \times (SDD - 14.3416)^2)]/2$	0.0085

（3）HSI 模型分析。

利用 SI_{SST}、SI_{CHL}、SI_{SSC} 和 SI_{SDD} 建立的 HSI 模型获得各月的 HSI 指数（表 7.2），研究表明，HSI < 0.3 时，7 月 AM 和 GM 的作业网次比重分别为 3.75% 和 17.96%，CPUE 大部分低于 10 t/net，仅少量 CPUE 高于 10 t/net；8 月 AM 和 GM 的作业网次比重分别为 4.03% 和 0，CPUE 较低，大部分低于 10 t/net，最高 CPUE 为 16.70 t/net；9 月 AM 和 GM 的作业网次比重均为 0，CPUE 均为 0。

HSI > 0.5 时，7 月 AM 和 GM 的作业网次比重分别为 64.88% 和 26.27%，CPUE 均为 15 t/net 以上；8 月 AM 和 GM 的作业网次比重分别为 83.66% 和 71.07%，CPUE 均

为 10 t/net 以上；9 月 AM 和 GM 的作业网次比重分别为 85.92% 和 71.07%，CPUE 大部分在 15 t/net 以上，仅出现个别 CPUE 低至 4 t/net。综上所述，AM 和 GM 模型均能较好地反映鲐鱼中心渔场的分布，但 HSI > 0.5 时，AM 模型获得的作业网次比重均高于 GM 模型得到的作业网次比重，表明 AM 模型稍优于 GM 模型。

表 7.2　2007—2009 年 7—9 月不同 SI 值下的作业网次比重和 CPUE

HSI	7 月 AM		7 月 GM		8 月 AM		8 月 GM		9 月 AM		9 月 GM	
	作业网次比重（%）	CPUE（t/net）	作业网次比重（%）	CPUE（t/net）	作业网次比重（%）	CPUE（t/net）	作业网次比重（%）	CPUE（t/net）	作业网次比重（%）	CPUE（t/net）	作业网次比重（%）	CPUE（t/net）
0 ~ 0.1	0.00	0.00	12.60	10.38	0.00	0.00	0.00	0.00	0.00	0.00	0.00	0.00
0.1 ~ 0.2	3.22	9.25	0.00	0.00	3.52	16.79	0.00	0.00	0.00	0.00	0.00	0.00
0.2 ~ 0.3	0.54	6.00	5.36	8.52	0.52	7.60	0.00	0.00	0.00	0.00	0.00	0.00
0.3 ~ 0.4	3.49	9.08	3.75	17.43	2.90	9.34	8.73	13.96	0.00	0.00	8.73	13.96
0.4 ~ 0.5	27.88	11.88	52.01	22.63	9.41	11.89	20.20	18.81	14.08	14.75	20.20	18.81
0.5 ~ 0.6	12.06	20.31	11.80	49.14	6.31	12.37	5.68	27.01	20.41	21.90	5.68	27.01
0.6 ~ 0.7	48.79	31.41	10.46	16.74	21.10	28.10	18.89	22.23	0.11	4.00	18.89	22.23
0.7 ~ 0.8	4.02	26.27	4.02	26.27	52.22	31.17	34.50	16.83	53.38	18.74	34.50	16.83
0.8 ~ 0.9	0.00	0.00	0.00	0.00	1.76	30.35	10.59	21.19	9.93	22.11	10.59	21.19
0.9 ~ 1	0.00	0.00	0.00	0.00	2.28	24.55	1.42	21.77	2.07	17.16	1.42	21.77

（4）渔场分布验证。

根据 AM 模型计算 2010 年 7—9 月 HSI 分布，并与实际作业情况进行比较（图 7.16，表 7.3）。分析认为，HSI 大于 0.5 的作业网次和产量百分比分别为 87.64% 和 90.73%，CPUE 均高于 14t/net；而 HSI 低于 0.5 的 CPUE 变动较大，低于 14t/net 较多。7 月，HSI 整体较低，作业网次和产量均较低，平均 CPUE 低于 10t/net。HSI 大于 0.5 的海域主要分布在 122.5°E ~ 123.5°E，26.5°N ~ 28°N、125°E ~ 126°E，26°N ~ 28.5°N 和 127°E ~ 128°E，26.5°N ~ 31°N；8 月，HSI 大于 0.5 的海域主要分布在 122.5°E ~ 128°E，26°N ~ 31°N 的西南 – 东北向带状海域。作业网次和产量主要分布在 HSI 大于 0.7 的 122.5°E ~ 126°E，26.5°N ~ 28.5°N 海域，平均 CPUE 高达 16.68t/net；9 月，HSI 大于 0.5 的海域主要分布在 122.5°E ~ 128°E，26°N ~ 31°N 的西南 – 东北向带状海域，最适 HSI 范围比 8 月较广。作业主要分布在 123°E ~ 126°E，27°N ~ 29°N 海域，平均 CPUE 为 14.72 t/net。说明 AM 模型可获得较好的渔情预报结果。

表 7.3　2010 年 7—9 月基于 AM 模型下不同栖息地指数的产量和作业网次分布

HSI	产量（t）	作业网次	CPUE（t/net）	作业网次百分比	产量百分比
0~0.1	0	0	0	0	0
0.1~0.2	188	9	20.89	0.81	1.12
0.2~0.3	448	54	8.30	4.87	2.68
0.3~0.4	171	13	13.15	1.17	1.02
0.4~0.5	744	61	12.20	5.51	4.45
0.5~0.6	1881	131	14.36	11.82	11.25
0.6~0.7	5388	384	14.03	34.66	32.21
0.7~0.8	6735.6	388	17.36	35.02	40.27
0.8~0.9	1170	68	17.21	6.14	7.00
0.9~1	0	0	0.00	0.00	0.00

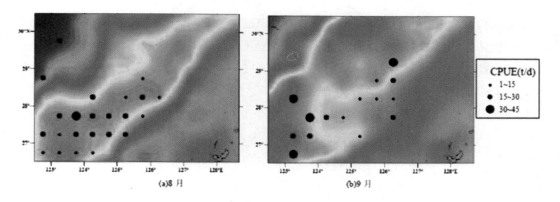

图 7.16　2010 年 8 和 9 月基于 AM 模型的 HSI 分布及其与作业网次和月总产量关系

7.4　海洋遥感在西北太平洋柔鱼预报中的应用案例

西北太平洋柔鱼（Ommastrephes bartramii）作为大洋性种类，广泛分布在北太平洋整个海域，资源相当丰富。该资源于 20 世纪 70 年代初首先由日本鱿钓调查船开发和利用，并逐年向东部海域拓展。随后韩国、中国台湾等国家和地区也加入开发行列。中国大陆于 1993 年开始利用该种类，1994 年进行较大规模的商业性生产，目前柔鱼已成为我国远洋鱿钓渔船的主要捕捞对象，取得了显著的经济效益和社会效益。

7.4.1　西北太平洋柔鱼渔场和海洋环境的关系

1. 柔鱼渔场和表层水温的关系

任何生物都有自己适合生存环境条件。水温是主要的环境条件之一。在西北太平洋海域，温度与柔鱼的洄游分布关系密切。柔鱼一般分布的表层水温为 11 ~ 19℃，分布密度高的表层水温在 15 ~ 19℃。同时各海区的渔获表层水温有明显差异，东经 150°以西的水温为 17 ~ 20℃；东经 150 ~ 160°的水温 16 ~ 19℃；东经 160°以东的水温为 15 ~ 18℃。陈新军认为，155°E 以西海域，柔鱼一般分布的表层水温为 20 ~ 23℃，20℃ 等温线可作为寻找柔鱼渔场分布的依据之一。155 ~ 160°E 渔获的表层水温为 17 ~ 18℃，17℃ 等温线可作为寻找柔鱼渔场分布的指标之一。在 160 ~ 175°E 海域的大型柔鱼渔场，其表层水温一般为 11 ~ 13℃，柔鱼分布的表层水温比 160E 以西海域平均低 5 ~ 7℃。

2. 柔鱼渔场与水温垂直结构关系

8 – 10 月中心渔场主要分布在 151 ~ 156°E、41 ~ 44°N 海域，现从纬度向垂直断面的水温结构来分析其中心渔场。8 月以 151.25°E、153.25°E 和 155.25°E 3 个断面为代表，分析认为，8 月冷暖水势力较强，中心渔场在 41 ~ 42°N 海域的锋面附近很明显，4℃ 等温线向南弯曲较大，且最南端到达 40°N 左右（图 7.17a），60 m 以内等温线较密集，温跃层较强。同时暖水势力普遍到达 42°N 海域（图 7.17a，b，c）。9 月以 154.25°E、155.25°E 和 156.25°E 3 个断面为代表，其暖水势力继续向北推进，锋面位置偏北，在 43 ~ 44°N 海域形成锋面，较 8 月强度有所减弱，中心渔场仍位于锋面附近。4℃ 等温线向北偏移，最南端到达 42°N，20 ~ 70 m 之间等温线较为密集（图 7.17d，e，f）。10 月以 152.25°E、155.25°E 和 156.25°E 3 个断面为代表，其冷水势力增强，在 152°E、41 ~ 42°N 和 155 ~ 156°E、43 ~ 44°N 海域形成较强的锋面，中心渔场处于此锋面附近（图 7.17g，i，h）。而在 155°E、41 ~ 43°N 海域 100 m 下层存在着一个较强的冷水团，与北下的冷水团夹击下在上层水体存在一个狭窄的暖水，在此形成涡流渔场。中心渔场 30 ~ 70 m 水层间等温线较密集，亲潮两分支之间的暖水势力最深达到 230 m（图 7.17h）。

3. 柔鱼渔场与深层水温的关系

根据 2003—2007 年 8—10 月调查发现，柔鱼的中心渔场基本上分布在 150 ~ 165°E、40 ~ 45°N 海域。分析认为，8 月柔鱼中心渔场主要位于 151 ~ 156°E、41 ~ 43°N 海域，其产量约占月总量的 65% 以上，相应的 5 m、50 m、100 m、200 m 水层温度分别为 17 ~ 21℃、9 ~ 12℃、3 ~ 9℃ 和 2 ~ 7℃。分析发现，在 151 ~ 153°E、41 ~ 42°N 海域，水温锋面向东南方向倾斜，暖水团向东北移动。而在 153 ~ 156°E、42 ~ 43°N 海

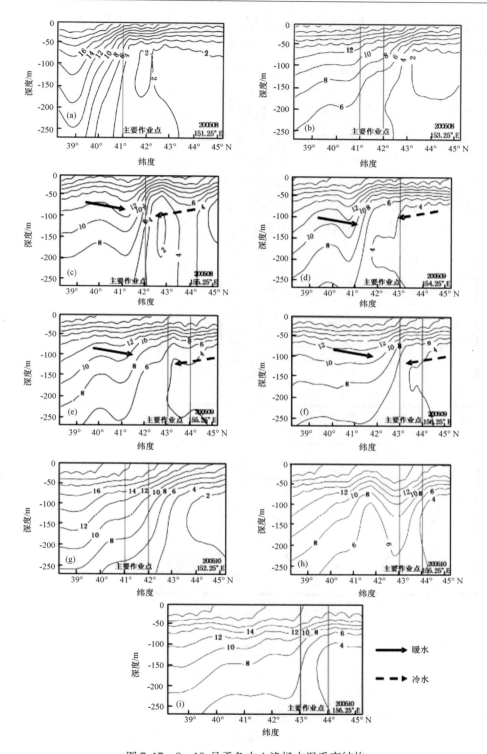

图 7.17　8－10 月柔鱼中心渔场水温垂直结构

域，水温锋面向西北倾斜。中心渔场主要分布在各水层温度等值线密集的锋面处（图 7.18）。9 月柔鱼中心渔场主要位于 155～158°E、43～45°N 海域，其产量约占月总量的 88%。作业海域明显向北偏移，相应的 5m、50m、100m、200m 水层温度分别为 15～17℃、8～10℃、3～6℃和2～5℃（图 7.19a～d）。由图 7.19a～d 可知，中心渔场主要位于各水层等温线密集且向北的突出水舌处，为典型的锋面渔场。10 月柔鱼中心渔场主要分布在 155～156°E、43～44°N 海域，其产量约占月总量的47% 以上，也有部分产量分布在 152～154°E，41～43°N 海域。相应的 5m、50m、100m 水层温度分别为 14～17℃、7～9℃、2～6℃和3～5℃（图 7.20a～d）。从图 7.20a～d 可知，在 152°E 和 158°E 方向上存在明显向南入侵的两个亲潮分支，而同时 153°E 和 157°E 方向存在着向北的黑潮分支，这样在此海域形成较明显锋面（图 7.20）。

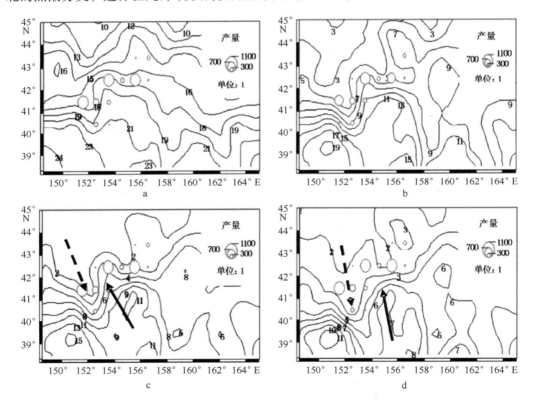

图 7.18　8 月柔鱼中心渔场与各水层温度分布图

4. 柔鱼渔场与海流的关系

在西北太平洋，强大的黑潮与亲潮所形成的交汇区，为海洋生物的生长与发育带来了丰富的饵料，使该海域成为世界海洋中渔业产量最高的水域之一。研究表明，黑潮路径的变化会对西北太平洋海况和生物量产生影响，从而影响该区域的渔况和产量。

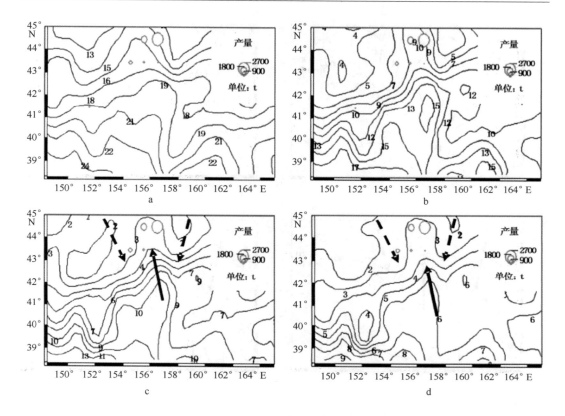

图 7.19　9 月柔鱼中心渔场与各水层温度分布图

　　西北太平洋柔鱼渔场主要是黑潮和亲潮交汇形成的流隔渔场，黑潮与亲潮的强弱决定了流隔的位置，从而影响渔场分布。Komatsu 等发现黑潮发生弯曲时，浮游动植物向北分布，从而使得柔鱼渔场北移。Sugimoto 等发现在黑潮发生大弯曲时，鱼卵输送到孵育场的比率要比平直期高。这是因为弯曲时黑潮势力增强，黑潮入侵导致的觅食环境恶劣造成的。陈新军等探讨了西北太平洋柔鱼渔场和黑潮与亲潮强弱的关系，研究发现黑潮势力较强、亲潮势力较弱时，渔场位置偏北，反之则偏南。另外，黑潮变化可能会影响到海洋表面温度（SST）的变化，从而影响了中上层鱼类补充量的变化和渔场的分布。Aoki和 Miyashita 对日本鳀幼体的研究发现，随着离岸距离的增加，幼体的平均体长增加。这可能是由于较大个体的幼鱼洄游到亚北极辐合区的北部，而柔鱼是以鳀鱼为饵料生物，从而间接影响柔鱼渔场的分布。沈明球等认为，当黑潮弯曲时形成的冷水团的面积越大，黑潮势力越强。黑潮势力的增强导致黑潮与亲潮交汇的锋区北移，而使得渔场位置偏北。另外当黑潮由沿岸路线发生弯曲时需要有一个侧向力，故而在黑潮弯曲时在近岸的位置会形成一个漩涡。而在黑潮的末端也会形成一个漩涡来阻止黑潮弯曲的继续发展。这个黑潮末端的漩涡会使营养盐上翻，浮游生物量增加，造成渔场的北移。

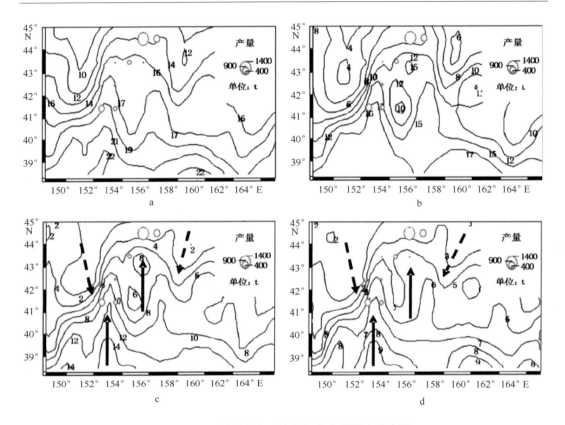

图 7.20 10 月柔鱼中心渔场与各水层温度分布图

7.4.2 西北太平洋柔鱼渔情预报

1. 材料与方法

柔鱼（Ommastrephes bartramii）渔获数据来源于上海海洋大学鱿钓技术组。时间为 1999—2005 年 8—10 月，海域为 150～165°E、39～46°N，空间分辨率为 1°×1°，时间分辨率为月。数据内容包括作业位置、作业时间、渔获量和作业次数。西北太平洋海域 SST 资料来源于哥伦比亚大学环境数据库 http：//iridl. ldeo. columbia. edu。空间分辨率为 1°×1°，数据的时间分辨率为月。计算海表温度水平梯度 GSST，公式如下：

$$GSST_{i,j} = \sqrt{\frac{[(SST_{i,j-1} - SST_{i,j+1})^2 + (SST_{i+1,j} - SST_{i-1,j})^2]}{2}} \qquad (7.9)$$

$GSST_{i,j}$ 为 $SST_{i,j}$ 点的水平梯度，i，j 分别代表海表温度的网格分布的行列号。

一般认为，作业次数可代表鱼类出现或鱼类利用情况的指标。单位捕捞努力量渔获量（Catch per unit of fishing effort，CPUE）可作为渔业资源密度指标。因此，利用作业次数和 CPUE 分别与 SST、GSST 来建立适应性指数（SI）模型。假定最高作业次数 NET_{max} 或 CPUE 为柔鱼资源分布最多的海域，认定其适应性指数 SI 为 1，而作业次数或 CPUE 为 0 时通常认为是柔鱼资源分布很少的海域，认定其 SI 为 0。SI 计算公式如下：

$$SI_{i,NET} = \frac{NET_{ij}}{NET_{i,max}} \qquad SI_{i,CPUE} = \frac{CPUE_{ij}}{CPUE_{i,max}} \qquad (7.10)$$

式中，$SI_{i,NET}$ 为 i 月以作业次数为基础获得的适应性指数；$NET_{i,max}$ 为 i 月的最大作业次数；$SI_{i,CPUE}$ 为 i 月以 $CPUE$ 为基础获得适应性指数；$CPUE_{i,max}$ 为 i 月的最大 $CPUE$。

$$SI_i = \frac{SI_{i,NET} + SI_{i,CPUE}}{2} \qquad (7.11)$$

式中，SI_i 为 i 月的适应性指数。

利用正态函数分布法建立 SST、GSST 和 SI 之间的关系模型。利用 DPS 软件进行求解。通过此模型将 SST、GSST 和 SI 两离散变量关系转化为连续随机变量关系。利用算术平均法（arithmetic mean，AM）、几何平均法（geometric mean，GM）计算获得栖息地综合指数 HSI。HSI 值在 0（不适宜）到 1（最适宜）之间变化。计算公式分别如下：

$$HSI = (SI_{SST} + SI_{GSST})/2$$
$$HSI = \sqrt[2]{SI_{SST} + SI_{GSST}} \qquad (7.12)$$

式中：SI_{SST} 和 SI_{GSST} 分别为 SI 与 SST、SI 与 $GSST$ 的适应性指数。

最后，根据以上建立的模型，对 2005 年各月 SI 值与实际作业渔场进行验证，探讨预测中心渔场的可行性。

2. 结果分析

（1）作业次数、CPUE 与 GSST 和 SST 的关系。

8 月份，作业次数主要分布在 SST 为 16 ~ 19℃ 和 GSST 为 3.5 ~ 4.5℃ 海域，分别占总作业次数的 75.9% 和 51.4%，其对应的 CPUE 范围分别为 2.42 ~ 2.70 t/d 和 1.80 ~ 2.10 t/d（图 7.21a、图 7.21b）；9 月份，作业次数主要分布在 SST 为 15 ~ 18℃ 和 GSST 为 3.0 ~ 4.0℃ 海域，分别占总作业次数的 80.5% 和 54.1%，其对应的 CPUE 范围分别为 2.16 ~ 3.04 t/d 和 2.30 ~ 2.37 t/d（图 7.21c、图 7.21d）；10 月份，作业次数主要分布在 SST 为 13 ~ 16℃ 和 GSST 为 3.5 ~ 4.5℃ 海域，分别占总作业次数的 76.4% 和 84.9%，其对应的 CPUE 范围分别为 1.94 ~ 2.78 t/d 和 1.70 ~ 3.34 t/d（图 7.21e、图 7.21f）。

（2）SI 曲线拟合及模型建立。

利用正态分布模型分别进行以作业次数和 CPUE 为基础的 SI 与 SST、GSST 曲线拟合（图 7.22），拟合 SI 模型见表 7.4，模型拟合通过显著性检验（P < 0.01）。

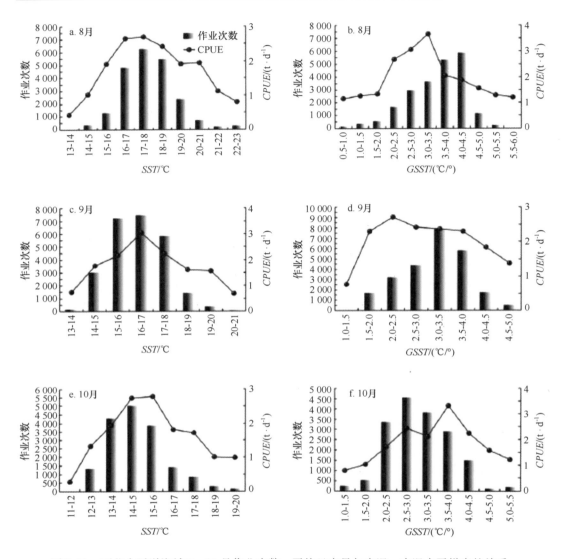

图 7.21　西北太平洋海域 8 – 10 月作业次数、平均日产量与表温、表温水平梯度的关系

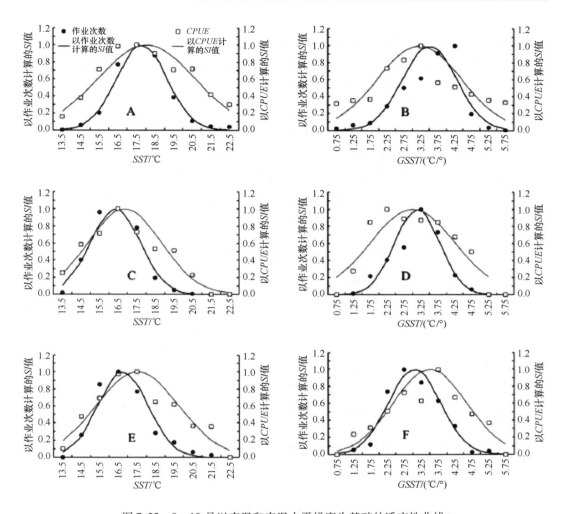

图 7.22　8 − 10 月以表温和表温水平梯度为基础的适应性曲线

表 7.4　1999—2004 年 8 − 10 月柔鱼适应性指数模型

月份	变量	适应性指数模型	P 值
8 月	SST	$SI = \{\exp[-0.2733 \times (SST - 17.79)^2] + \exp[-0.0739 \times (SST - 18.05)^2]\} / 2$	0.0001
	GSST	$SI = \{\exp[-0.7969 \times (GSST - 3.51)^2] + \exp[-0.3259 \times (GSST - 3.21)^2]\} / 2$	0.0001
9 月	SST	$SI = \{\exp[-0.2788 \times (SST - 16.36)^2] + \exp[-0.1297 \times (SST - 16.86)^2]\} / 2$	0.0001
	GSST	$SI = \{\exp[-1.1412 \times (GSST - 3.14)^2] + \exp[-0.3178 \times (GSST - 3.01)^2]\} / 2$	0.0001
10 月	SST	$SI = \{\exp[-0.2749 \times (SST - 14.75)^2] + \exp[-0.1019 \times (SST - 15.53)^2]\} / 2$	0.0001
	GSST	$SI = \{\exp[-0.8461 \times (GSST - 3.05)^2] + \exp[-0.4288 \times (GSST - 3.51)^2]\} / 2$	0.0001

（3）HSI 模型分析。

根据 SISST 和 SIGSST 计算各月适应性指数，然后获得栖息地指数 HSI（表 7.5）。从表 7.5 可知，当 HSI 为 0.6 以上时，8 月份 AM 和 GM 模型的作业次数比重分别占 82.88% 和 79.09%，CPUE 均在 2.10t/d 以上；9 月份分别为 88.63% 和 73.84%，CPUE 均在 2.20 t/d 以上；10 月份分别为 79.38% 和 75.36%，CPUE 均在 2.10 t/d 以上。而当 HSI 在 0.2 以下时，8 月份 AM 和 GM 模型的作业次数比重也分别占 0.59% 和 1.03%，CPUE 均在 1.5 t/d 以下；9 月份分别为 0.0% 和 0.18%，CPUE 分别为 0 和 2.90 t/d；10 月份分别为 0.35% 和 1.57%，CPUE 分别为 0.90 和 1.46 t/d 以上（表 7.5）。由此，AM 模型和 GM 模型均能较好反映柔鱼中心渔场分布情况，但 AM 模型稍好于 GM 模型。

表 7.5　1999—2004 年 8 - 10 月不同 SI 值下 CPUE 和作业次数比重

HSI	8 月 AM		8 月 GM		9 月 AM		9 月 GM		10 月 AM		10 月 GM	
	作业网次比重（%）	CPUE（t/net）	作业网次比重（%）	CPUE（t/net）	作业网次比重（%）	CPUE（t/net）	作业网次比重（%）	CPUE（t/net）	作业网次比重（%）	CPUE（t/net）	作业网次比重（%）	CPUE（t/net）
[0, 0.2)	0.59	1.12	1.03	1.48	0.00	0.00	0.18	2.90	0.35	0.90	1.57	1.46
[0.2, 0.4)	1.47	1.85	5.87	1.47	0.78	2.01	1.07	3.22	5.02	1.97	5.43	1.79
[0.4, 0.6)	15.07	1.59	14.00	1.64	10.59	2.98	24.91	2.49	15.25	1.72	17.34	1.78
[0.6, 0.8)	34.11	2.13	32.97	2.17	44.51	2.22	29.72	2.22	32.01	2.13	29.06	2.16
[0.8, 1.0]	48.77	2.88	46.12	2.88	44.12	2.31	44.12	12.31	47.37	2.59	46.30	2.57

（4）2005 年 8 - 10 月渔场分布验证。

利用 AM 模型，根据 2005 年 8 - 10 月 SST 和 GSST 值，分别计算各月的 HSI 值，并与实际作业情况进行比较（图 7.23）。分析发现，HSI 大于 0.6 海域主要分布在：8 月份为 150° ~ 155°E、41° ~ 43°N，156° ~ 157°E、40° ~ 44°N 和 158° ~ 165°E、40° ~ 42°N 海域，但作业渔船主要集中在前 2 个海区；9 月份为 155° ~ 159°E、42° ~ 45°N，160° ~ 165°E、41° ~ 43°N 海域，但作业渔船主要集中在前一个海区；10 月份为 150° ~ 153°E、41° ~ 43°N，154° ~ 160°E、42° ~ 45° 和 160° ~ 162°E、40° ~ 43°N，作业渔船基本上分布在前 2 个海区。从表 7.5 可以看出，当 HSI 大于 0.6 时，其作业次数比重均在 80% 以上，平均 CPUE 均在 3.0 t/d。这说明 AM 模型可获得较好的渔场预测结果。

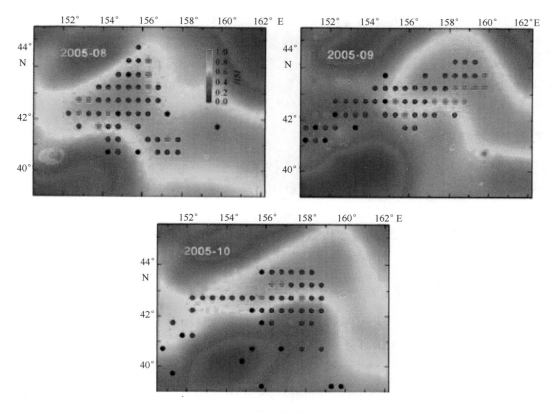

图 7.23　2005 年 8 – 10 月 AM 模型获得的 HSI 分布图及与日产量情况

7.5　海洋遥感在中西太平洋鲣鱼预报中的应用案例

鲣鱼（Katsuwonus pelamis）是金枪鱼围网渔业的重要捕捞对象，其作业渔场主要分布在中西太平洋海域。近年来，中西太平洋海域鲣鱼的年产量平均超过 150 万吨，约占世界鲣鱼总产量的 50% ~ 60%。鲣鱼是一种集群性强的中上层鱼类，其资源时空分布与海洋环境关系极为密切，如厄尔尼诺南方涛动现象（简称 ENSO 现象）。ENSO现象是引起全球气候年际变化最强烈的海、气相互作用现象。在赤道太平洋东部和中部海表温度大范围持续异常增暖的现象，称为厄尔尼诺，反之称为拉尼娜。Hampton 等认为鲣鱼资源波动、渔场分布不论在季节还是年间都非常明显，但主要还是受到大尺度海洋环境的影响；标志放流结果也表明，鲣鱼会随 ENSO 现象发生产生相应的迁移。Lehodey 等认为 ENSO 现象会引起鲣鱼渔场的移动。郭爱和陈新军等以年为单位进行时间序列分析，发现 ENSO 现象对中西太平洋金枪鱼渔场空间分布和资源丰度均有影响，高产区经度重心、平均经度较 ENSO 指标有一年的滞后。近年来，ENSO 现象频繁发生，一年中厄尔尼诺和拉尼娜交替出现，这样以年为单位的时间序列分析有失偏颇，此外可用于预测的业务化运行模型目前还没有建立。本文收集了 1990 – 2010 年中西太平洋鲣鱼生产统计数据和 Nino3. 4 区海表温度距平数据，以季为时间单位，使用最小空间距离的聚类方法进行分析，以期在更小的时间尺度层面来把握鲣鱼渔场空间分布规律，并建立基于 Nino3. 4 区海表温度距平数据的鲣鱼中心渔场时空分布的模型，探索中西太平洋鲣鱼中长期渔情预报的方法。

7.5.1 材料来源

中西太平洋鲣鱼围网渔获生产统计数据来源于南太平洋渔业委员会，时间跨度为 1990—2010 年。空间分辨率为 5° × 5°，时间分辨率为月，数据内容有时间、经纬度、作业次数、渔获量。ENSO 指标拟用 Nino3. 4 区海表温度距平值（Sea Surface Temperature Anomaly，SSTA）来表示，其数据来自美国 NOAA 气候预报中心（http://www. cpc. ncep. noaa. gov/），时间分辨率为月。

7.5.2 数据处理方法

① 渔场重心的表达。采用各月的产量重心来表达鲣鱼中心渔场的时空分布情况。以月为单位计算 1990—2010 年各月产量重心，各季度产量重心取三个月平均值。产量重心的计算公式为：

$$X = \sum_{i=1}^{K} (C_i \times X_i) / \sum_{i=1}^{K} C_i \tag{7.13}$$

$$Y = \sum_{i=1}^{K} (C_i \times Y_i) / \sum_{i=1}^{K} C_i \tag{7.14}$$

式中，X、Y 分别为重心位置的经度和纬度；C_i 为 i 渔区的产量；X_i、Y_i 分别为渔区 i 的中心经纬度位置；k 为渔区的总个数。

② ENSO 指标计算及其与渔场重心的相关性分析。计算季度 ENSO 指标数据，即取三个月 Nino3. 4 区的 SSTA 平均值（以后简称 SSTA 值）。采用线性相关性方法，使用 DPS 软件分别计算各季度产量重心经、纬度与 SSTA 值相关性系数。

③ 采用基于欧式空间距离的聚类方法，使用 DPS 软件，对各季度产量重心进行聚类，分析步骤 2 中相关性系数高且具有显著性的数据与季度 SSTA 的关系。

④ 使用 Matlab 软件，利用一元线性回归模型和基于快速算法的 BP 神经网络模型建立基于 Nino3. 4 区的 SSTA 季度平均值的鲣鱼渔场重心的预测模型，并进行预报结果的比较。

7.5.3 结果分析

1. 各年 1 – 12 月份产量重心的变化分析

由图 7. 24 可知，在经度方向上，1990—2010 年 1—12 月份产量重心的分布规律如下：1 月份分布在 147.07～166.79°E 海域，2 月份分布在 144.29～160.08°E 海域，3 月份分布在 143.84～159.76°E 海域，4 月份分布在 142.26～162.02°E 海域，这几个月经度方向上分布相对集中。5 月份分布在 138.33～166.34°E 海域，6 月份分布在 142.94～165.06°E 海域，7 月份分布在 142.76～169.37°E 海域，8 月份分布在 146.69～175.95°E 海域，9 月份分布在 143.4～175.35°E 海域，10 月份分布在 142.79～176.6°E 海域，11 月份分布在 144.96～171.14°E 海域，这几个月经度方向上分布相对分散。12 月份分布在 150.86～162.84°E 海域。而在纬度方向上，渔场重心各月变化不大，分布在 4.78°S～3.51°N。

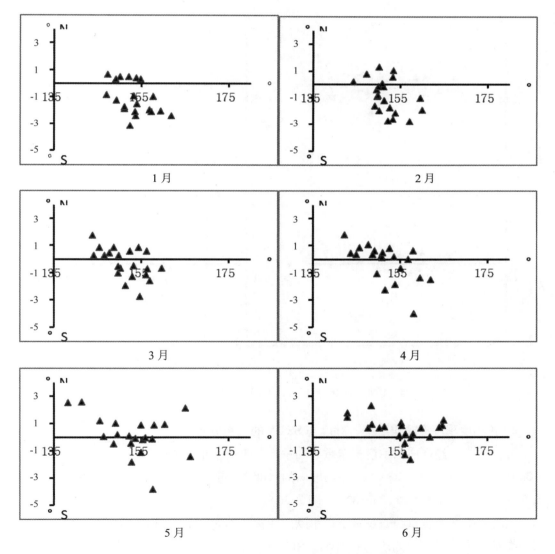

图 7.24　1990—2010 年 1～12 月鲣鱼渔场重心分布图

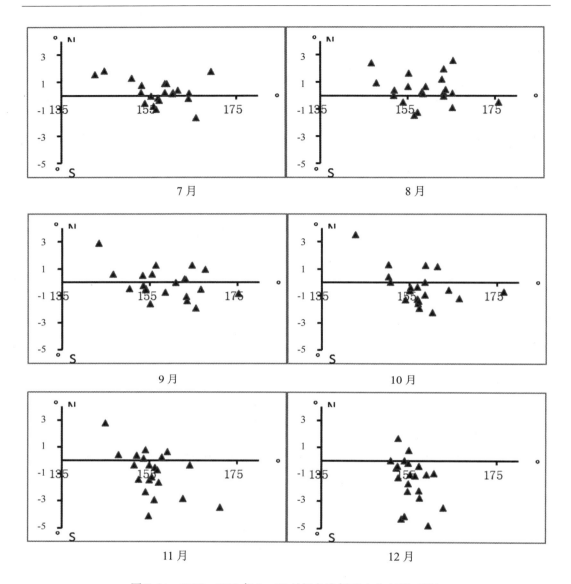

图 7.24　1990—2010 年 1～12 月鲣鱼渔场重心分布图（续）

2. 各年度季度产量重心经、纬度与 SSTA 的关系分析

分析认为，经度向的季度产量重心和季度 SSTA 之间存在显著相关性（r = 0.35，p < 0.01，n = 84）（图 7.25），但是纬度向的季度产量重心和季度 SSTA 之间没有明显相关性（r = 0.03，p < 0.01，n = 84）（图 7.26）。

将各年季度产量重心通过基于最小欧式距离进行聚类，得到四个类别（图 7.27）。四个类别数据的平均值如表 7.6 所示。由表 7.6 和图 7.27 可知，随着 SSTA 增大，产量重心经度向东偏，SSTA 越高，这种东偏趋势越明显。

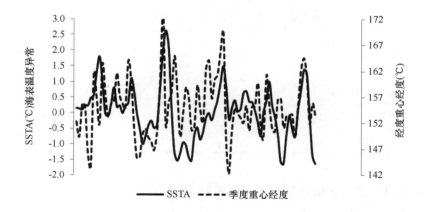

图 7.25　经度向季度产量重心和季度 SSTA 变化关系图

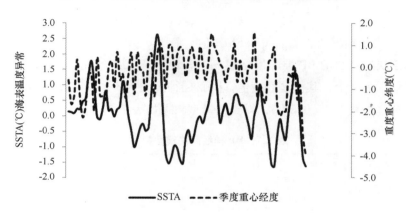

图 7.26　纬度向季度产量重心和季度 SSTA 变化关系图

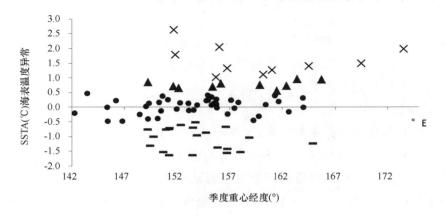

图 7.27　经度向季度产量重心类别与 SSTA 的关系

表 7.6 SSTA 区间和平均产量重心经度

Nino3.4 区 SSTA	平均产量重心经度
SSTA < = −0.5℃	153.96°
−0.5℃ < SSTA < 0.5℃	153.91°
0.5℃ < = SSTA < 1℃	157.12°
SSTA > 1℃	160.08°

3. 基于 SSTA 值的鲣鱼产量重心经度预测模型

建立一元线性回归模型时，通过协方差分析表明 SSTA 值和经度值存在显著性差异（F = 8.3815，P = 0.0049 < 0.04），其建立的方程如下：

$$Y_E = 1.995 \times X_{SSTA} + 155.05 \tag{7.15}$$

式中：Y_E 表示经度值，X_{SSTA} 表示 SSTA 值。

建立基于快速算法的 BP 神经网络模型时，设置输入神经元为 1 个，其值是 SSTA 值，输出神经元为 1 个，其值是经度值，隐藏层神经元为 3 个，其函数为 sigmoid 函数，经过训练后拟合的残差 δ = 0.296，得到的模型数据如表 7.7。

表 7.7 BP 神经网络模型数据

输入层到隐藏层权重	隐藏层到输出层权重
0.098 6	−0.247 3
−1.828 3	−0.705
1.246 2	0.277 1

样本总共 84 条，分配 60 条作为训练数据建立模型，剩余的样本作为测试数据，通过计算均方差 MSE 大小，比较两个模型预测的准确率。其结果为 $MSE_Y = 19.25$，$MSE_{BP} = 11.34$，表明 BP 模型要优于一元线性模型。

4. 讨论分析

由渔场重心的移动分析发现中西太平洋鲣鱼渔场重心的变化与 ENSO 有密切关系，通常情况下鲣鱼在 130～180°E，20°N～15°S 均有分布。研究认为，在厄尔尼诺现象发生（SSTA > = 0.5°C）时，鲣鱼渔获量重心明显东移，一般分布在 151°E 以东海域；在拉尼娜现象发生（SSTA < = −0.5°C）时，鲣鱼渔获量重心有整体西移趋势。产生这种现象的原因主要是鲣鱼受海洋环境大尺度的变化影响。鲣鱼是集群性强且高度洄游的鱼类，主要集中在表温为 28～30℃ 范围内，其分布范围通常在北太平洋赤道海域暖水池东部边界的附近海域，暖水池通常用表温高于 29℃ 来表示，在东部边界附近海

域由于上升流和沉降流等作用，有大量的浮游生物和浮游动物栖息和生活，从而为鲣鱼的聚集和生长创造了条件。29℃等温线东界会受 ENSO 现象的影响，进而影响到金枪鱼围网渔场的东西向分布。

鲣鱼在经度向分布与 Nino3.4 的 SSTA 值关系密切，以鲣鱼渔场重心的基准值为155.05°E，当 SSTA 为负值时，即发生拉尼娜现象时，渔场重心在 155.05°E 以西海域；当 SSTA 为正值时，即发生厄尔尼诺现象时，渔场重心在 155.05°E 以东海域。相对而言，基于 Nino3.4 SSTA 值的预测模型更具有预见性和实用性，因为目前有较为成熟的 SSTA 预测模型，可用提供未来 3~6 个月的 SSTA，因此可以利用该数据预测鲣鱼渔场重心变化趋势。

7.6　海洋遥感在东南太平洋智利竹筴鱼预报中的应用案例

东南太平洋智利竹筴鱼（Trachurus murphyi）是世界上重要的中上层鱼类资源之一，属于大洋性高度洄游性鱼类，广泛分布于东南太平洋，其产量一直位居世界单种鱼种的前列。准确预报中心渔场是提高渔业生产能力的重要内容。目前，利用海洋环境因子预报智利竹筴鱼渔场已有一些研究。例如，利用广义可加模型和案例推理、分类回归树算法预报智利竹筴鱼中心渔场。同时，有利用遥感数据开发了智利竹筴鱼渔场预报系统。用于渔情预报模型和方法的较多，既有基于单一环境因子的渔情预报，又有多环境因子的渔情预报；在预报方法上，有统计学模型，包括一般的线性模型、复杂的分段线性模型、多项式回归、指数回归、分位数回归等；有智能模型，如专家系统、遗传算法、模糊推理等方法都应用在渔情分析和预报中。根据我国多年智利竹筴鱼的生产统计数据和近实时的表温、海面高度等遥感环境数据，采用基于主成分分析的 BP 神经网络模型来建立渔情预报模型，并进行不同输入因子的 BP 模型优劣比较，为东南太平洋智利竹筴鱼的渔情预报进行不同方法的探索。

7.6.1　数据与方法

1. 数据来源

东南太平洋智利竹筴鱼生产统计数据来自上海海洋大学大型拖网技术组汇集的中国渔船队上报的捕捞日志等资料，数据包括作业日期、作业位置、作业船数和渔获量，时间跨度为 2003—2009 年。遥感获得的海表温度数据和海面高度数据来自美国 OceanWatch 网站（http：//oceanwatch. noaa. gov/index. html），空间分辨率为 0.25°×0.25°，时间分辨率为月。

2. 数据处理方法

（1）CPUE 计算。

单位努力量渔获量（Catch per Unit Effort，CPUE），作为竹笺鱼的资源丰度指标。竹笺鱼生产数据按空间分辨率 $0.25° × 0.25°$、时间分辨率按月进行统计。计算月平均 CPUE，计算公式为（7.16）。

$$CPUE_{(i,j,m,y)} = \frac{C_{(i,j,m,y)}}{E_{(i,j,m,y)}} \tag{7.16}$$

式中：$CPUE_{(i,j,m,y)}$ 表示 m 月 y 年，位置 i,j 的平均 CPUE；$C_{(i,j,m,y)}$ 表示 m 月 y 年，位置 i,j 的总产量；$E_{(i,j,m,y)}$ 表示 m 月 y 年，位置 i,j 的总的作业船数。

（2）样本组成。

按时间、空间将竹笺鱼生产数据和遥感环境数据进行匹配组成样本集，其中输入向量为月份、经度、纬度、海表温度、海面高度，输出向量为 CPUE。

3. 建模方法

（1）主成分分析方法（Principle component analysis PCA）。

对神经网络而言，输入向量维度过多时，网络结构变得复杂，网络的训练负担加重，学习速度急剧下降；输入向量维度过少时，预测精度又无法达到要求。如果主观选择很有可能包含与输出相关性很小的输入变量，增加了陷入局部极小点的可能性，非但没有提高预测精度，反而降低了神经网络预测的性能。主成分分析是将研究对象的多个相关变量指标化为少数几个不相关变量的一种多元统计方法，且这些不相关的综合变量包含了原变量提供的大部分信息，即对原始多变量数据达到降维的目的。

（2）误差反向传播网络。

误差反向传播网络（Error Back propagation Network，BP）属于多层前向神经网络，采用误差反向传播的监督算法，能够学习和存储大量的模式映射关系，已经被广泛应用于各个领域。BP 算法主要包括学习过程信号的正向传播与误差的反向传播两个过程组成。正向传播时，样本从输入层进入，经隐层激活函数处理，传向输出层，如输出层的实际输出与期望的输出不符合误差要求，则转入误差的反向传播阶段。反向传播是将误差以某种形式通过隐层向输入层逐层反向传播，将误差分摊给各层所有节点，从而获得各层节点的误差信号，此误差信号作为修正的依据。这种信号的正向传播与误差的反向传播是周而复始地进行，权值不断调整，也就是网络学习的过程。此过程一直进行到网络输出的误差减少到可接受的程度或进行到预先设定的学习次数为止。

7.6.2　结果分析

1. CPUE 分布

由图 27 可知，5、6、7、8、9 月份 CPUE 较高，其中 7 月份 CPUE 最高，达到了 47.13t/d，1 月份 CPUE 最低为 9.26t/d，说明 5、6、7、8、9、10 月智利竹筴鱼的进入盛产期，其余各月为生产淡季。各月 CPUE 的方差与 CPUE 变化几乎一致（图 7.28）。

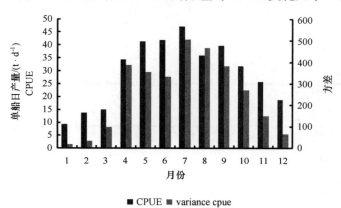

图 7.28　智利竹筴鱼月平均 CPUE 及方差分布

2. 作业区分布

从图 7.29 可看出，生产淡季（1~4 月，11~12 月）作业次数少（图 7.29a~d，k~l），生产旺季（5~10 月）作业次数多（图 7.29e~j）。从纬度分布来看，1-12 月份生产作业位置分布相对集中，主要集中在 47°S~35°S 范围（图 7.29）；从经度分布来看，生产旺季作业位置广泛，分布在 84°W~119°W 海域，生产淡季则相对集中，分布在 84°W~119°W 海域。各月中"△"符号出现的次数均较多，这说明大部分 CPUE 值都在 30 t/d 以内；除 2 月外，其余各月中均出现"○"符号，这说明每月都有零产量的作业次数（图 7.29）。

3. 处理结果

在 Matlab 软件中，用 PCA 方法来提取月份、经度、纬度、海表温度、海面高度 5 个变量因子的主成分，经过标准化后的相关系数矩阵的特征值、特征向量见表 7.8，各主成分的贡献率、累计贡献率见图 7.30。本文选取前 3 个主成分，这 3 个主成分代表原变量因子 90% 以上的综合信息量，选取的主成分构成见公式（7.17）。

$$\begin{cases} y_1 = 0.463month - 0.285\,7lon + 0.514\,7lat + 0.416\,3sst + 0.515\,6ssh \\ y_2 = -0.186\,6month + 0.842\,3lon + 0.166\,8lat + 0.468\,9sst + 0.089\,2ssh \quad (7.17) \\ y_3 = -0.618\,8month - 0.447\,4lon - 0.169\,7lat + 0.622\,5sst - 0.025\,5ssh \end{cases}$$

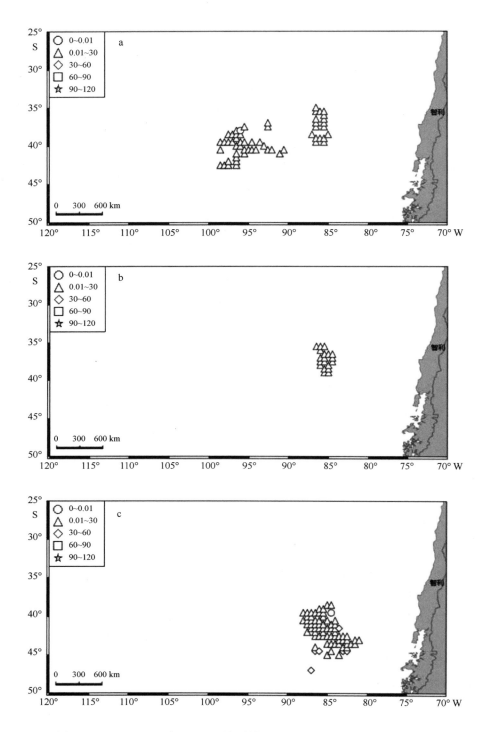

图 7.29　2003—2009 年 1 – 12 月智利竹筴鱼的 CPUE（t/d）空间分布

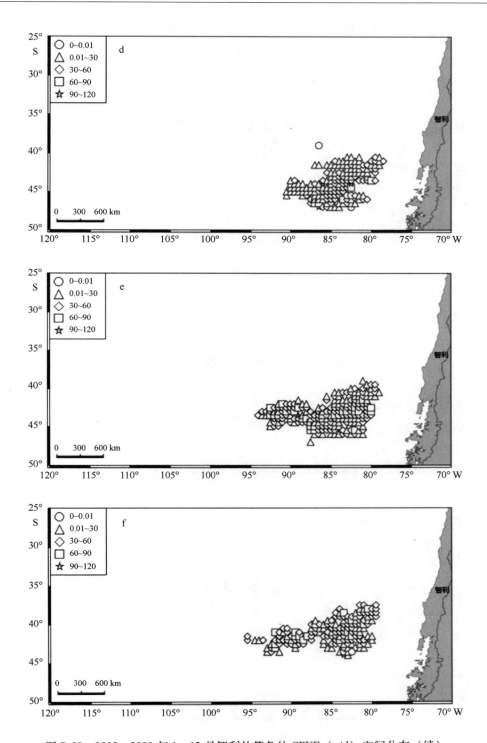

图 7.29　2003—2009 年 1 – 12 月智利竹筴鱼的 CPUE（t/d）空间分布（续）

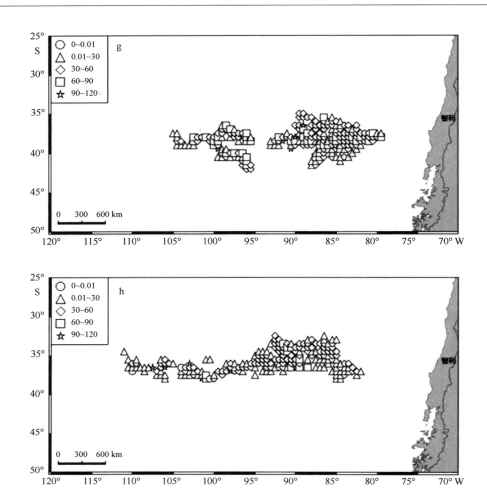

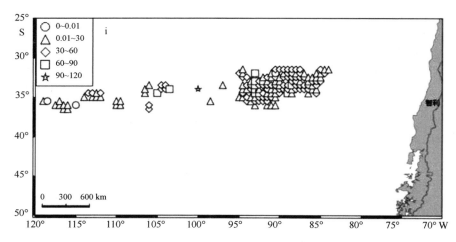

图 7.29　2003—2009 年 1 – 12 月智利竹筴鱼的 CPUE（t/d）空间分布（续）

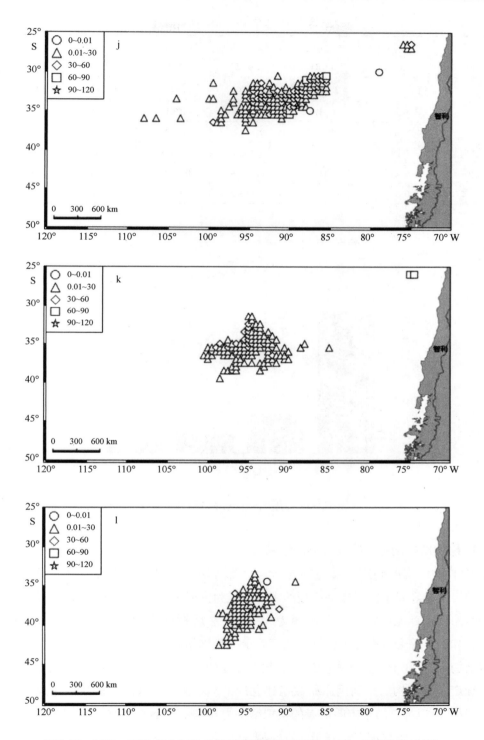

图 7.29　2003—2009 年 1 – 12 月智利竹筴鱼的 CPUE（t/d）空间分布（续）

表7.8　特征值和特征向量表

变量		第一主成分 PCA1	第二主成分 PCA2	第三主成分 PCA3	第四主成分 PCA4	第五成分 PCA5
特征值		3.365 1	0.895 6	0.445 5	0.215 6	0.078 2
特征向量	month	0.463	−0.186 6	−0.618 8	0.591 7	−0.133 3
	lon	−0.285 7	0.842 3	−0.447 4	0.000 3	−0.093 5
	lat	0.514 7	0.166 8	−0.169 7	−0.360 7	0.740 5
	sst	0.416 3	0.468 9	0.622 5	0.467 6	−0.024 5
	ssh	0.515 6	0.089 2	−0.025 5	−0.548 7	−0.651 5

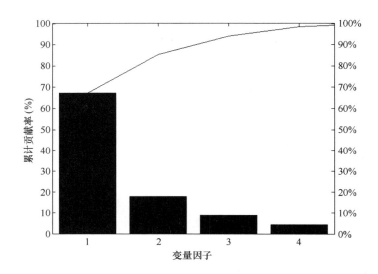

图7.30　变量因子贡献率及累计贡献率

4. 模型结构确定、比较与测试结果

　　BP模型结构的确定主要包括输入层、隐含层、输出层神经元个数的确定。输入层、输出层神经元个数以模型应用的实际情况为依据进行确定（图7.31）；隐藏层神经元个数的确定首先确定其个数范围为5～14，然后根据测试均方误差（Mean Squared Error，MSE）综合考虑测试精度与速度确定模型网络结构，得出用原始数据建立的BP模型结构为5：10：1，用PCA处理过的数据建立的BP模型结构为3：7：1（图7.32）。

　　确定模型结构后，利用原始数据建立的BP模型和经PCA处理后的主成分建立的BP模型进行拟合，结果表明前者的模拟精度为62%，后者为68%，均具有较好的拟合效果，其中，后者模型精度好于前者模型。

　　同时，利用训练好的BP模型，对2009年智利竹筴鱼中心渔场进行预报和验证，

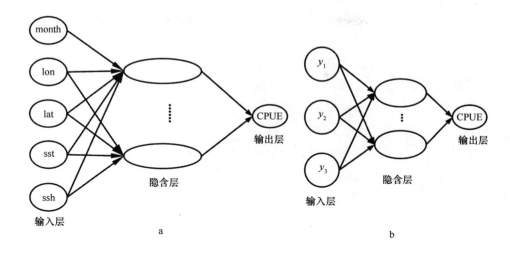

图 7.31　BP 模型结构

（a）以原始样本为基础　　（b）以 PCA 处理后的样本为基础

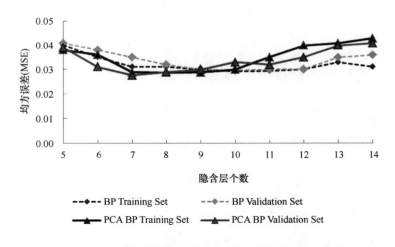

图 7.32　不同隐藏层神经元个数下 BP 模型的 MSE 比较

研究结果显示，上述 2 种模型预报的准确率都在 60% 以上，经过 PCA 优化后的模型预报准确率达到 67%。这说明利用 BP 神经网络模型预测智利竹筴鱼中心渔场的方法是可行的。

7.7　不同遥感数据源下栖息地模型及其预测结果的比较

海洋环境对海洋渔业资源的空间分布、数量变化等具有重要影响。而研究海洋环境对渔业资源的影响、分析渔业资源的时空变动规律，必须借助于各种海洋环境数据。

海洋环境数据既包括各种观测数据如遥感数据，也包括各种模型同化数据，因此，海洋环境数据可能具有多种来源，多个版本。由于数据的收集方式、反演算法、处理方式、处理目的等不同，海洋环境数据会以不同时间或空间分辨率呈现，并具有不同的误差。海洋环境数据由其反映相同客观现实而具有一致性，同时不同观测、处理误差又将使其表现出差异性。而在渔业资源研究中，数据使用者通常会根据需要、经验等选择其中一种数据用于研究，因此，有必要分析，数据版本或数据源的差异是否会对研究结果产生显著性的影响，是否会影响模型对其他数据的适用性。有必要分析不同数据源对栖息地模型及其预测效果的影响，以为利用海洋环境数据分析渔业资源问题的研究提供参考。

7.7.1 数据与方法

1. 渔业数据

1998—2008 年我国东、黄海鲐鱼灯光围网渔业数据来自上海海洋大学鱿钓技术组，该数据包含生产日期（年、月）、渔业公司名、作业位置、捕捞网次、捕捞产量等字段，数据空间分辨率为 0.5°，时间分辨率为月。东、黄海鲐鱼灯光围网渔业渔场可分为北渔场（32°N 以北），长江口及舟山近海渔场，台湾东北部、舟山外海渔场。由于近海岸叶绿素浓度数据的精度较差，因此仅分析来自台湾东北部、舟山外海渔场的 7 至 9 月的数据。

2. 环境数据

1998—2008 年的海表水温（SST：Sea Surface Temperature）数据分别为美国国家大气和海洋局太平洋海洋环境实验室的 AVHRR（Advanced Very High Resolution Radiameter）数据（Pathfinder V5 – 5.1，http：//oceanwatch. pifsc. noaa. gov/las/servlets/dataset）、俄勒冈州立大学的 AVHRR 数据（http：//orca. science. oregonstate. edu/）及国家海洋信息中心中国近海及邻近海域海洋再分析数据（http：//www. cora. net. cn/），数据时间分辨率为月，空间分辨率分别为 0.1°、0.167° 与 0.5°，为区分，上述海表水温数据分别记作 SST – CWH、SST – ORE 与 SST – CRA。

1998—2008 年的叶绿素浓度（CHL：Chlorophyll – a concentration）数据分别为美国国家航空航天局网站的 SeaWiFS（Sea – viewing Wide Field – of – view Sensor）的 3 级产品（http：//oceancolor. gsfc. nasa. gov/）、美国国家大气和海洋局太平洋海洋环境实验室 SeaWiFS 水色数据（http：//oceanwatch. pifsc. noaa. gov/las/servlets/dataset）。数据时间分辨率为月，空间分辨率分别为 0.083° 与 0.1°。同样，上述叶绿素浓度数据分别记作 CHL – OCR 与 CHL – CWH。

2008 年 8 – 9 月的 Terra MODIS（Moderate Resolution Imaging Spectroradiometer）叶绿

素浓度与海表水温数据（分别记作 CHL – MDS，SST – MDS）来自美国国家航空航天局网站的 3 级产品（http：//oceancolor. gsfc. nasa. gov/），数据时间分辨率为月，空间分辨率为 0.083°。

　　数据分为两部分，1998 至 2007 年的数据用于估计、构建栖息地模型，2008 年的数据用于评价模型预测效果。

3. 环境数据的处理与分析

　　由于渔业数据的空间分辨率为 0.5°，因此，当环境数据的空间分辨率大于 0.5°时，本文取其在 0.5°×0.5°网格内的平均值。若环境数据的空间分辨率等于 0.5°，但环境数据网格中心与渔业数据网格中心不一致时，则采用双线性内插法，以获得与渔业数据网格相对应的环境数据。

　　根据渔业数据的捕捞时间与位置，提取对应的叶绿素浓度与海表水温数据，并分别对来源不同的叶绿素浓度或海表水温数据进行线性回归分析以判断数据是否存在系统性偏差，即回归直线是否显著偏离 Y = X 直线。若回归直线的截距与斜率的 95% 置信区间分别包含 0 与 1，则认为回归直线没有显著偏离 Y = X 直线，不存在系统性偏差；若否，则判断存在系统性偏差。

4. 栖息地指数模型的建立

　　本文采用算术平均法（AMM：Arithmetic Mean Model）构建栖息地指数（HSI：Habitat Suitability Index）：

$$HSI = \frac{SI_{\text{CHL}} + SI_{\text{SST}}}{2} \tag{7.18}$$

　　其中 SI 为叶绿素浓度或海表水温数据所对应的适宜性指数（Suitability Index）。SI 的计算方程为：

$$SI_{\text{CHL}} = e^{-A(\ln(CHL) - B)^2} \tag{7.19}$$

$$SI_{\text{SST}} = e^{-C(SST - D)^2} \tag{7.20}$$

　　其中，A、B、C、D 为参数，其估算方法如下：

　　分别将叶绿素浓度按 0.05 mg/m³，海表水温按 0.3℃ 间隔，对叶绿素浓度与海表水温进行分类，并统计各类总产量。按式（7.21）估算 SI

$$SI_{\text{X}} = \frac{C_{X,i}}{C_{X,Max}} \tag{7.21}$$

　　其中，X 为叶绿素浓度或海表水温，$C_{X,i}$ 为 X 分类间隔 i 所对应的捕捞产量，$C_{X,max}$ 为 X 分类间隔中的最大产量。

　　根据式（7.19）、式（7.20）利用非线性最小二乘法估计 A、B、C、D，其中叶绿素浓度与海表水温数据分别取分类间隔的中间值。

5. 数据对栖息地模型拟合结果的分析

由于存在多版本的叶绿素浓度与海表水温数据，因此 A 与 B 或 C 与 D 有多个估计。为比较数据差异是否足以使估计的参数显著不同，采用 Bootstrap 方法计算各参数的 95% 置信区间，当参数估计值不在该置信区间内，则认为数据差异导致了估计参数的显著不同，反之亦然。Bootstrap 估计 A 与 B 的 95% 置信区间的方法为：① 对某捕捞位置，存在两个叶绿素浓度，其分别来自 CHL - OCR 与 CHL - CWH，因此，可以随机选择其中之一作为该捕捞位置的叶绿素浓度值，若对每个捕捞位置的叶绿素浓度进行随机选择，则可生成新的叶绿素浓度时间系列；② 对上述叶绿素浓度时间系列，可用栖息地指数模型方法估计 A 与 B 参数；③ 将①与②过程重复 2000 次，则可获得 A 与 B 的经验分布，并可计算 2.5% 与 97.5% 分位数以作为其 95% 置信区间。C 与 D 的 95% 置信区间的估计与上述过程一致，在此简略。

2 组叶绿素浓度、3 组海表水温数据，可组合成 6 个栖息地模型（见表 7.9），利用 6 个栖息地模型及其对应的环境数据，计算 1998 至 2007 年各捕捞位置的栖息地指数，并对该 6 个栖息地指数进行线性相关分析。

表 7.9　栖息地模型的定义

输入数据 input data		栖息地模型
叶绿素浓度 Chlorophyll - a concentration	海表水温 Sea surface temperature	habitat suitability index models
CHL - OCR	SST - CWH	HSI1
CHL - OCR	SST - ORE	HSI2
CHL - OCR	SST - CRA	HSI3
CHL - CWH	SST - CWH	HSI4
CHL - CWH	SST - ORE	HSI5
CHL - CWH	SST - CRA	HSI6

7.7.2　结果分析

1. 环境数据的分析

2 组叶绿素浓度或 3 组海表温度数据之间均存在显著线性相关性（n = 270，P < 0.001），表 7.10 显示，仅 SST - CRA 与 SST - ORE 之间的线性关系与直线 Y = X 没有显著性差异，这表明系统性偏差存在于 CHL - OCR 与 CHL - CWH，SST - CWH 与 SST - CRA 及 SST - CWH 与 SST - ORE 之间。同时，由图 7.33 可知，叶绿素浓度数据具有

相对较好的一致性，但不同类型的海表温度数据之间存在较高的离散度。

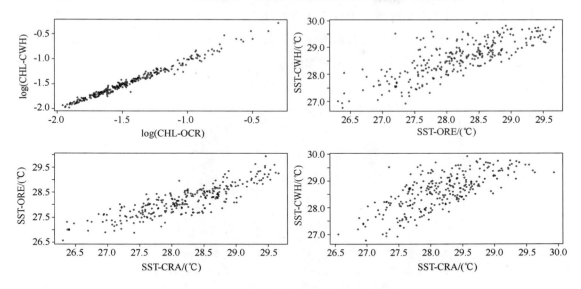

图 7.33　叶绿素浓度与海表水温数据散点图

表 7.10　线性回归分析

自变量 X Independent variable	应变量 Y dependent variable	回归方程 regression equation	95% 置信区间 95% confidence interval	
			斜率 Slope	截距 intercept
ln（CHL－OCR）	ln（CHL－CWH）	$Y=0.98X-0.06$	[0.96, 1.00]	[－0.09，－0.03]
SST－ORE	SST－CWH	$Y=0.75X+7.54$	[0.68, 0.82]	[5.59, 9.50]
SST－CRA	SST－ORE	$Y=1.04X-1.00$	[0.96, 1.11]	[－3.09, 1.09]
SST－CRA	SSTCWH	$Y=0.82X+5.38$	[0.73, 0.92]	[2.72, 8.03]

2. 栖息地模型拟合结果的比较

由表 7.11、图 7.34 及图 7.35 可知，模型参数均得到较好估计。图 7.33、图 7.34 显示使用不同来源的数据，环境变量对应的适宜性指数存在较大差异，如图 7.34，在 28.7 ~ 29.0℃区段，三个 SST 数据对应的适宜性指数分别为 1.00、0.64 及 0.23。

从表 7.11 可知，对于叶绿素浓度数据，基于 CHL－OCR 拟合的参数 A 不在 Boot-strap 估计的 95% 置信区间内；而对于海表水温数据，基于 SST－CWH 拟合的参数 C 与 D、基于 SST－CRA 拟合的参数 D 均不在 Bootstrap 估计的 95% 置信区间内。因此，可认为叶绿素浓度或海表水温数据之间的差异足以使估计的参数显著不同。

6 个栖息地模型计算的栖息地指数均存在显著线性相关关系（n = 270，P < 0.001，

图 7.36）。图 7.36 显示，HSI1 与 HSI4，HSI2 与 HSI5，HIS3 与 HSI6 具有最佳相关关系（r = 0.99）。由表 7.9 可知，HSI1 与 HSI4，HSI2 与 HSI5，HIS3 与 HSI6 分别具有相同海表水温数据，但叶绿素浓度数据不同；同时，结合图 7.33 可知，海表水温数据的不一致是导致栖息地指数不一致的主要原因。

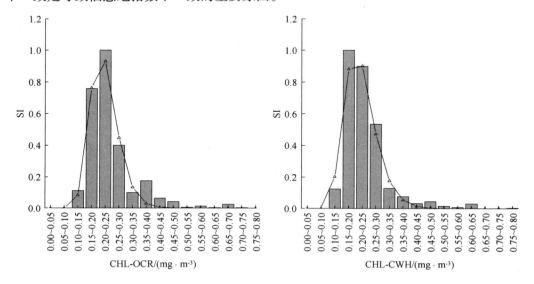

图 7.34 叶绿素浓度与适宜性指数的关系

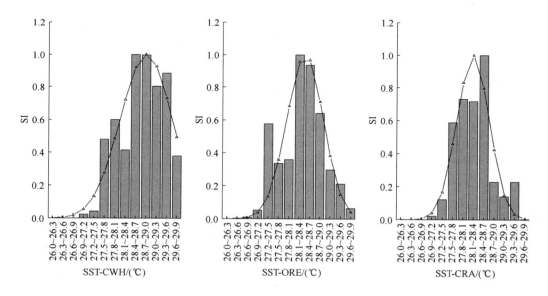

图 7.35 海表温度与适宜性指数关系

表 7.11　适宜性指数（SI）模型的参数与 Bootstrap 95％置信区间估计

数据 Data	参数估计 parameters estimation				Bootstrap 95% 置信区间 bootstrap 95% confidence interval
	参数 parameters	估计值 estimation	t 值 t values	P 值 P value	
CHL – OCR	A	9.81	9.36	< 0.0001	[7.08, 9.24]
	B	1.58	110.86	< 0.0001	[1.57, 1.62]
CHL – CWH	A	7.30	10.58	< 0.0001	[7.08, 9.24]
	B	1.61	104.20	< 0.0001	[1.57, 1.62]
SST – CWH	C	0.89	4.79	0.0010	[0.90, 4.25]
	D	28.86	330.95	< 0.0001	[28.32, 28.57]
SST – ORE	C	1.77	4.28	0.0016	[0.90, 4.25]
	D	28.41	373.68	< 0.0001	[28.32, 28.57]
SST – CRA	C	2.28	4.80	0.0007	[0.90, 4.25]
	D	28.24	472.40	< 0.0001	[28.32, 28.57]

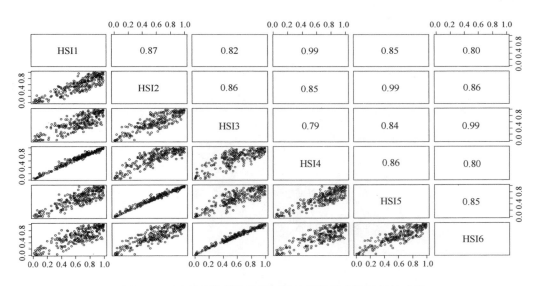

图 7.36　栖息地模型计算的栖息地指数散点图及相关系数

　　数据 CHL – OCR 与 CHL – CWH 均源自 SeaWiFS 传感器，SST – CWH 与 SST – ORE 均源自 AVHRR 传感器，而 SST – CRA 数据也同化了 AVHRR 传感器的海表水温资料，因此这些数据具有较好的同源性，数据间存在显著相关关系。尽管如此，数据的反演与处理误差足以导致参数估计存在显著不同，基于不同数据源拟合的模型不具有一般适用性，即不能适用于其他数据。导致这种结果的主因是不同源数据之间存在系统性偏差，即偏离了 Y = X 直线。对于 Terra MODIS 数据，尽管 CHL – MDS 与 CHL – OCR

或 CHL－CWH 不存在显著系统性偏差，但 SST－MDS 与 SST－CWH、SST－ORE、SST－CRA 均存在显著系统性偏差。

对渔业资源变动规律的研究，常需要长时间系列数据，因此，当使用海洋环境数据时，必须考虑数据的一致性，特别是遥感数据，因为不同传感器均有一定的使用寿命，如 SeaWiFS 数据有效期为 1997 至 2010 年，而不同传感器间的数据可能存在系统性偏差。当数据存在系统性偏差时，在使用数据前，必须采用相关方法进行校正，以保持数据的一致性。

环境数据除存在系统性偏差外，还具有随机误差。数据的随机误差直接导致模型预测结果存在不确定性，不同模型相同月份的预报成功率均存在较大不同。当前大多数研究，仅使用数据的一个版本如 CHL－OCR 或 CHL－CWH，此时，输入数据的随机性误差及其引起的模型结果的不确定性不易引起研究者的注意与重视，如利用栖息地模型计算栖息地指数时，通常不估计其置信区间，这有可能对资源的开发、管理与保护产生不良结果。因此，建议采用已校正系统性偏差的多源数据，为栖息地指数数据的科学使用提供依据。

第 8 章　海洋遥感在渔业资源
评估中的应用

海洋环境要素与鱼类有着密切的关系，海洋环境的变化影响鱼类的分布、洄游路线以及资源量的大小。海洋鱼类的产卵数量及其早期阶段的存活率、空间分布等对其种群资源量及变动的影响非常显著。遥感在估算鱼卵丰度，研究鱼类早期阶段的存活与分布变动对种群补充影响等方面也有很多应用。在渔业资源评估上，通常采用 CPUE（Catch Per Unit of Effort）作为生物资源丰度指数，但需进行标准化。遥感数据如海表温度、叶绿素浓度等可应用于对 CPUE 的标准化（Bigelow et al，1999），或直接加入到资源评估模型中，用于渔业资源评估（Laurs et al，2001）。利用遥感估算的初级生产力数据结合营养级间的能量传递关系，可以估算渔业资源量（梁强，2002）。此外，通过航空遥感调查也能估测某些鱼种的资源量（Roithmayr，1970）。现在已有许多长时间系列的遥感数据，在空间上可以覆盖全球。这为研究渔业资源的年际、年代际变动及其同全球气候变化之间的关系提供了条件。

本章以鲐鱼为例，主要分析了东、黄海鲐鱼渔场的分布与东、黄海遥感获取的海表水温、叶绿素浓度等环境要素的关系，利用 GAM 模型分析了各环境要素与 CPUE 的定量关系。利用遥感海表水温、叶绿素浓度与地形数据，构造了一个随机元胞自动机模型模拟黄海鲐鱼的空间分布的动态演化。利用不同月份的平均海表水温，分析了海表水温与鲐鱼资源量年际变化关系，利用主成分分析方法（PCA）分析了鲐鱼资源的年际波动，对渔业资源评估的未来趋势进行了展望。

8.1　利用 GAM 模型定量分析海洋环境要素与 CPUE 的关系

海洋环境影响渔业资源的空间分布及其随时间的波动，环境因子是渔业管理模型必须考虑的重要因子（Bigelow, et al，1999；Jacobson et al，2005；Herrick et al，2007）。研究环境要素对东、黄海国营大型鲐鲹鱼灯光围网捕捞效率的影响是鲐鱼渔情分析与渔业资源评估的重要内容（商少陵等，2002；张学敏等，2005）。与此同时，随着遥感技术的发展，遥感已成为海洋渔业研究的重要手段（樊伟，2004；官文江等，2007）。

利用 GAM 模型研究了海表水温、叶绿素浓度、风场、海面高度距平等环境因子对鲐鱼 CPUE 的影响，以为鲐鱼渔情分析与渔业管理提供理论支持；同时进一步展示海洋遥感在近海渔业中的应用潜力及存在的问题。GAM 模型不需进行线性假设，具有非参数化特征，与 GLM（Generalized Linear Models）模型相比更具灵活性（Maunder et al，2004；Venables et al，2004a；田思泉，2006），GAM 模型已成为渔业数据分析的重要数学模型（Bigelow et al，1999；陈新军，2008），针对渔业数据的时空特点，对 GAM 模型在渔业数据分析中存在的问题进行了探讨。

8.1.1　数据与方法

1. 数据来源

国营大型鲐鲹鱼灯光围网渔业数据来自上海水产大学鱿钓技术组，时间为 1999 年 8 月至 2003 年 12 月，水温数据来自 NOAA，数据时间分辨率为 7 天，空间分辨率为 4 千米，叶绿素数据来自 NASA，数据时间分辨率为 8 天，空间分辨率为 9 千米，风场数据来自 NASA，时间分辨率为 1 天，空间分辨率为 25 千米，海面高度数据来自 AVISO，时间分辨率为 7 天，空间分辨率为 0.33°。

2. 数据的处理方法

模型所包含的因子有：渔业公司、年、月、农历日期（初一至三十（或二十九），代表月亮亮度指数）、海表水温、海表水温距平、海表水温梯度、叶绿素浓度、叶绿素浓度距平、海面高度距平、涡动能（EKE：Eddy Kinetic Energy）、风速、经度、纬度共 14 个因子进行分析。由于渔业数据、遥感数据的时间与空间分辨率不同，本文根据渔业数据的捕捞时间查找相应时间的遥感图像文件，根据捕捞位置，通过距离平方倒数加权的方法进行内插，得到该位置的遥感要素值。温度距平与叶绿素浓度距平为该位置该时段值减去对应时段的气候平均值。温度梯度计算，先要将地理坐标（度为单位）转换为直角坐标（千米为单位）（杨建新等，2003），然后采用 Robert 算子进行计算，EKE 的计算同样要进行坐标变换，而后采用式（8.3）计算（Mukti Zainuddin，2006）：

$$u = -(g/f)\frac{\partial z}{\partial y} \tag{8.1}$$

$$v = (g/f)\frac{\partial z}{\partial x} \tag{8.2}$$

$$EKE = 0.5(u^2 + v^2) \tag{8.3}$$

其中：$g = 980 \text{ cm} \cdot \text{s}^{-2}$，$f = 2 \times 7.29 \times 10^{-5} \times \sin\varphi$，$\varphi$ 为纬度。

本文利用逐步回归方法（双向），采用 AIC 标准对 GAM 模型进行选择。基于前文分析，本文采用 Gamma 分布，连接函数为自然对数，$\delta = 1$，总公式如下：

$$CPUE + 1 \sim s(Y) + s(ShipNum) + s(SST) + s(SSTNA) +$$

$$s(Wind) + s(Front) + s(EKE) + s(Chla)$$
$$+ s(Front) + s(ChlaNA) + s(Lunar) + s(Lon) + s(Lat) +$$
$$s(MSLA) + lo(Y,ShipNum) + lo(Lat,Lon) + lo(Y,Month) \qquad (8.4)$$

式中：s 为样条平滑函数，lo 为局地平滑函数，Y 为年，ShipNum 为渔业公司编号，SST 为遥感获得的海表水温，SSTA 为海表水温距平，Wind 为风速，Front 为海表水温水平梯度，EKE 为涡动能，Chla 为叶绿素浓度，ChlaNA 为叶绿素浓度距平，MS-LA 为平均海面高度距平，Lunar 为农历日，Month 为月，Lon 为经度，Lat 为纬度。

样条平滑函数自由度（渔业公司初始值为 6）与 loess 平滑函数局地平滑数据比例（年与渔业公司交互初始值南北渔场分别为 25% 与 20%）为默认值，采用 loess 平滑函数以获取交互效应（Nathaniel，1998；Venables，2004b）。

8.1.2　分析结果

1. 分析模型的确定

对于北渔场，最后的分析模型如式（8.5），模型所有因子均显著（P < 0.01），模型所能解释的离差（Deviance）约为 30%，其中环境因子约为 12.2%（SST：4.8%；农历日 3.5%；MSLA：3%；Front：0.5%；Wind：0.4%），非环境因子约为 17.8%，能解释离差最大的因子为渔业公司（8.9%），其次为年（2.9%）。

$$CPUE + 1 \sim s(Y) + s(ShipNum) + s(SST) + s(Wind) + s(Lunar) + s(Lon) +$$
$$s(Front) + s(MSLA) + lo(Y, ShipNum) + lo(Lat,Lon) + lo(Y,Month) \quad (8.5)$$

对于南渔场，采用同样方法，得分析模型如式（8.6），模型 AIC 值为 31 467.46（残差离差为 1 986.97，自由度为 1 944.83），模型所能解释的离差（Deviance）约为 25%。

$$CPUE + 1 \sim s(Y) + s(ShipNum) + s(SSTNA) + s(Wind) + s(Lunar) + s(Lon) +$$
$$s(Month) + s(MSLA) + lo(Y,ShipNum) + lo(Y,Month) + s(Chla) +$$
$$s(EKE) + s(Front) \qquad (8.6)$$

但由于上式的 Chla（Pr（F）= 0.10）与 Front（Pr（F）= 0.42）不显著，通过对 AIC 值较低的模型比较，本文剔除了这两个因子，得式（8.7），模型 AIC 值为 31476.73（残差离差为 2008.77，自由度为 1952.83），所有因子均显著（P < 0.01）模型所能解释的离差（Deviance）约为 24%，其中环境因子约为 10.0%（MSLA4.2%；农历日 3.3%；Wind1.3%；EKE0.7%；SSTNA0.5%），非环境因子约为 14.0%，能解释离差最大的因子为年（5.1%），其次为渔业公司（4.7%）。

$$CPUE + 1 \sim s(Y) + s(ShipNum) + s(SSTNA) + s(Wind) + s(Lunar) +$$
$$s(Lon) + s(Month) + s(MSLA) + s(EKE) + lo(Y,ShipNum) + lo(Y, Month)$$
$$\qquad (8.7)$$

2. 各要素与 CPUE 的关系

对于北部渔场，年份与月份、年份与渔业公司以及经度与纬度，南部渔场年份与月份、年份与渔业公司存在显著的交互效应（图 8.1、图 8.2），因此较难解释这些因子对鲐鱼 CPUE 的影响（Maunder，2004），本文对此类因子与鲐鱼 CPUE 的关系不予讨论。

月相、风速与海面高度在南、北渔场具有相似效应。南北渔场的捕捞效率均随月亮光线变亮、风速（南部渔场约从 4 m/s 起，南渔场，风速小于 4 m/s 区段，其 95% 的置信区间较大，其与 CPUE 的关系存在较大不确定性，常不用于分析）的增强而减弱，海面高度（0 至 15 cm 区间）则均先升后降呈倒抛物线状（图 8.1、图 8.2）。

海表水温在北部渔场与 CPUE 呈明显的负关系，但在南部则不显著，而海表水温距平（在 0 至 1 段）在南渔场与 CPUE 呈倒抛物线关系，在北部渔场则关系不显著。海表水温梯度在北渔场与 CPUE 呈负关系，在南部渔场则不显著。

涡动能在南部渔场效应显著，0 至 150 m^2/s^2 段与 CPUE 呈负关系，随着涡动能的进一步增大，在 150 至 500 m^2/s^2 段，其与 CPUE 呈正关系。但涡动能在北部渔场效应不显著。

叶绿素浓度在南北渔场与 CPUE 的关系均不显著。

8.1.3　讨论与分析

1. 模型分析

基于对渔业数据的分析与经验（Venables，2004b）以及增加其他交互效应，模型的收敛存在问题，增加环境要素的交互效应，将使环境要素与 CPUE 的关系复杂化等原因，模型仅考虑了年与月、年与渔业公司、经度与纬度的交互效应。是否存在其他交互效应，及其对主效应的估算或模型解释能力造成的影响（Venables et al，2004）需要进步探讨。

此外，平滑函数的选择主要基于模型收敛的考虑，其对模型的影响有待进一步分析。此外，由于 GAM 函数对样条函数的自由度与 loess 的局地平滑数据比例能自动调节，因此其初始值的设定并不关键（Agenbag et al，2003）。

2. 结果分析

农历日与风速对 CPUE 的影响，南渔场与北渔场结果相似，这同鲐鲹鱼灯光围网的作业特点有关。风速增强不利于围网捕捞作业，而月光变亮则不利于提高灯光围网的灯诱效果。

在北渔场水温与 CPUE 呈负关系，这与海表水温与纬度（r = 0.65，n = 3239）、月份（r = −0.83，n = 3239）显著相关，水温能在一定程度上代表作业位置与时间存在

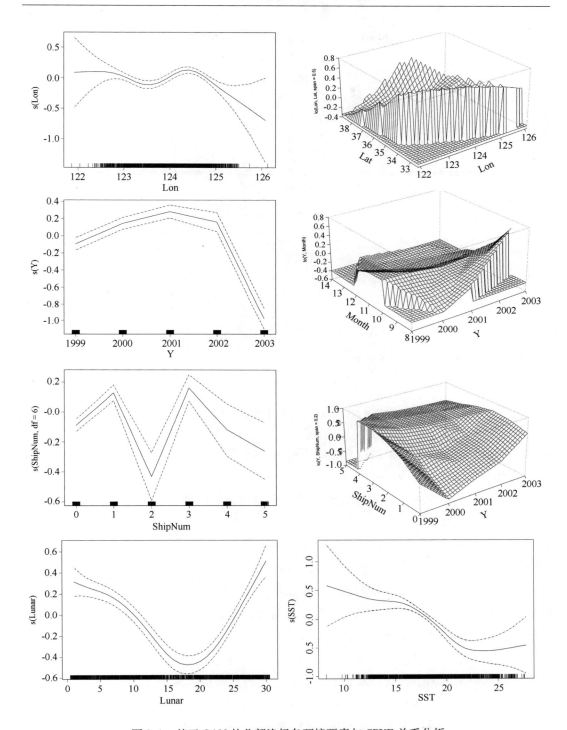

图 8.1　基于 GAM 的北部渔场各环境要素与 CPUE 关系分析

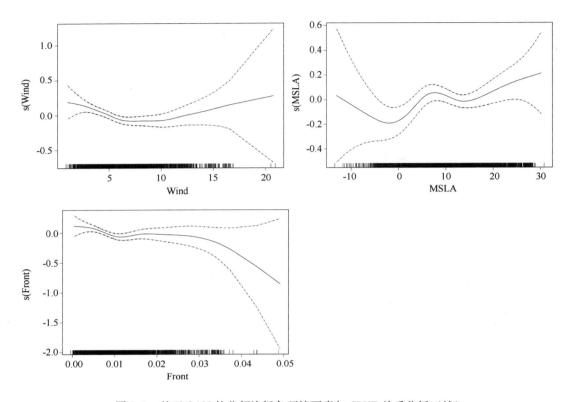

图 8.1　基于 GAM 的北部渔场各环境要素与 CPUE 关系分析（续）

联系，鲐鱼向南洄游的集群过程与温度下降过程同步。因此温度与 CPUE 的关系依赖于捕捞的时间与位置。

　　在南部渔场，作业位置的海表水温受月份及台湾海峡水、黑潮水、沿岸水系等相互消长的影响，水温与 CPUE 的关系相对复杂。水温的相对升高有利于鲐鱼生长与捕捞，但水温过高，有可能导致鲐鱼渔场的北移：图 8.3 表明温度距平较低时（2000，2001），捕捞单产量较低，温度距平升高（2002），单产得到提高，但温度距平过高，渔场出现北移（2003），这可能是海表水温距平与 CPUE 呈倒抛物线型的关系的原因。由于此区海表水温与海表温度距平存在显著的相关关系（r＝0.78，n＝2008），海表水温距平进入模型则造成海表水温的效应不显著。

　　海表水温梯度可以描述海洋温度锋强度，海洋锋区是生物聚集区，研究表明锋面有利于鲐鲹鱼渔场的形成（Park J H，1995），另外，根据苗振清（1993）等人的研究，鲐鲹鱼常分布于锋区偏高温、高盐一侧。本文结果表明，渔场并不位于海表水温度梯度较强区，海表水温梯度在北部渔场与 CPUE 总体上呈负关系，在南部渔场则效应不显著。造成这一现象的原因可能是遥感水温是海表温度，表层温度锋与海洋生物锋区存

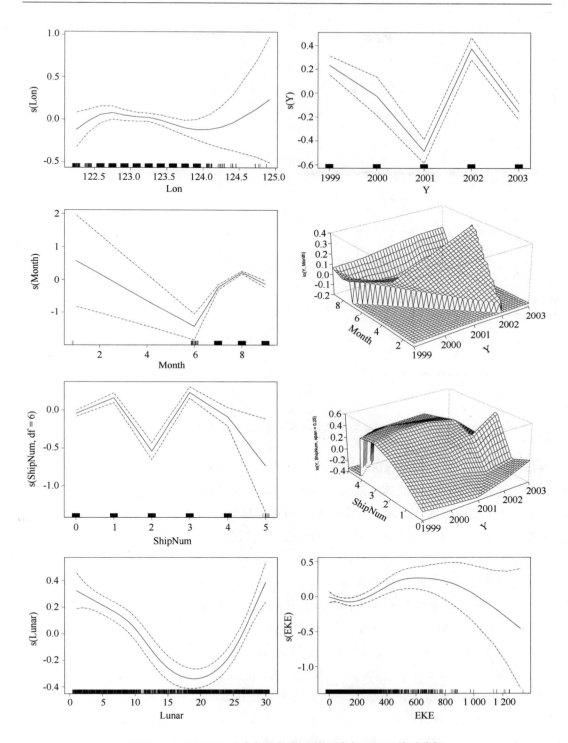

图 8.2　基于 GAM 的南部渔场各环境要素与 CPUE 关系分析

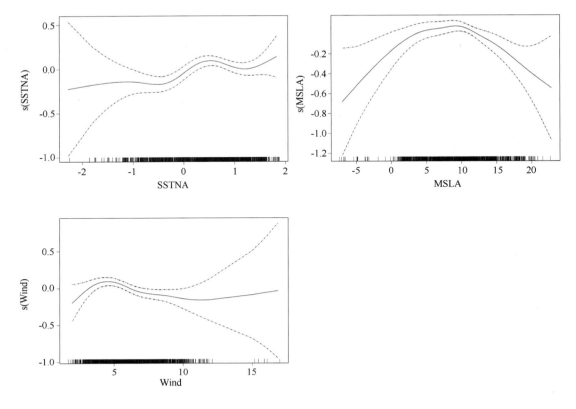

图 8.2　基于 GAM 的南部渔场各环境要素与 CPUE 关系分析（续）

在错位，渔场也有可能与锋区位置存在一定偏移（该鱼种常位于暖水一侧），渔场常在锋区偏高温一侧（台湾北部为偏内海一侧）。同时，北部渔场遥感水温在 10、11、12、1 月份（主要捕捞月份）的空间分布差异相对明显使得温度梯度效应显著，而南部渔场遥感水温在 7、8、9 月份（主要捕捞月份）空间分布相对均匀造成温度梯度效应的不显著。

　　通过叠图分析发现渔场经常分布于高、低海面高度距平之间的海域（图 8.4，图 8.5），这可能与冷暖涡所形成的锋面有关（图 8.6，樊伟，2004），因此海面高度距平与 CPUE 呈到抛物线关系。但由于海面动力高度受水团、流系、海流、潮流等因素的综合作用（樊伟，2004），因此需要进一步研究、确认。

　　据 Mukti Zainuddin 等（2006）等研究认为涡能富集饵料，EKE 大的区域有利于提高金枪鱼的捕捞产量。在南部渔场，受黑潮暖流的影响，该区涡旋活跃（郭柄火等 2004），涡旋对鲐鱼饵料的富集有重要影响，涡动能在 150 至 500 m^2/s^2 段与 CPUE 呈正效应可能与此有关。但涡动能在 0 至 150 m^2/s^2 段（具有该特征的数据主要分布于北纬 27°N 至 28.6°N，东经 123°E 至 124.5°E）与 CPUE 呈负效应，较难给出合理的解

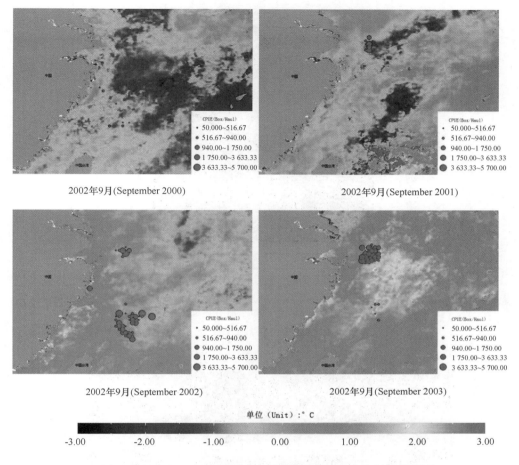

图 8.3　2000—2003 年 9 月南部渔场产量与 SSTA 分布的关系

释，需要进一步调查研究。

　　叶绿素浓度及其距平在南北渔场与 CPUE 的关系均不显著，这可能同叶绿素浓度的精度有关，由于中国近海海水属于二类水，叶绿素浓度与泥沙等信息不能正确区分；此外，在东海，由于水团交错分布，叶绿素浓度垂直分布变化较大，遥感获得的表层叶绿素浓度可能不能真实反映叶绿素浓度实际的大小，因此叶绿素浓度无法表明其饵料丰欠或栖息地的好坏。随着冬季风增强，海水透明度降低并与近岸冷水逐步向黄海中部扩散，使鲐鱼分布逐步收缩于黄海暖流流轴附近较清水体中。但这种空间分布结构，仅用叶绿素浓度这个量值无法给予合理表达。

　　需要说明的是，北部渔场所估算的公司效应与前文 GLM 模型估算的值存在差异，这种差异有可能同数据年份不同有关，但更可能的是，由于温度、海面高度等因子的加入，公司捕捞效率的差异会转化为这些因子的效应，因为具有较好设备和经验丰富

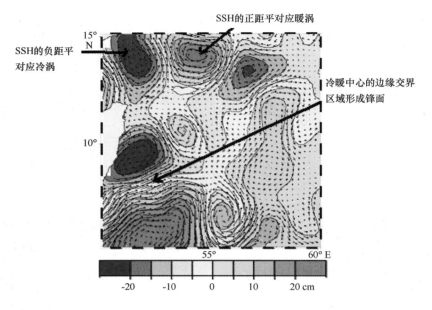

图 8.4　海面高度距平分布与涡、锋面的对应关系

（来源：樊伟，2004）

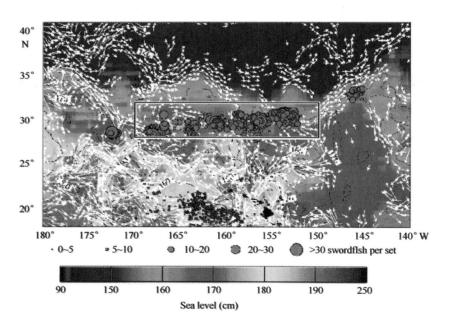

图 8.5　海面高度及箭鱼渔场分布

（引自：美国 PFRP，本文摘自樊伟，2004）

的渔业公司，能及时发现、进入较优的捕捞环境场，获得更好的产量。此外，从图 8.1

与图 8.2 可知，海表水温、海面高度等效应并非线性，采用 GAM 模型分析各要素的效应，能避免线性假设，从而使各要素的效应得以较好的表达。因此，采用 GAM 模型分析有利于构建 GLM 模型。

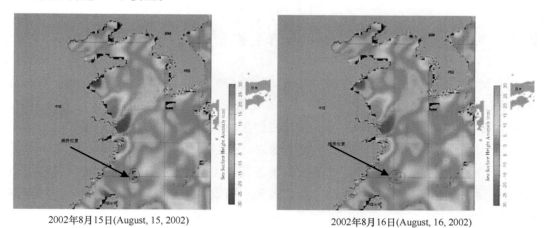

2002年8月15日(August, 15, 2002)　　　　　　　　2002年8月16日(August, 16, 2002)

图 8.6　海面高度距平与鲐鱼捕捞位置叠加图

（海面高度距平数据来源：argo. colorado. edu/ ~realtime/welcome）

采用 GAM 模型探讨环境要素与 CPUE 的关系，可以避免线性假设，从而使各要素的定量关系得以较好地表达。但鲐鱼的洄游习性，使得鲐鱼渔场空间位置动态变化，从而使环境因子与渔场资源密度的关系复杂。例如北部渔场海表水温与 CPUE 的负关系，其并不代表温度越低鲐鱼产量越高，实际上，该关系隐含了特定时间与空间下该温度所具有的集群概率。对洄游性鱼类，采用 GAM 模型探讨环境因子对渔业资源密度的影响及利用该模型进行渔场资源密度预测存在一定局限性。鲐鱼的洄游在时间与空间上具有马尔科夫过程特征，鲐鱼渔场形成同时间与空间环境要素的结构配置存在关联（苏振奋，2001），但对这种空间结构进行参数化以用于 GAM 分析存在困难，如锋区的水温梯度强度在该时段、该区相对较大，但该温度梯度值不一定总对应锋区，这将影响 GAM 模型描述 CPUE 与温度梯度的关系，本文所得模型对 CPUE 变化的解释依然较低，因此使用 GAM 模型进行渔业数据分析必须注意到相关问题。渔业统计涉及大量空间问题（Wood，2006），渔业生态系统可能存在大量非线性、非加性的过程（Ciannelli L，2007），苏奋振（2001）、杜云艳（2001）等对此进行了有益探索，随机元胞自动机模型或许是探索鲐鱼洄游与空间分布的另一途径。

遥感数据应用于渔场分析还受到多种因素的影响，如近海的遥感产品的精度、时间分辨率（如海面高度数据通常时间分辨率为 7～10 天）、天气对可见光与红外遥感数据的影响（如一天的海表水温具有大量的云污染，一周合成的数据也不一定能满足应用要求)、遥感获得的海洋表层信息与海洋断面信息存在差异等,本文使用了不同时间分辨率的数据,这会影响环境要素与 CPUE 的关系。但应该看到随着遥感技术的发展,遥感将成为渔场分析的重要数据收集手段(官文江等,2007)。

8.2 利用元胞自动机模拟鲐鱼的空间分布

鲐鱼渔场的形成与鲐鱼集群洄游有密切的关系,鲐鱼洄游在时间与空间上具有马尔科夫过程特征。渔场的形成与时间、空间要素配置结构密切关联。忽略这种结构,仅以要素量的关系来描述渔场的形成及资源密度的模型存在缺陷。鲐鱼集群是个体对环境及个体之间关系的响应而达到的宏观效果。元胞自动机模型具有利用元胞个体的行为,来表达群体的宏观效果及其演变机制的特点。因此利用元胞自动机及遥感提取的海洋环境数据来研究鲐鱼的空间分布,有利于探索鲐鱼与环境的响应关系、探索鲐鱼的洄游机制。

8.2.1 数据与方法

1. 数据来源

叶绿素数据来自 NASA 的 SeaWiFS 数据,分辨率为 9 km,时间分辨率为月,海表水温数据来自 NASA 的 MODIS (4 km,晚上),时间分辨率为月,空间分辨率为 4 km。国营大型鲐鲹鱼灯光围网渔业数据来自上海水产大学鱿钓技术组,地形数据为 EPOTO -5 来自 NOAA,空间分辨率为 5′。

2. 数据的处理方法

对 33°N 以北的黄海海域进行栅格化,每个网格的空间分辨率为 2′×2′。利用克里金方法对叶绿素数据、海表水温数据、地形数据进行插值,提取上述黄海海区分辨率为 2′×2′的相应数据。

3. 模型构造

(1) 元胞的状态定义。

元胞代表一定数量的鱼群,该鱼群具有两种状态,即索饵状态与洄游状态。处于索饵状态的鱼群尽量处于较为分散的空间,但受到叶绿素浓度约束(由于该海域遥感所获得的叶绿素浓度混有大量泥沙信息,并不能反映饵料状况)。处于洄游状态的元胞有较大概率游向深水以及相对高温海域,同时受到叶绿素浓度的约束。元胞的状态由下列函数确定

$$\overline{SST} = 0.193\,81Lat^2 - 12.395\,42Lat + 211.919\,34 \qquad (8.8)$$

$$Status = \begin{cases} SST < \overline{SST} & 0 \\ SST \geqslant \overline{SST} & 1 \end{cases} \qquad (8.9)$$

该函数来自北部渔场鲐鱼捕捞位置与海表水温的曲线回归。其中：Lat 代表元胞所处的纬度，$\overline{SST}$ 为该纬度时估算的洄游水温，SST 为该元胞位置的实际海表水温，0 为洄游状态，1 为索饵状态。

（2）渔场规则。

渔场边界的确定：渔场的边界由最小水深 $WaterDepth_{min}$ 和最大叶绿素浓度 $Chla_{max}$ 确定，南部边界为北纬 33°N。

栅格最大生物量规定：栅格最大鱼群生物量为 $CellCapacity_{max}$，即当该栅格鱼群生物量达到 $CellCapacity_{max}$，则其他鱼群无法进入，每个鱼群具有最小生物量 $CellCapacity_{min}$。

栅格吸引力确定：栅格吸引力计算主要考虑了叶绿素浓度与距平、温度梯度、温度距平、水深、定义的洄游温度几个因子，计算方程如下：

$$f(x,y)_{chla} = \exp((ChlaC\ lin_{x,y} - Chla_{x,y})A + B - (Chal_{x,y} - C)^2) \tag{8.10}$$

$$FSN = \exp((fishnum_{x1,y1} - fishnum_{x,y})D - fishnum_{x,y}E) \tag{8.11}$$

$$f(x,y)_{depth} = \exp(-depth_{x,y}(\overline{SST_{x,y}} - SST_{x,y})F + G)) \tag{8.12}$$

$$f(x,y)_{SST} = \exp((SST_{x,y} - SSTC\ lin_{x,y})H + (\overline{SST_{x1,y1}} - SST_{x1,y1})(SST_{x,y} - sst_{x1,y1}) + (SST_{x,y} - \overline{SST_{x,y}})I) \tag{8.13}$$

$$f(x,y)SSTF = \exp((SST_{x1,y1} - SST_{x,y})J) \tag{8.14}$$

其中（x1，y1）为当前元胞位置，（x，y）为要进入的栅格位置，$Chla$ 为叶绿素浓度，$ChlaClim$ 为叶绿素浓度气候值，SST 为海表水温，$SSTClim$ 为海表水温气候值，$depth$ 为水深（为负值），$fishnum$ 为鱼群个数，A、B、C、D、E、F、G、H、I、J 为系数，$f(x,y)_{chal}$、FSN、$f(x,y)_{SST}$、$f(x,y)_{depth}$、$f(x,y)_{SSTF}$ 分别为叶绿素浓度、鱼群个数、海表温度、水深、水温梯度差提供的吸引力。在索饵状态，栅格（x，y）的引力为：

$$f(x,y) = f(x,y)_{chla} \times FSN \times f(x,y)_{SSTF} \tag{8.15}$$

在洄游状态，栅格（x，y）的引力为：

$$f(x,y) = f(x,y)_{chla} \times f(x,y)_{SST} \times f(x,y)_{depth} \tag{8.16}$$

（3）鱼群的移动本模型。

采用 Moore 型邻居如图 8.7，因此每个鱼群有 9 个移动方向，各个方向的吸引力由上式计算。当获得各个方向吸引力后，则依次累加并归一化，因此吸引力大的方向，其在 0~1 范围所占的区间则大，即其被选择的概率就大。然后根据 0~1 的随机数所落区间，便可获得元胞下一个移动方向。

为了简化，一个栅格只记录一个鱼群，但这个鱼群允许分裂，分裂的个数有下式决定：

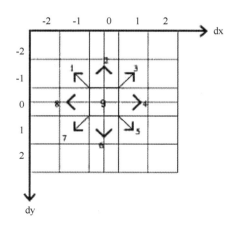

图 8.7　网格与移动方向

$$FishSnum = \frac{Cellpacacity}{Cellpacacity_{\min}} \qquad (8.17)$$

$$FishSnum = Mod(rand(\ ), FishSnum) + 1 \qquad (8.18)$$

$$FishSnum = FishSnum \times \exp(SST_{x1,y1} - \overline{SST_{x1,y1}}) \qquad (8.19)$$

其中 *Cellpacacity* 为元胞实际生物量，Mod 为取模，*FishSnum* 为计算确定的分裂群数。rand（ ）为获得 0 至 32 767 的随机数函数。但每个鱼群分裂个数不能超过 *BreakShoalMaxNum* 个，这个参数在初始化时设定。

同样，鱼群移动快慢程度可通过对其所在点的加权系数（Wf）来决定。为减少鱼群移动的随机性，可设置一整数参数（Df）来控制鱼群的移动方向数，即从 9 个方向中选择 Df 作为下一步移动方向数，其他方向为零。鱼群将随机对 Df 方向进行试探，如果 Df 个方向（如果不包括原地）都不能移动，则允许留在原地。

（4）鱼群的移动速度。

鱼群在不同状态下，其移动速度是不一样的，索饵则移动相对缓慢，洄游则相对快速，温度越低，则可促使鲐鱼快速洄游，因此采用下式进行确定：

$$p = \min(\exp((\overline{SST_{x1,y1}} - SST_{x1,y1}))^{A}/\exp((\overline{SST_{x1,y1}} - SST_{x1,y1}))A + 1^{+B,1}) \qquad (8.20)$$

其中 *Min* 为取最小函数。

根据 0 ~ 1 的随机数确定所选择鱼群是否要进行移动，即随机数小于则移动，否则不移动，通过控制移动次数，来达到控制鱼群移动速度。

（5）算法流程。

数据的初始化：遥感数据、地形数据的读入内存，相关参数的设置，将鱼群随机分布于模拟海区，建立鱼群元胞索引表。

随机循环移动鱼群：线性内插遥感数据、随机选择待移动的鱼群，计算移动鱼群所在格点及其领域格点的吸引力，根据引力计算各格点的移动概率，移动鱼群，结束后重新建立鱼群元胞索引表。

8.2.2　研究结果与分析

图 8.8 是利用 2000 年叶绿素浓度与海表水温模拟的鲐鱼鱼群分布，该图能动态反映鲐鱼集群向南洄游过程，并在 1 月份鱼群收缩于黄海暖流流轴区，结果在一定程度上再现了洄游这一过程。但在 1 月份北黄海还存有部分鱼群可能不太合理。与捕捞位置的比较，在 11 月、1 月拟合较好，在 12 月，南部鱼群位置偏西，与捕捞位置存在差异。

利用遥感数据与元胞自动机模型，模拟了鲐鱼在空间分布上随时间的演变过程。

从结果上看，鲐鱼最终能收缩于黄海暖流流轴区。模拟结果与实际捕捞位置相比，存在差异。由于捕捞位置可能不能完全代表实际的鱼群分布位置，同时鱼群受到捕捞的影响，其空间分布会改变，这个因素在目前的模型中没有给予考虑，因此模拟结果较难给予合理的评价，这需要进一步调查和对模型进行改进。模型的参数设置基本是依靠经验，存在以下几方面的问题。

① 鱼群的分布。由于没有鱼群分布的先验知识，本文将鱼群在研究海域随机均匀分布，这不可能符合实际，这对结果会造成影响。

② 鱼群速度的控制。不同海域的鱼群在洄游速度上应该存在差异，本文利用温度的高低与采用 logit 函数来描述这种差异存在问题，从 1 月份的鱼群分布来看，北黄海还有部分鱼群存在与此有关。

③ 模型构造。模型的构造是基于前面数据分析的理解，模型不能自动根据捕捞位置数据进行调节，没有学习能力，这需要进一步发展，改进。尽管如此，由于鲐鱼渔场的形成受海洋环境要素的时、空分布动态演化影响，忽略渔场形成的这种特点，会对鲐鱼与海洋环境关系的研究造成影响。因此，采用元胞自动机，利用遥感数据来研究鲐鱼鱼群的分布、探讨鲐鱼洄游生态特点、鲐鱼对环境的响应关系具有可行性。进一步加强鲐鱼对环境响应关系的理解、收集鲐鱼的空间分布数据、增加模型学习能力。

图 8.8　2000 年 9 月 2001 年 1 月 模拟结果与实际捕捞位置（红点）的分布

图 8.8　2000 年 9 月 2001 年 1 月 模拟结果与实际捕捞位置（红点）的分布（续）

8.3　利用遥感水温数据分析东海外海鲐鱼资源变动

随着我国近海底层鱼类资源的衰退，鲐鱼在渔业中的地位日益重要，制定合理的鲐鱼资源的渔业管理计划（FMP：Fishery Management Plan）对鲐鱼资源合理、可持续利用至关重要。鲐鱼资源的变动与海洋环境的关系密切，受海洋环境的影响，鲐鱼资源表现出波动变化，并具有一定的周期性、突变性（Yatsu et al, 2005；Hiyama et al, 2002）及与渔业的无关性（Hiborn et al, 1992）。渔业资源波动变化，增加了渔业管理的风险与不确定性。这使得环境因素在渔业资源评估中得到重视，渔业资源评估模型逐渐也必须考虑环境参量（陈卫忠等，1997；Jacobson et al, 2005）。

本文利用东海外海我国大型鲐鲹鱼围网渔业数据及遥感水温数据分析了鲐鱼资源变动同海表水温的关系，为东海南部鲐鱼资源的评估模型的构造与管理提供依据。

8.3.1　数据与方法

1. 数据

1998—2006 年国营大型鲐鲹鱼灯光围网数据来自上海水产大学鱿鱼技术组，数据按月、大渔区，分渔业公司统计，根据生产统计的空间分布，将作业海区分为三个子区域：32°N 以北称为 1 区，东海外海为 2 区，长江口及舟山外海为 3 区，本文只分析 2 区 7 月至 10 月数据（纬度小于 31°N），对于 2 区，捕捞通常集中在 7、8 月份（网次与产量均占 50% 以上），捕捞水域也相对集中，为此，本文进一步划出一子区（图 8.9A，多边形区域），对此子区采用 7、8 月份捕捞数据分析其资源变动的原因。

遥感水温数据为 TRMM/TMI（Tropical Rainfall Measuring Mission（TRMM/Microwave Imager）遥感海表水温数据（SST），数据的空间分辨率为 0.25° × 0.25°，时间分辨率为月。本文选择该遥感水温数据主要是基于该数据不受云影响，数据在空间、时间分布上连续，同时具有足够的精度（Zainuddin et al, 2006）。

2. 研究方法

CPUE 为捕捞产量除以网次，由于渔业公司间捕捞效率存在明显差异，本文采用 Delta - GLM（GAMMA）方法对 CPUE 进行标准化（Punt et al, 2004）以消除渔业公司捕捞效率差异的影响，标准化时，本文只考虑渔业公司、年、月、渔业公司与年交互、年与月交互的影响。同时考虑到捕捞数据空间与时间分布的差异，本文采用 Honma 方法（田思泉，2006）对 CPUE 进行调整。

共有 108 幅遥感水温数据（1998.1 - 2006.12），采用标准 PCA（Standardized Principal Components Analysis）进行数据变换（Cole, 1999；徐建华，2000；Piwowar et al, 2001），对前几个主成分进行局部克里金（Local Kring, N = 5）内插加密显示以进行空间结构分析，对主成分载荷进行时间结构及相关分析。

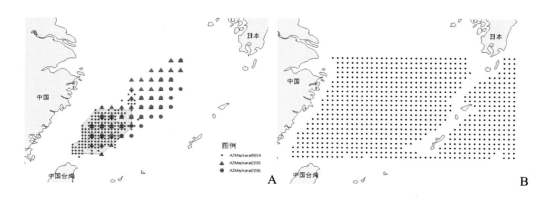

图 8.9　捕捞与遥感数据的分布

根据 Hiyama 等（2002）、崔科（2005）的研究表明，产卵时期的水温同鲐鱼资源量有紧密关系，为了进一步研究产卵期水温对鲐资源及其分布的影响，本文计算 1998 至 2006 年产卵区（25°N - 28°N，122°E - 126°E）每个像素每月的平均温度，以此计算温度距平为正的像素个数及距平为正、为负总和值，分析了这些数值与 CPUE 的关系。

8.3.2　结果

1. 数据标准化

从标准化结果来看，名义 CPUE（NCPUE）、标准化 CPUE（SCPUE）及标准化后经过 Honma 方法调整的 CPUE（SHCPUE）存在明显区别（图 8.10），NCPUE 与 SCPUE 基本趋势相同，但 SCPUE 变化幅度较大，年际差异明显，SHCPUE 则在 2001 与

2004 年的趋势与前二者不同, 年际变化幅度居于 NCPUE 与 SCPUE 之间, 本文采用 SHCPUE。

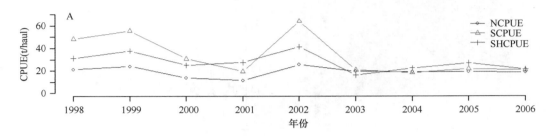

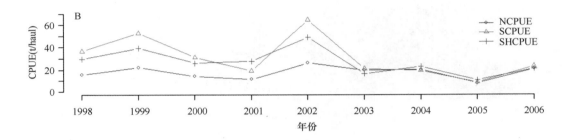

图 8.10　CPUE 及标准化结果比较

（A）7 至 10 月数据　　（B）7 至 8 月数据

2. 主成分变换结果

通过对 108 幅遥感水温数据进行标准主成分变换, 得到 108 个主成分, 根据 Li 等 （2000）结果（M = 807, N = 108）, 则最少有 4 个主成分具有有用信息（Li 等, 2000; 表 8.1）, 共能解释总方差变化的 88%（见表 8.1）。各主成分及其载荷变化见图 8.11。 从图 8.11 可以看出, 主成分 1 主要表现出水温分布的平均状态, 主成分 2 表现出台湾 暖流及黑潮影响的空间形态, 本文仅分析了主成分 1 与 2 同鲐鱼资源的关系。

表 8.1　主成分及其占总方差比例

项目	Comp1	Comp2	Comp3	Comp4	Comp5
标准差	8.84	2.87	2.33	1.82	1.20
所占方差比例	0.72	0.08	0.05	0.03	0.01
累积方差比例	0.72	0.80	0.85	0.88	0.89
$U_j^{9.5}$	<2.28	<2.17	<2.10	<2.05	<2.00
T_j/U_j^{95}	>31.58	>3.67	>2.38	>1.46	>0.5

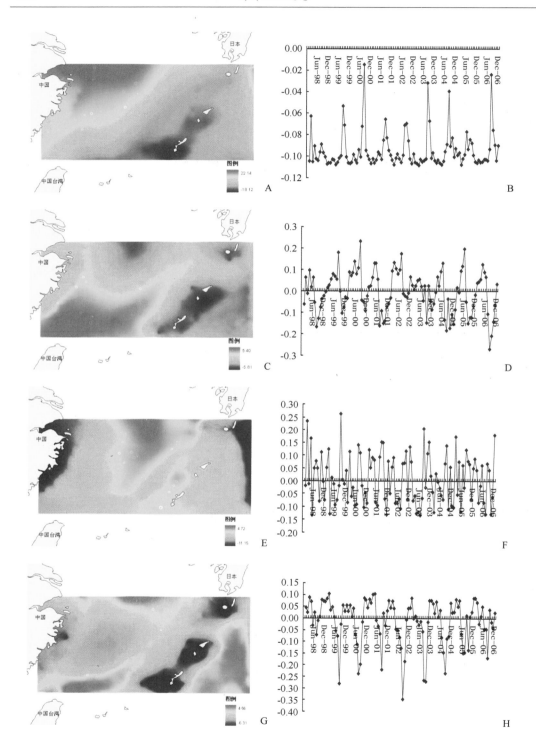

图 8.11　主成分及其载荷随时间变化

3. 鲐鱼资源变动分析

（1）鲐鱼资源周期变动同第一主成分载荷变化的关系

第一主成分主要反映水温分布平均状态，依图 8.11B，可以看出载荷随时间分布存在周期性，如 1998—2000 年，2000—2003 年和 2003—2006 年，从 CPUE 的变化来看，具有一定的对应性，如 2000、2003 及 2006 年产量较前一年都有减少，随后 CPUE 逐年增加，并在其前一年如 1999、2002、2005 年达到局部最大（图 8.12A），由于 2005 年捕捞区域明显北移、主要作业月份推后，其 7、8 月份在子区捕捞次数仅为 5 网次，因此此区 7、8 月份产量很低（图 8.12B）。

（2）鲐鱼资源变动同第二主成分载荷的关系。

第二主成分主要反映黑潮及台湾暖流的影响，采用 1-8 月（繁殖、生长月份）正载荷总和来代表黑潮及台湾暖流影响强度（KI），其同 SHCPUE，除在 2000 年不同外，有非常相似趋势（图 8.12A），数据相关性较好（$R^2 = 0.65$，$N = 8$，$P < 0.05$），对子区 7-8 月 SHCPUE，去除 2000 年与 2005 年数据时（图 8.12B），CPUE 与其存在显著相关性（$R^2 = 0.73$，$N = 7$，$P < 0.05$）。

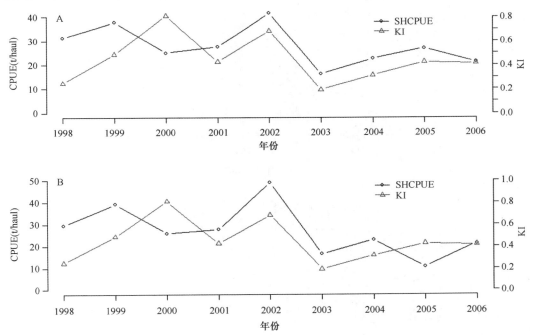

图 8.12　CPUE 与 KI 随时间分布

（A）7 至 10 月数据　　（B）7 至 8 月数据

（3）鲐鱼资源变动与产卵期水温关系。

上半年产卵期水温同鲐鱼资源变动都呈正关系，其中以 3、4 月份温度同全区 SHCPUE、子区 SHCPUE 的相关关系最显著（图 8.13）。由于全区 SHCPUE 数据包含的范围较大（见图 8.13），月份较多，其同水温的关系相对松散（图 8.13A），说明该产卵区对子区影响更强烈。此结果不同于 Hiyama 等（2002）、崔科（2005）等人所得出的负关系，与 Nishida（1997）、Hwang（1999）结果一致。

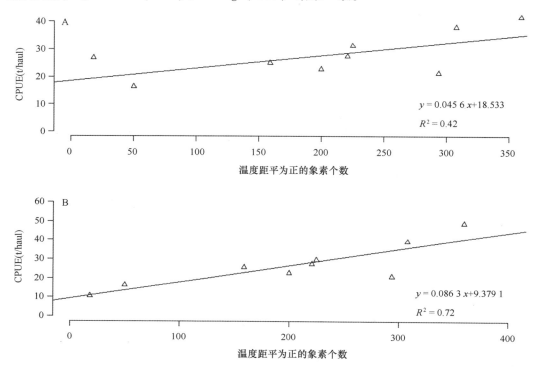

图 8.13　CPUE 与产卵区温度距平为正数据点数总和的关系
（A）7－10 月　（B）7－8 月

8.3.3　讨论与分析

1. CPUE 标准化

国营大型鲐鲹鱼灯光围网捕捞数据通常是研究鲐鱼资源的重要数据源，由于各渔业公司的捕捞效率存在明显差异，用商业捕捞数据求取的 CPUE，通常须进行数据的标准化，同时注意到，捕捞努力量在东海南部渔场、长江口舟山渔场及北部渔场的分布存在竞争（俞连福，1997；丁永敏，1992），在时间与空间的分布上存在年际差异，据此采用 Honma 法进行 CPUE 的调整是必要的（田思泉，2006）。从日本及韩国的生产数据及李纲的研究结果，2001 年资源量相对 2000 年有所提高（李纲，2008）。但基于目前的数据，本文无法探讨这种调整是否与事实一致，从本文结果看，调整后的 CPUE 更能反映水温的影响。CPUE 标准化及其与渔业资源量的关系读者也可参阅有关文献（Hilborn et al，1992；Compell，2004）。

2. PCA 变换数据选择

选择不同海区数据进行 PCA 变换，结果表现不同，这同海域本身的复杂性是一致的，同时，不同海域捕捞鱼种组成上存在差异，对水温的响应必然存在不同。本文海区的选择主要考虑黑潮及台湾暖流的影响及对捕捞区域的覆盖，从图 8.11C 的结果看，能反映黑潮及台湾暖流对此区域的影响形态。但如果没有包括琉球群岛以东数据，则所得结果不成立，此原因需进一步探究。

3. 水温与鲐鱼资源的关系

从图 8.13 的结果看，子区 SHCPUE 同 3、4 月份产卵区的水温关系非常密切，呈正相关，产卵区域的确定没有严格的调查数据支持，本文参考了相关研究结果并结合自身数据确定（桧山义明等，2005；由上龍嗣等，2006），但采用陈敏祥（2000）的研究结果来确定产卵海区，结果一致。不同学者对水温与鲐鱼资源量的关系有不同的解释。本文认为，产卵期水温的高低会影响成鱼对产卵区域的空间选择；春季该海域营养盐限制较弱，水温的高低对初级生产力有较强的限制作用，因此水温的提高有利于初级生产力的提高，为仔幼鱼提供丰富的食物；水温提高，有利于幼鱼生长，从而增强其竞争能力（何发祥等，1999），图 8.12 与图 8.13 都表明暖环境有利于鲐鱼资源，同时必须注意到本海域有较多澳洲鲐（围网渔业数据没有区分澳洲鲐与日本鲐，澳洲鲐数据统计为日本鲐），由上龍嗣等（2006）结论与本文相似，因此对于该海域，本文结果具有合理性。

2000 年在图 8.12A 和图 8.12B 上表现异常，2005 年在图 8.12B 上表现异常，2000、2005 年在图 8.13B 中没有出现异常，表明 2000 年和 2005 年产卵海区水温低是造成子区产量低的原因，且 2000 年此区产量、网次占全区产量、网次的比重均在 95%以上，因此其全区低产也是受产卵区低温的影响；同时由图 8.10A，图 8.11B 可知，2000 年为水温短周期调整年，鲐鱼资源相对较差，这也将使 2000 年在图 8.12A 和图 8.12B 上表现异常。从图 8.10A 和图 8.11B 可知，2005 年为资源相对好年，因此在图 8.12A 上 2005 年符合趋势，在图 8.12B 上的异常，是由该年渔场北移、渔期延迟造成的。上述结果表明水温的整体调整（如 2000 年）、局部差异（如上述产卵区），使鲐鱼资源在空间、时间分布上进行了调整，同时又存在鱼种更替现象（如日本鲐与澳洲鲐）及捕捞压力对资源补充量的影响（整个渔业资源出现衰退），这些差异会造成水温与资源量关系的不确定。

4. 环境对鲐鱼资源变动的影响

期间转换（Regime shift；Yatsu et al，2005；Zhang et al，2007）与最优环境窗口（Optimal environment window，Cury et al，1989；Cole et al，1998；Grote et al，2007）是探讨环境对渔业资源影响的两个主要理论。由于本文时间系列较短对此不能作深入分析。但浙江群众围网产量（黄传平，1995；张秋华等，2007）与 PDO（Pacific Decadal Oscillation Index ，http：//jisao. washington. edu/pdo/PDO. latest，2008 － 1）及 SOI（Southern Oscillation Index，http：//www. cpc. noaa. govdataindices/soi，2008 － 1）存在对应关系（图 8.14），尽管东海外海鲐鱼资源的波动与近海存在一定的差异，依日本、韩国学者研究结果（Yatsu et al，2005；Zhang et al，2007），这种大环境对东海外海鲐鱼资源的影响也应该存在。而环境变化的高频成分将进一步导致渔业资源的波动调整，本文得出的鲐鱼资源周期较短的波动同水温的短周期波动有关。我国东海鲐鱼产量（上海、浙江、江苏、福建）也有类似变化特点。

从结果上看，水温与资源变动紧密相关（图 8.12，图 8.13），但这并不否定捕捞压力的影响，从图 8.10 看，随着捕捞强度的加大，鲐鱼资源出现衰退趋势，同时捕捞将增加种群的波动性（Hsieh et al，2006）。鲐鱼生物学研究表明，"东海鲐鱼受到强大捕捞压力后，种群个体内在生长动力加快，生长拐点年龄在整个世代生活史中不断前

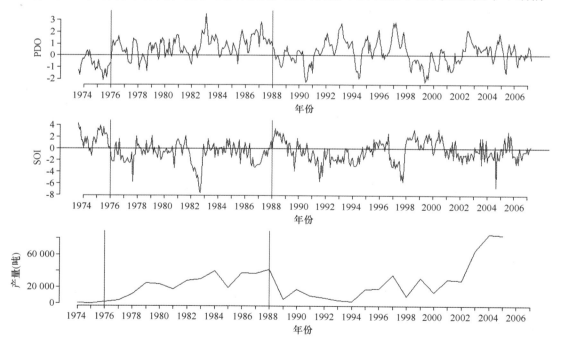

图 8.14　浙江群众鲐鲹鱼围网产量与 PDO、SOI 的关系

（红线为 Yasunaka 等（2002）确认的区间转移位置）

移"（费鸿年等，1990；郑元甲等，2003；程家骅等，2004），这将使环境对种群的扰动得到加强（Hsieh et al，2006）。

8.3.4　结论

① CPUE 的标准化对研究渔业资源的变动非常重要，标准化时必须考虑捕捞努力量的时空分布对其表达资源量变动的影响。

② 研究结果表明，水温的变化能引起渔业资源的振荡，结合 Yatsu 等人（2005）的结果可知，鲐鱼资源本身存在这种短、长周期相结合的变化过程，这种变化具有突变性，并可能在强大的捕捞压力下得到强化。在渔业资源评估与管理中必须注意到渔业资源的这种变化特点，在渔业资源评估模型构造中考虑环境参数（Jacobson et al，2005；Herrick et al，2007），如水温等，加强评估环境变化所引起的资源量变化给渔业资源、捕捞行业所带来的风险，及时制定相关管理政策（Herrick et al，2007）。

③ 影响渔业资源变动的补充、生长、迁移、死亡受环境长周期变化、环境短周期调整以及环境要素时空分布格局变动的影响，捕捞同样影响渔业资源量的变动，捕捞位置影响渔业资源密度指数（CPUE）的确定，这使得渔业资源变化与海洋环境要素间的关系复杂而不确定，要研究其相互关系存在相当困难，需要更多调查数据的支持（Hsieh et al，2006）。此外，叶绿素、初级生产力等遥感产品也反映海域环境变化。

8.4　海洋遥感与渔业资源评估

渔业资源评估是确定渔业管理参数（开发率、最优捕捞努力量、起捕规格等）的前提，渔业资源评估的方法通常有：数学模型分析法、初级生产力方法、生物学方法及水声学调查等方法（詹秉义，1995）。资源生物量（密度相关：Density – dependent）与环境因素（密度独立：Density – independent）均影响剩余产量（Jaceboson L D，2005；Jensen A L，2002；2005），由第 3 节可知，鲐鱼的资源变动与产卵期的温度、温度的空间分布随时间的波动变化密切相关。数学模型需增加海洋环境参数才能更好解释渔业资源年际变动的原因，但传统的数学分析模型常忽略环境的影响，因此加入环境参数或环境遥感参数将是渔业资源评估模型构建需要考虑的问题。此外，初级生产力遥感为渔业资源的评估提供了另一条途径。由于数据系列较短及其他国家与地区的鲐鱼渔业数据较难收集，本文无法对鲐鱼资源评估问题进行详细研究，但有必要对遥感数据在渔业资源评估中的潜力作一简单探讨。

8.4.1　应用海洋遥感数据对产量模型的扩展

应用于渔业资源评估的数学模型通常可分为两类：一类是产量模型（Biomass Dynamic Models），另一类是年龄结构模型（如亲体与补充量关系模型（Stock – Recruitment Models））。随着计算机技术的发展，使更为复杂的评估模型成为可能；但模型越复杂，所需要的参数则越多，由于数据不够详细，参数估计将存在困难，这些模型往往不如简单的参量模型（Ludwig D，1985）。对于商业性捕捞数据，通常采用产量模型。

产量模型根据生长方程不同而存在差异，常用的有基于 logistic 生长方程的 Graham – Schaefer 模型与基于 Compertz 生长方程的 Fox 模型。这些模型较易加入环境参数，目前带海洋环境参数的产量模型已应用于海洋渔业资源的评估中。

1. 带环境参数的 Graham – Schaefer 产量模型

（1）Graham – Schaefer 产量模型。

Schaefer（1954）在 Graham（1935）的早期工作的基础上，发展了式（8.21）来表示资源量的动态变化：

$$\frac{dB}{dt} = rB\left(1 - \frac{B}{K}\right) - C \tag{8.21}$$

式中：B 为资源量，r 为内禀增长系数，K 为环境容量，C 为捕捞量，t 为时间。上式重新写成差分形式（Hilborn & Walter，1992）

$$B_{t+1} = B_t + rB_t\left(1 - \frac{B_t}{K}\right) - C_t \tag{8.22}$$

由于生物量通常不易知道，而生物量指数 CPUE，较易求得，基于 CPUE 与生物量的关系：

$$U_t = qB_t \tag{8.23}$$

及

$$U_t = \frac{C}{E} \tag{8.24}$$

将（8.23）、（8.24）式代入方程（8.21）可得：

$$\frac{dU}{dt} = rU - \frac{r}{Kq}U^2 - qEU \tag{8.25}$$

对（8.25）式进行积分，可得 Schunte 的非平衡方法的线性方程：

$$\ln\left(\frac{U_{t+1}}{U_t}\right) = r - \frac{r}{Kq}\left(\frac{U_t + U_{t+1}}{2}\right) - q\left(\frac{E_t + E_{t+1}}{2}\right) \tag{8.26}$$

将（8.23）式与（8.24）式代入式（8.22），可得

$$U_{t+1} = U_t(r + 1) - \frac{r}{Kq}U_t^2 - qE_tU_t \tag{8.27}$$

上式可以改写如下：

$$\frac{U_{t+1}}{U_t} - 1 = r - \frac{r}{Kq}U_t - qE_t \tag{8.28}$$

（2）加入环境参数的 Graham – Schaefer 产量模型。

通常认为内禀增长系数（r）或最大环境容量（K）受海洋环境变化的影响。因此可以采用环境参数来描述 r 或 K 的动态变化如式（8.29），（8.30）：

$$K = aX + bY + cZ + \cdots + d \tag{8.29}$$

$$r = aX + bY + cZ + \cdots + d \tag{8.30}$$

其中 X，Y，Z，$\cdots$ 为遥感环境参数，a、b、c、d 等为待估系数。通过上式就可以将遥感的环境参数带入传统的评估模型。K 或 r 与海洋环境的关系不一定为线性，可以根据具体的研究分析或经验确定。

2. 带环境参数的 Fox 产量模型

Jacobson 等（2005）建立了依赖环境的 Fox 剩余产量模型（EDSP：environmentally dependent surplus production）。

$$p_t = -em\frac{B_t}{B_\infty}\ln\!\left(\frac{B_t}{B_\infty}\right) \tag{8.31}$$

其中，p 为剩余产量，m 为最大可持续产量，B_t 为资源量，B_∞ 为环境容量，其与相对栖息面积指数（It）成正比（式 8.32），而该指数与平均水温为 14 – 16℃ 的面积相关（8.33），而这些数据可以从遥感水温数据中提取。

$$B_\infty = \lambda I_t \tag{8.32}$$

$$I_t = \eta Blocks \tag{8.33}$$

其中，λ 与 η 为待估系数，$Blocks$ 为平均水温为 14 – 16℃ 的面积。

我国学者陈卫忠等（1997）应用带环境参数的 Fox 平衡产量模型（8.34）用于对鲐鱼资源进行评估。

$$CPUE = (aV + bV^2)e^{cE} \tag{8.34}$$

其中 V 为黑潮主干 7 月份平均表温，a，b，c 为待估系数，E 为捕捞努力量。而 V 也同样能较为容易地从遥感水温数据中提取。

因此从上述几个方程看，应用遥感数据可以很方便的对传统资源模型进行扩充。但具体函数关系的确定则需要较为细致的研究。

3. 模型的参数估计

上述方程的参数估计可根据方程的特点，对上述方程进行变换，得到线性形式，从而利用线性回归的方式来估算各参数，但通常需采用非线性回归的方式获得对各参数的估计，常用的方法如最大似然估计（Jacobson et al, 2005），最小误差估计（Hiborn and Walters，1992）或 Bayes 估计，这在 AD Model 或 R 中很容易实现。

8.4.2 海洋初级生产力与渔业资源评估

海洋初级生产力估算是海洋水色遥感的一个重要目标，应用海洋初级生产力估算渔业资源量已进行了较多尝试（宁修仁等，1995；卢振彬等，2000；梁强，2002）。如果生态转化效率（E）与营养层次（n）已知则该营养层次的生产量可由下式计算：

$$P_n = P_0 E^n \tag{8.35}$$

再根据该鱼种在该营养层次所占的比重（R），及含碳量与鲜重的关系（CR），便可以估计该鱼种的产量（P）。

$$P = R \times P_n \times CR \tag{8.36}$$

上述模型计算简单，但初级生产力的估算、生态转换效率的确定、营养层次、含碳量与鲜重的比例、鱼群在该营养级所占的比重等需要大量的研究、试验。尽管如此，海洋初级生产力仍可作为估算海洋渔业资源潜力的基础（詹秉义，1995）。图8.15表现的是南部渔场CPUE与相应海域年海洋初级生产力的关系，该图还是能表现出海洋初级生产力对资源量的影响，即随初级生产力的增加，CPUE有变大的趋势，但不同资源量条件下（如1998，1999，2002年资源较好；其他年份则相对较差），转化关系（即线性斜率）可能存在变动。

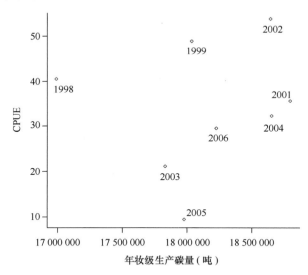

图 8.15 初级生产力（122°–126°E，25°–28°N）与 CPUE 的关系

8.4.3 结语

由于受到数据的限制，本文并没有对鲐鱼资源评估模型及相关管理参数进行研究，

对东、黄海鮨鱼资源评估的研究可参见李纲（2008）等论文。但很明显，渔业资源的变化不仅受到渔业资源密度影响，同时必然受到海洋环境的影响。内禀生长参数、最大生物容量等将随海洋环境的变化而会有所改变，但环境参数与内禀生长参数、最大生物容量等参数的关系需要经过细致的研究。

此外初级生产力遥感估算是海洋遥感的重要内容，而海洋初级生产力为渔业资源评估提供了另一条途径。由于中国近海初级生产力遥感估算的精度有待进一步提高，中国近海海洋生态转换效率也有待进行较为细致的研究，对此问题有待以后进一步的探讨。总之，随着遥感技术的发展（官文江等，2007），遥感将为渔业提供长期的海洋环境数据，利用遥感环境数据改造传统的渔业评估模型或许是渔业资源评估未来的发展趋势。

参考文献

1. 汪金涛，陈新军 . 2013. 中西太平洋鲣鱼渔场重心变化及其预测模型建立 . 中国海洋大学学报，43（8）：44 – 48.

2. 陈新军，高峰，官文江，等 . 2013. 渔情预报技术及模型研究进展 . 水产学报，08：1270 – 1280.

3. 官文江，陈新军，高峰，等 . 2013. 东海南部海洋净初级生产力与鲐鱼资源量变动关系的研究 . 海洋学报（中文版），5：121 – 127.

4. 陈新军，刘廷，高峰，等 . 2010. 北太平洋柔鱼渔情预报研究及应用 . 中国科技成果，21：37 – 39.

5. 陈峰，陈新军，刘必林，等 . 2010. 西北太平洋柔鱼渔场与水温垂直结构关系 . 上海海洋大学学报，19（4）：495 – 504.

6. 陈新军，刘必林，田思泉，等 . 2009. 利用基于表温因子的栖息地模型预测西北太平洋柔鱼（Ommastrephes bartramii）渔场 ［J］. 海洋与湖沼，6：707 – 713.

7. 陈新军 . 2004. 渔业资源与渔场学 . 北京：海洋出版社 .

8. 李纲，等 . 2010. 东黄海鲐鱼资源评估与管理决策研究 . 北京：科学出版社 .

9. 詹秉义 . 1995. 渔业资源评估 ［M］. 北京：中国农业出版社 .

10. 费鸿年，等 . 1990. 水产资源学 . 北京：中国科技出版社 .

11. 郭炳火，等 . 2004. 中国近海及邻近海域海洋环境 ［M］. 北京：海洋出版社 .

12. 刘玉光，等 . 2008. 卫星海洋学 . 北京：高等教育出版社 .

13. 刘良明，等 . 2005. 卫星海洋遥感导论 . 武汉：武汉大学出版社 .

14. 张敏，等 . 2010. 大洋性竹䇲鱼渔业 . 北京：中国农业出版社 .

15. 蒋兴伟，等 . 2008. 海洋遥感导论 . 北京：海洋出版社 .

16. 徐建华 . 2002. 现代地理学中的数学方法 ［M］. 北京：高等教育出版社 .

17. 邹巨洪 . 2009. 卫星微波遥感海面风场反演技术研究 ［D］. 博士论文，中国科学院上海技术物理研究所 .

18. 杨乐 . 2009. 卫星雷达高度计在中国近海及高海况下遥感反演算法研究 ［D］. 博士论文，南京理工大学 .

19. 杜云艳 . 2001. 地理案例推理及其应用 ［D］. 博士论文，中国科学院地理科学与资源研究所 .

20. 苏奋振 . 2001. 海洋渔业资源时空动态研究 ［D］. 博士论文，中国科学院地理科学与资源研究所 .

21. 田思泉 . 2006. 西北太平洋柔鱼资源评价及其与海洋环境关系的研究 ［D］. 上海水产大学博士论文 .

22. 樊伟.2004.卫星遥感渔场渔情分析应用研究—以西北太平洋柔鱼渔业为例［D］，博士论文，华东师范大学.

23. 李纲.2008.我国近海鲐鱼资源评估及风险评价［D］.博士论文，上海水产大学.

24. 梁强.2002.基于遥感的东海中上层鱼类资源评估的研究［D］.硕士论文，中国科学院研究生院.

25. 陈敏祥.2000.圣婴现象对台湾鲭围网渔业影响评估［D］.硕士论文，台湾国立海洋大学.

26. 崔科.2005.东黄海鲐鲹鱼资源丰度、作业渔场时空分布及其与表温关系的研究［D］.硕士论文，上海水产大学.

27. 程家骅，林龙山.2004.东海区鲐鱼生物学特征及其渔业现状的分析研究［J］.海洋渔业，26（2）.

28. 陈新军，钱卫国，许柳雄，等.2003.北太平洋150°～165°E海域柔鱼鱿钓渔场及其预报模型研究［J］.海洋水产研究，24（4）：1－6.

29. 陈卫忠，李长松，俞连福.1997.用剩余产量模型专家系统（CLIMPROD）评估东海鲐鲹鱼类最大持续产量［J］.21（4）：404－408.

30. 郑元甲，陈雪忠，程家骅，等.2003.东海大陆架生物资源与环境［M］.上海：上海科技出版社.

31. 丁永敏.1992.南北方鲐鲹围网渔场的安排［J］.海洋渔业，6：267－270.

32. 官文江，陈新军，潘德炉.2007.遥感在海洋渔业中的应用与研究进展［J］.大连水产学院学报，1，62－66.

33. 何发祥，洪华生.1999.厄尔尼诺现象与东海黑潮区及其邻近海域水文结构和环流的变异［J］.海洋湖沼通报，4：16－24.

34. 樊伟，陈雪忠，沈新强.2006.基于贝叶斯原理的大洋金枪鱼渔场速预报模型研究［J］.中国水产科学，13（3）：426－431.

35. 黄传平.1995.浙江渔场夏秋汛机帆船灯围作业渔况分析［J］.浙江水产学院学报，14（1）：41－46.

36. 李日嵩，陈新军，杨红.2012.基于个体的东海鲐鱼生长初期生态模型的构建［J］.应用生态学报，23（6）：1695－1703.

37. 卢振彬，戴泉水，颜尤明.2000.台湾海峡及其邻近海域鲐鲹鱼类群聚资源的评估［J］.中国水产科学，7（1）：41－45.

38. 刘勇，严利平，胡芬，等.2005.东海北部和黄海南部鲐鱼年龄和生长的研究［J］.海洋渔业，27（2）：133－138.

39. 苗振清.1993.东海北部近海夏秋季鲐鲹鱼渔场与海洋水文环境的关系［J］.浙江水产学院学报，12（1）：32－39.

40. 宁修仁，刘子琳，史君贤.1995.渤、黄、东海初级生产力和潜在渔业生产量的评估.海洋学报，17（3）：72－84.

41. 牛明香，李显森，徐玉成.2012.基于广义可加模型和案例推理的东南太平洋智利竹筴鱼中心渔

场预报〔J〕．海洋环境科学，31（1）：30 – 33

42. 商少凌，洪华生，商少平，等．2002．台湾海峡1997 – 1998 年夏汛中上层鱼类中心渔场的变动与表层水温的关系浅析〔J〕．海洋科学，26（11）：27 – 30．

43. 杨建新，王平．2003．地理坐标和直角坐标相互转换可逆算法的研究〔J〕．火力与指挥控制，28（增刊）：66 – 69．

44. 俞连福．1997．东海中南部鲐鲹渔场的调查与研究〔J〕．海洋渔业，12（1）：72 – 75．

45. 张秋华，程家骅，徐汉祥，等．2007．东海区渔业资源及其可持续利用〔M〕．上海：复旦大学出版社，513．

46. 张学敏，商少平，张彩云，等．2005．闽南—台湾浅滩渔场海表温度对鲐鲹鱼类群聚资源年际变动的影响初探〔J〕．海洋通报，24（4）：91 – 96．

47. 郑波，陈新军，李纲．2008．GLM 模型和 GAM 模型研究东黄海鲐鱼资源渔场与环境因子的关系〔J〕．水产学报，32（3）：379 – 386．

48. 韦晟，周彬彬．1988．黄渤海蓝点马鲛短期渔情预报的研究〔J〕．海洋学报，10（2）：216 – 21．

49. Agenbag J J, Richardson A J, Demarcq H, et al. 2003. Estimating environmental preferences of South African pelagic fish – species using catch size and remote sensing data〔J〕. Progress in Oceanography, 59: 275 – 300.

50. Antoine Guisan, Niklaus E. 2000. Zimmermann. Predictive habitat distribution models in ecology〔J〕. Ecological Modelling, 135: 147 – 186.

51. Barbieri, M. A. Yanez, E. Farias, M. Aguilera, R. Determination Of Probable Fishing Areas For The Albacore (thunnus Alalunga) In Chile's Central Zone〔J〕. Geoscience and Remote Sensing Symposium, 1989. IGARSS89. 12th Canadian Symposium on Remote Sensing. , 1989 International (Volume: 4)

52. Beck N, Jackman S. 1998. Beyond Linearity by Default Generalized Additive Models〔J〕. American Journal of Political Science, 42: 596 – 627.

53. Campbell R A. 2004. CPUE standardisations and the construction of indices of stock abundance in a spatially varying fishery using general linear models〔J〕. Fisheries Research, 70: 209 – 227.

54. Ciannelli L, Fauchald P, Chan K S, et al. 2007. Spatial fisheries ecology: Recent progress and future prospects〔J〕. Journal of Marine Systems, 71 (3 – 4): 223 – 236.

55. Cole J. 1999. Environmental conditions, satellite imagery, and clupeoid recruitment in the northern Benguela upwelling system〔J〕. Fishery Oceanography, 8 (1): 25 – 38.

56. Cury P, Roy C. 1989. Optimal Environmental Window and Pelagic Fish Recruitment Success in Upwelling Areas〔J〕. Canadian Journal of Fisheries and Aquatic Sciences, 46: 670 – 680.

57. Myers D. G. , Hick P. T. 1990. An application of satellite – derived sea surface temperature data to the Australian fishing industry in near real – time〔J〕. International Journal of Remote Sensing, 11 (11): 2103 – 2112.

58. Elachi, C. 1987. Introduction to the Physics and Techniques of Remote Sensing. New York: Wiley – Inter – science.

59. McClain E P, Pichel W G, Walton C C. 1985. Comparative performance of AVHRR – based multichannel sea surface temperatures [J]. Journal of Geophysical Research, 90 (C6): 11587 – 11601.

60. Fletcher R I. 1978. On the restructuring of the Pella – Tomlinson system [J]. U. S. Fish. Bull. , 76, 43: 169 – 176.

61. Harrell, F. E. , Lee, K. L. , Mark, D. B. 1996. Tutorial in biostatistics multivariable prognostic models: issues in developing models, evaluating assumptions and adequacy, and measuring and reducing errors [J]. STATISTICS IN MEDICINE, 35: 361 – 387.

62. Grote B, Ekau W, Hagen W, et al. 2007. Early life – history strategy of Cape hake in the Benguela upwelling region [J]. Fisheries Research, 86: 179 – 187.

63. Hampton J, Lewis A, Williams P. 1999. The western and central Pacific tuna fishery: Overview and status of stocks [R]. Noumea: Oceanic Fisheries Program me SPC, 39.

64. Hampton J. 1997. Estimates of tag – reporting and tag – shedding rates in a large – scale tuna tagging experiments in the western tropical Pacific Ocean [J]. Fish Bulletin, (95): 68 – 97.

65. Herrick Jr S F, Norton J G, Mason J E, et al. 2007. Management application of an empirical model of sardine – climate regime shifts [J]. Marine Policy, 31: 71 – 80.

66. Hiborn R, Walters C J. 1992. Quantitative fish stock assessment: choices, dynamics and uncertainty [M]. New York: Chapman and Hall.

67. Hiyama Y, Yoda M, Ohshimo S. 2002. Stock size fluctuation in chub mackerel (Scomber japonicus) in the East China Sea and the Japan/East Sea [J]. Fisheries oceanography, 11 (6): 347 – 353.

68. Hsieh C H, Reiss C S, Hunter J R, 2006. et al. Fishing elevates variability in the abundance of exploited species [J]. Nature, 443 (19) (doi: 1038): 859 – 862.

69. Jacobson L D, Bograd S J, Parrish R H, et al. 2005. An ecosystem – based hypothesis for climatic effects on surplus production in California sardine (Sardinops sagax) and environmentally dependent surplus production models [J]. Canadian Journal of Fisheries and Aquatic Sciences, 62: 1782 – 1796.

70. Chang J H, Chen Y, Holland D, Grabowski J. 2010. Estimating spatial distribution of American lobster Homarus americanus using habitat variables [J]. Mar Ecol Prog Ser, 420: 145 – 156.

71. Jensen A L. 2002. Analysis of harvest and effort data for wild populations in fluctuating environments [J]. Ecological Modelling, 157: 43 – 49.

72. Jensen A L. 2005. Harvest in a fluctuating environment and conservative harvest for the Fox surplus production model [J]. Ecological Modelling, 182: 1 – 9.

73. Kemmerer A J, Savastano K J, Faller K H. 1978. Application of space observations to the management and utilization of coastal fishery resources [M] // Godegy EA, Otterman NJ, eds. Cospar: The contribution of space observations to global food information systems. Oxford: Pergam on Press, 143 – 55.

74. Komatsu K, M atsukaw a Y, N akata K, et al. 2007. Effects of advective processes on planktonic distributions in the Kuroshio region using a 3 – D lower trophic model and a data assimilative OGCM [J]. Ecological Modelling, 202: 105 – 119.

75. Dagorna L, Petit M, Stretta J. 1997. Simulation of large – scale tropical tuna movements in relation with daily remote sensing data: the artificial life approach [J]. Biosystems, 44 (3): 167 – 180.

76. Laurs R M, Fiedler P C, Montgomery D R. 1984. Albacore tuna catch distributions relative to environmental features observed from satellites [J]. Deep Sea Research, 31 (9): 1085 – 1099.

77. Lehodey P, Bertignac M, Hampton J, et al. 1997. EL Nino Southern Oscillation and tuna in the western Pacific [J]. Nature, 389: 715 – 718.

78. Li X F, Pietrafesa L J, Lan S F, et al. 2000. Significance test for empirical orthogonal function (EOF) a-nalysis of meteorological and oceanic data [J]. Chinese Journal of Oceanology and Limnology, 18 (1): 10 – 17.

79. Ludwig D, Walters C J. 1985. Are age – structured models appropriate for catch – effort data? [J]. Canadian Journal of Fisheries and Aquatic Sciences, 42: 1066 – 1071.

80. Maunder M N, Punt A E. 2004. Standardizing catch and effort data: a review of recent approaches [J]. Fisheries Research, 70: 141 – 159.

81. Santos A M P. 2000. Fisheries oceanography using satellite and airborne remote sensing methods: a review [J]. Fisheries Research , 49 (1): 1 – 20.

82. Nishida H. 1997. Long term fluctuations in the stock of jack mackerel and chub mackerel in the western part of Japan Sea [J]. Bull. Japan Soc. Fish. Oceanogr. 61: 316 – 318 (in Japanese).

83. Quinn II T J, Deriso R B. 1999. Quantitative Fish Dynamics [M]. Oxford University Press, New York.

84. Park J H, Choi K H. 1995. A study on the formation of fishing ground and the prediction of the fishing conditions of mackerel, Scomber japonicus Houttuyn [J]. Bulletin of National Fisheries Research and Development Agency, Korea, 49: 25 – 35.

85. Harrison P J, Parsons T R. 2001. Fisheries oceanography: an integrative approach to fisheries ecology and management [M]. Blackwell Science Ltd.

86. Pella J J, Tomlinson P K. 1969. A generalized stock production model. Int. – Amer. Trop. Tuna Comm. Bull. 13: 419 – 496.

87. Piwowar J M, Derksen C P, Ledrew E F. 2001. Principle Components Analysis of the Variability of Northern Hemisphere Sea Ice Concentrations: 1979 – 1999 [C]. Proceeding, 23rd Canadian Symposium on Remote Sensing, Ste – Foy PQ, August, pp619 – 628.

88. Monestiez P. , Dubroca L. , Bonnin E. , Durbec J. P. , Guinet C. , 2006. Geostatistical modelling of spatial distribution of Balaenoptera physalus in the Northwestern Mediterranean Sea from sparse count data and heterogeneous observation efforts [J]. Ecological Modelling, 193: 615 – 628

89. Punt A E, Walker T I, Taylor B L et al. 2004. Standardization of catch and effort data in a spatially – structure shark fishery [J]. Fisheries Research, 70: 129 – 145.

90. Rees W G. 2001. Physical Principles of Remote Sensing, 2nd ed. Cambridge: Cambridge University Press.

91. Sugimoto T, Kobayashi M. 1988. Numerical Studies on the Influence of the Variations of the Kuroshio Path on the Transport of Fish Eggs and Larvae [J]. Geodou mal, 16 (1) : 113 – 117.

92. Georgakarakosa S. , Koutsoubasb D. , Valavanisc V. 2006. Time series analysis and forecasting techniques applied on loliginid and ommastrephid landings in Greek waters [J] . Fisheries Research, 78 (1): 55 −71

93. Simpson J J. 1992. Remote sensing and geographical information systems: their present and future use in global marine fisheries [J] . Fish. Oceanogr. 1 (3): 238 −280.

94. Venables W N , Dichmont C M. 2004a. GLMs, GAMs and GLMMs: an overview of theory for applications in fisheries research [J] . Fisheries Research, 70: 319 −337.

95. Venables W N, Dichmont C M. 2004b. A generalised linear model for catch allocation: an example from Australia's Northern Prawn Fishery [J] . Fisheries Research, 70: 409 −426.

96. Grant W E, Matis J H, Miller W. 1988. Forecasting commercial harvest of marine shrimp using a Markov chain model [J] . Ecological Modelling, 43 (3 −4): 183 −193

97. Wood S N. 2006. Low Rank Scale Invariant Tensor Product Smooths for Generalized Additive Mixed Models [J] . Biometrics, 62 (4): 1025 −1036.

98. Wunsch C, Stammer D. 2002. Satellite altimetry, the marine geoid, and the oceanic general circulation [J] . Ann. Rev. Earth Planet. Sci, 26: 219 −253.

99. Yasunaka S, Hanawa K. 2002. Regime shifts found in the Northern Hemisphere SST field [J] . Journal of the Meteorological Society of Japan, 80: 119 −135.

100. Yatsu A, Watanabe T, Ishida M, et al. 2005. Enviromental effects on recruitment and productivity of Japanese sardine Sardinops melanostictus and chub mackerel Scomber japonicus with recommendations for management [J] . Fisheries oceanography, 14 (4): 263 −278.

101. Zainuddin M, Kiyofuji H, Saitoh K, et al. 2006. Using multi − sensor satellite remote sensing and catch data to detect ocean hot spots for albacore (Thunnus alalunga) in the northwestern North Pacific [J] . Deep − Sea Research II, 53: 419 −431.

102. Zhang C I, Yoon S C, Lee J B. 2007. Effects of the 1988/89 climatic regime shift on the structure and function of the southwestern Japan/East Sea ecosystem [J] . Journal of Marine Systems, 67: 225 −235.